JN077818

レーシングエンジンの徹底研究

工学博士
林　義正

グランプリ出版

■本書工学単位の SI 単位への換算表

	工学単位	SI 単位	換算係数
力	kgf	N	9.80665
トルク	kgfm	Nm	9.80665
仕　事	kgfm	Nm	9.80665
仕事率	ps	kW	0.73550
エネルギー	kgfm	J	9.80665
熱　量	kcal	kJ	4.1868
圧　力	kgf/cm^2	kPa	9.80665×10
慣性モーメント	kgfms^2	kgm^2	9.80665

はじめに

　最初に本書を刊行したのは1991年のことだから，約30年が経過している。技術進歩の早い現在において，約30年というのは決して短い時間ではない。ル・マンやF1の世界ではエンジンの技術的進歩だけでなく，レギュレーションそのものも同じではなくなっている。しかし，今回の刊行に当たって，全体を読み直してみて，ここに書かれていることが，そのまま現在でも通用するものであることを確信することができた。それというのも，レースの規則が変わろうが，エンジン回転が高くなろうが，エンジン性能の追求の仕方や取り組み方には全く変わりがないからだ。また，レーシングエンジンの開発で経験した考え方は，レース以外の社会生活の中で実際に応用できることであることも，日産を退社して大学に籍を置いてから実感したことである。

　2002年の改訂に当たっては，日産時代にル・マン24時間レースやデイトナ24時間レースに出場して好成績をおさめたVRH35エンジンの開発熟成していったことを例にしながら，NAエンジンのことを広く採り入れたものにしている。もちろん，新しいデータを採り入れるなどアップ・ツー・デイトな内容にする努力をし，全体に充実したものにしたつもりだ。改訂版を出すことになったのも，この本を是非読みたいという要望が強いことによるが，全体の構成や文章についても徹底した見直しをしたために，旧版とは記述の仕方や章立てなどが大幅に異なっている。ただし，基本的な思想や内容は旧版で記述したものと同じである。私自身の思想や考えに変化がないからだ。

　本書の初版が出された当時は工学単位が使われていたが，現在はSI単位に統一されている。なぜSI単位になったかを詳しく知りたい方は，拙著『自動車工学の基礎理論』（2019年10月，グランプリ出版刊行）の「1−1．トルクや出力の単位kgmやpsはなぜ使われなくなったのか」をご覧いただきたい。また換算表を左ページに入れた。

　前の本でも触れたように，本書は私の視点から著述しているものの，レーシングエンジンも個人の力だけで生み出されるわけではない。開発には多くの人たちが関わり，サポートしてくれたもので，それは現在取り組んでいる新しいエンジンの開発でも同じである。これらすべての人たちに最大限の感謝の気持ちを表したいと思う。

林　義正

目次

第1章　レーシングエンジンとは

1-1　全知全能を傾けてマシンを走らせる

　モータースポーツは多くの人々を魅了する。レースという闘いの場では参加チームは勝とうとしてぶつかり合う。戦争に近いところがあるが、もちろん殺し合いではないし、犬の喧嘩のような知性のない世界とはわけが違う。サーキットのコースという限定された場で、一定のルールのもとで互いに競い合う。そんな、肉体と本能、知恵と理性をフル回転させての闘いだからこそ「モータースポーツ」なのである。

　その最終目標は勝つことだ。レースにはただひとり、たった1台、1チームしか勝利者はいない。優勝という夢の実現のためには、ラップタイムを1秒削るのに精魂を尽くし、能力のすべてを注ぎ込んで闘う。勝つための情熱と執念である。

　そんなレースに魅せられ、マシンをつくったり走らせたりするスタッフが集合するサーキットは、闘う人間たちが集う檜舞台だ。観客は、そのステージで闘

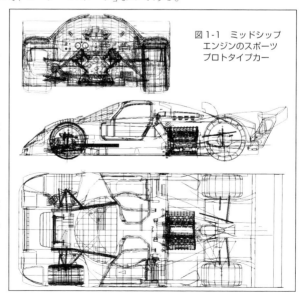

図1-1　ミッドシップエンジンのスポーツプロトタイプカー

7

争を演じる人間たちの夢と感動を共有する。ここに「祭り」が形成される。祭りも，集いたいとか騒ぎたいとかの人間の欲求によって生まれるものだろう。つまりレースは，闘争とお祭りが合体融合したものだと思う。

　社会心理学では，人間の欲求には5段階あるという。第1段階は生理的欲求。ご飯を食べたい，眠りたい，給料が欲しい，などだ。これが満たされると，その状態を維持し続けたい欲求が生まれて，これが第2段階の安全安定の欲求。次には，仲間をつくりたい，グループを構成したいという第3段階の社会的欲求。これが満たされると，他人と違うことをやってみたい第4段階の自我の欲求となる。最終的には，自己の行動によって何かの成果を生みたい第5段階の自己実現の欲求が生まれる。考えてみればレースは，これら5つの欲求をすべて内包しているのではないだろうか。

1-2　技術は人の産物である

　ここでレースの勝敗を左右する要素を列記すると，①レーシングチーム②ドライバー③エンジン④車体（シャシー＆ボディ）⑤タイヤ，となる。

　重要な度合の順に並べてみたが，とくに①は整備技術に始まり各種のレース運営までを行うチームが，勝敗を左右する最も重要なものであることは，どんな場合であろうとも変わらない。それ以下の②〜⑤の順序は不動のものではなく，勝てなかった場合に，その時々で問題となった原因となる項目が上位に浮上する，といったものだ。

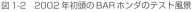

図1-2　2002年初頭のBARホンダのテスト風景

これらの項目のうち①と②はソフトで，③〜⑤はハードということになる。ところがこのハードの部分も，デザインし，設計し，つくり出すのは人間である。デザイングループのチーフが変われば，できあがってくるハードの性質はまったく違うものになってしまう。エンジンにしても同様である。中心になる人が変われば違ったアングルから勝利に向かってアプローチする。そこに介在す

る人間の個性がにじみ出てくるものである。

　とくにエンジンは速く走るための心臓であり，また最も複雑な総合機械である。

　「機械の定義」というものは「少なくとも一部分にそれ自身を剛体と見なすことができる部品があり，かつ相対的に運動する部分を有し，力を伝えるか，あるいは力を発生するもの」である。テコなどはその最も簡素な部類だが，エンジンは非常に多くの部品で成り立っている。そんな

図1-3　高速エンジンの吸気管は短い (Ⅴ型８気筒レース用)

機械力学の部分に加え，材料の使い方や形状を工夫する材料力学，吸気や排気のガス流に関する流体力学，混合気の燃焼によって生まれる熱を扱う熱力学と，機械工学でいう4大力学の要素がすべて入っている。さらに，混合ガスをうまく燃やすための燃焼学(酸化反応であり化学)，点火や燃料噴射では電子工学……。エンジンは最も複雑な「総合機械」といわれる所以だ。

　そして，エンジンは生きものである。現在のガソリンエンジンが1876年に発明されて以来，ある意味で基本は変化していない。シリンダー内でガソリンを燃焼させ，その熱エネルギーを圧力としてピストンで受け，クランクシャフトで回転力として取り出す。しかし，たとえば最初は点火が外部からのトーチによるものだったのが電気点火になり，ピストンリングが発明され，燃焼の理論が解明された。1906年のルノーのレーシングエンジンが12986ccの排気量をもってして90ps/1200rpmだったものが，現在は自然吸気の3000ccFlエンジンで800馬力ものパワーを得ている。その進化過程を見るとき，エンジンはまさに生きものだ。

1-3　レーシングエンジンは究極の量産エンジンである

　エンジンの役目は，燃料が持つ熱エネルギーを仕事に変えることである。単位時間にする仕事のことを，エンジンではキロワットや馬力で表わす。1psは632.5kcal/hであり，また，1psは75kgm/sでもある。1ps＝632.5kcal/hがどのくらいの熱量であるかというと，例えば6畳間用のエアコン移動熱量は1800～2000kcal/hといわれており，その約1/3ほどになる。

図1-4　耐久レース用高速回転型NAエンジン（V型12気筒）

レーシングカーの動力源としてのエンジンを考える場合，まず，軽く小さいことが重要である。さらに，エンジン排気量に制限がある場合(例えば3.5リッターとか2リッター)は，排気量をちょっと増やして不足した低速トルクを稼ぐという手段は使えないため，戦闘力のあるエンジンにするためには，高回転・高出力エンジンでありながら，低・中速トルクも十分にあるという，相反する性能を両立させなければならない。

レーシングエンジンのもつべき性能については，プロフェッショナルなドライバーが使うエンジンだからといって，高回転域だけ大きな出力を出すピーキーな特性をもつエンジンで良いわけがない。もし，それが正しいと考える人があるとしたら，「もはやあなたは時代遅れの設計者ですよ」といわれても仕方がないだろう。まずは最高出力を絞り出しておいて，それを少し犠牲にしても中・低速のトルクを改善すべきだ。

そこから先の味付けとして，ディチューンをしていくことによって中・低速回転領域でのトルクの厚みなどを出していく。

つまり，味付けという点ではレーシングエンジンと量産エンジンは異なるところがあっても，性能を追求する技術の方向としては，両者に違いはないのである。レーシングエンジンは技術追求が先進的であるから，いってみれば，究極の量産エンジンなのである。

エンジンは，人類が生み出した素晴らしい総合機械である。そして，その最先端にあるのは，いつの時代もレーシングエンジンだと言っていいのではないだろうか。

本書では，そのレーシングエンジンの構造解説をしながらも，勝利という目標を達成するためにどう考えていくかの思想を述べてみたい。コンロッドをどう設計するかということだけではなく，コンロッドを創造するベースとなるものが，読者の方々に伝わったらと考えている。

趣味でレースを楽しむ場合はともかく，プロフェッショナルなレースで優勝するには確固たる思想を持ち，思想に沿ってモノをつくっていくことが欠かせない。限りなく完璧に近づける努力，デザインや設計，加工やテストなどやれるだけのことをやって，その厳然たる結果を受け入れ，次にまたそれ以上の成績をめざすのがレースであり，その最後のところで「運」が左右することもある。

運が悪くて負けることはあるけれど，やるべきこともやっていないのに運がよくて勝つ，ということは絶対にない。レースはそんなにアマくない。そして，単に「根性で頑張る」などと言って徹夜でやみくもにエンジンをいじり回したところで，馬力は出ない。理路整然とした技術の積み重ねがよい結果を生むのであり，蓄積のベクトルとプロセスを決定するのが思想である。

　企業体がレース活動を行う場合は，レースがその企業活動の縮図のようなものといえる。決意，決断がしっかりできない企業体質では，勝つことはできない。迷ったときに，右に進むか左に進むかの決断をいかに明確に，かつ即座にできるかの能力が問われる。

　たとえば「性能とコストを考慮しながら最適の仕様を選ぶ」といった態度は通用しない。A仕様のエンジンは101馬力でコストは6万円，B仕様は99馬力で4万円だとしたら，私なら「速く走る」というレースの本質に向けて，迷わずA仕様を選ぶ。様々な理由から5万円でつくらなければならない状況であっても，迷わずAをチョイスしておいて，1万円を削る方法はそれから考える。コストを燃費や耐久性などに置き換えるのも同じである。私が日産時代に設計したルマン24時間レース用のVRH35エンジンでは「ターボのブースト圧1.2kg/cm^{2}で800馬力以上を出す」というテーマを最初に決め，とにかく馬力を出すところから始めている。

　もちろん，最終的には勝つための能力を持たせるのが目標だが，私なら馬力からスタートする。ほかの人なら重量から取り組むかもしれない。これは思想の問題だ。とにかく「これ」という決断がないと，強いレーシングマシンはつくれない。

　曖昧な判断だと明確な結果が得られないから，次の行動ができず，迷っていれば敵に先を越される。難題は次から次へと発生する。そのたびに右か左か，白か黒か，イエスかノーかの，デジタル的な決断を即刻，下さなくてはならない。

　企業が市販車を量産して売る場面では，売れ行きが芳しくなくても「いいクルマだけど売り方が悪かった」とか「スタイルが悪かった」とかの言い訳もできる。また，そこ

図1-5　耐久レース用大排気量 NA エンジン

吸気管が長くなっていることで，エンジン回転をあまり上げていないことが分かる

では最終的にどのくらい利潤を上げたかの結果が求められるわけだが，クルマとしての機能が低かったり販売台数が少なくても，コスト／販売価格比の設定や販売方法とかでつじつまを合わせることもある。さらに結果が出るまでに時間がかかり，結局のところ，結果の判定は曖昧になることがあるが，レースではストレートに成績が現れる。

　だからレース活動は企業活動の縮図であり，人生の縮図でもある。遺伝の研究には世代交代の速いショウジョウバエが使われたが，レースはまさにそんな実験をしているようなところがあるものなのだ。

第2章　レーシングエンジンの特性

2-1　レーシングエンジンの原点はオットーサイクル

　1876年，ドイツのニコラス・アウグスト・オットーが，4サイクルエンジンを発明した。現在のガソリンエンジンのルーツがここにある。そして今なお，このオットーが定義したオットー・サイクルには，ガソリンエンジンを開発設計する上での真理がある。

　図2-1のオットー・サイクルは，シリンダー内のガスがピストンで圧縮され，そこにQ_1という熱が上死点で与えられることによって，容積が一定の下で圧力が上昇し，それがシリンダー内で断熱膨張してピストンを押し下げ，熱を仕事に変えるというものである。仕事を終えた後には，Q_2という熱が残り，排出される。これで1サイクルである。Q_1とQ_2の熱の差が仕事に変化しているわけで，圧縮したガスに何らかの方法で熱エネルギーを加え，それを仕事にかえる。

　オットー・サイクルを理論的にみれば，これこそ神様が作った究極のエンジンと言うことができる。つまり，空気とガソリンの混合気がシリンダーの中にあって，これをピストンで圧縮し，圧縮が終わったところで点火プラグから火が飛んで，一瞬のうちに混合気は燃え尽き，シリンダー内の圧力が一気に高ま

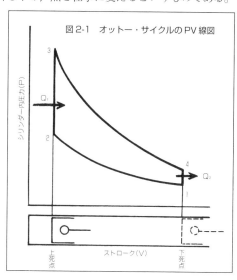

図2-1　オットー・サイクルの PV 線図

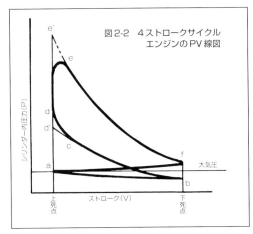

図2-2　4ストロークサイクル
エンジンのPV線図

シリンダー内圧力(P)

大気圧

上死点　　ストローク(V)　　下死点

り，その結果，ピストンが押し下げられ，クランクを回し，それが仕事として取り出される。そこにはムダがひとつもない。

しかし，実際のエンジンでは，混合気の圧縮が終わる前に点火プラグから火が飛んで燃焼が始まり，シリンダー内の圧力が上がる途中でピストンは下がり始める。図2-2のPV線図で分かるように，シリンダー内の作動ガスの圧力特性は角がとれて，メリハリのない変化をしている。エンジン開発をするには，この角のとれたPV線図を，オットー・サイクルのようにメリハリのある神様のエンジンのPV線図にいかにして近付けるかに知恵を絞っていることになるのだ。

したがって，オットー・サイクルの追求と，オットー・サイクルでは省かれているフリクション発生のメカニズムを理解することで，レーシングエンジンの本質が見えてくるはずである。レーシングエンジンの開発というと，エンジン回転数の増大や吸排気効率の改善をすることにとらわれがちであるが，それは一手段でしかないことも分かってくるはずだ。

我々がつくるものは神様がつくったエンジンではないので，実際には冷却による損失や，まだ仕事のできる熱いガスを排気管に放出し，一方，エンジン内部では摩擦による損失があり，熱エネルギーのすべてが仕事に変えられているわけではない。

エンジンに供給された燃料のもつエネルギーの行方を図2-3に示す。有効な仕事に変えられ取り出せるのは，一般的には燃料のもつ熱エネルギーの34％程度である。図2-3の図示出力37％のうちの約90％がフライホイールから取り出せる出力となる。したがって，その損失部分をできるだけ少なくしていくことが，レーシングエンジンの設計で重要なことである。

ムダをなくすために，エンジン内部でどのようなことが起きているのかを詳細に知る

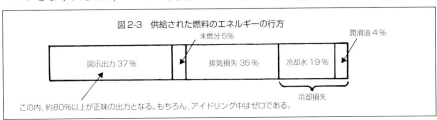

図 2-3　供給された燃料のエネルギーの行方

未燃分 5％　　　　　　　　　　　潤滑油 4％

図示出力 37％　　　　排気損失 35％　　　冷却水 19％

冷却損失

この内，約80％以上が正味の出力となる。もちろん，アイドリング中はゼロである。

14

必要がある。実際にはそうした解析は難しく，現在でも系統立ててその対策が取り組まれているわけではない。

　冷却損失や排気損失などは，混合気が速く燃えるかダラダラと遅く燃えるか，燃焼特性の違いによってまちまちである。例えば，吸入される混合気の質，燃焼室内でのガス流動と点火の状態が燃焼に与える影響を求め，これが冷却や排気損失にどう関係するかなどを定量的に出すのである。これにエンジン回転数の要素が加わるため，すべてを知り尽くすことはきわめて困難だといわざるを得ない。

2-2　高性能化はノッキングとの闘い

　もし，地球上の大気圧が2気圧であったら，人間の肺は半分の大きさで済み，人間の体は5頭身くらいになっていたかもしれない。エンジンも同じで，もし大気圧が2気圧であったら，ある出力を出すために必要な排気量は半分で済んでしまうことになる。それを実際にやっているのがターボエンジンだ。

　ターボエンジンは，密度の高い空気を吸入するNAエンジンと考えることができる。つまり，ターボチャージャーがついていても，ガソリンエンジンとしての基本原理はNAエンジンと何も違わないということだ。

　エンジン性能を決定付けるものには，空燃比，点火時期，吸気温度，冷却水温度，回転数がある。ターボエンジンではこれらに過給圧がひとつ加わる。過給圧は，吸気温度や冷却水温度などに比べ変化が急激なところに難しさがある。

　ガソリンエンジンの出力を上げていこうとしたとき，制約となるのがノッキングである。ガソリンエンジンの高性能化は，いわばノッキングとの闘いであり，ノッキングの限界を高めることによって，さらに高性能化が達成できる。

　ここで，簡単にノッキングについて説明しておこう。ノッキングの他にデトネーションという言葉があるが，ノッキングとデトネーションとは全く別のものである。そのこともはっきりと区別しておきたい。

　ノッキングは，点火プラグで混合気に点火した後に起こる異常燃焼である。混合気は着火後，点火プラグの周辺から燃焼室内の隅々まで燃え広がっていくわけだが，排気バルブ側は排気によって熱せられて常に高温であるため，混合気が燃えやすい状態になって，混合気の燃え広がる速度が速く，早く燃え尽きてしまうのに対して，吸気バルブ側は温度がずっと低く，混合気が燃え広がる速度が遅くなる。燃焼室の中で混合気は先に排気バルブ側で燃え尽きるが，その燃え広がる勢いで，吸気バルブ側の未燃混合気を圧迫する。それによって，残された混合気が突如燃えやすくなり，勝手に異常燃焼を起こすことがある。これがノッキングである。

一方のデトネーションは，点火プラグで混合気に点火する前に起きる異常燃焼である。点火プラグや焼けた排気バルブなどのホットスポットや，カーボンなど燃焼室内に残った火の粉により，圧縮中の混合気に自然に火がつくことで起こる。一般にデトネーションは，オーバーヒートや冷却が不完全であると起こりやすい。エンジンキーを切った後でも，異様な音を発しエンジンが回り続けることがある。これはランオンとかディーゼリングといわれるが，これもデトネーションの一種である。

　ノッキングはキンキンキンッという異音を発するが，デトネーションはガランコガランコというような音を出す。

　レーシングエンジンで問題となるのはノッキングの方で，圧縮比が高くなるほど，封じ込められ，突如爆発するガスのもつ破壊力が大きくなる。ノッキングが起こる場所は一定しておらず，燃焼室内で移動している。

　ノッキングや異常に高い燃焼圧力は，ミスファイヤーの後でも起こりやすい。というのは，燃焼が1回パスされるため，燃焼が行われた後に残るはずの残留ガスがないので，次の燃焼行程でシリンダー内に入っているガスが，すべて燃えやすいフレッシュな混合気になるからである。だからノッキングを起こさせないためには，確実な着火が必要だ。つまり，高速回転に適した点火システムをもつことが肝心である。

　ターボエンジンでは，吸気が過給されているので，圧縮が終わった段階でのガス温度が高く，一触即発の状態となっている。そこで，ノッキングの起こるのを防ぐために，圧縮比をあまり高くしない。

　それでも，日産のグループCカー用V8ターボエンジン，VRH35Z（図2-4）では，圧縮比8.5を達成した。ターボエンジンの中には圧縮比が上げられず6.5止まりという例も見られたが，ターボエンジンといえども密度の高い空気を吸うNAエンジンにすぎないという思想をもって開発にあたったからこそ，こうした高圧縮比を達成できたと思っている。

　もし，レース用NAエンジンで圧縮比を12.5以上に上げられないとし

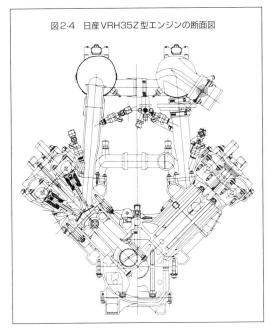

図2-4　日産VRH35Z型エンジンの断面図

たら，まだやり残したことがあると考えるべきだ。ただし，市販車の量産エンジンでは圧縮比が9.5から10.5くらいというのが現状だ。量産エンジンではどのようなガソリンが使われるか分からないので，エンジンを壊さないための安全を見込んで圧縮比を設定するからである。

　一方，レーシングエンジンでは使用上の管理がきちんと行われることを前提としているので，そのような安全を見込む必要がない。また，圧縮比を上げ，出力を出すという目標設定が明確であるため，それに見合った燃焼室形状や，冷却問題を考慮した設計を行っているから，高い圧縮比が可能となるのである。

　NAエンジンの圧縮比の限界はどこにあるのだろうか。一概にはいえないが，現在の常識的なガソリンを使っている限り13.5あたりがひとつの限度だと思う。

　15が限度だとの説もあるが，これは構造的に実現するのが難しい。たとえ13.5以上に圧縮比を上げたとしても，燃焼室のS／V比（表面積Sと体積Vの比率）が大きくなってしまい，冷却損失が増えて，熱効率が下がり，結果として出力が出なくなるのではないだろうか。また，圧縮比を上げていけばノッキングが起こる危険性が増大することになる。

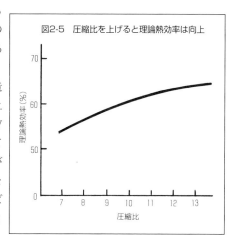

図2-5　圧縮比を上げると理論熱効率は向上

　ちなみに，図2-5にフリクションのないオットー・サイクルの理論熱効率を示す。圧縮比が上がるとカーブが寝てくる。すなわち，圧縮比が高くなると，それ以上圧縮比を上げても熱効率のゲインは小さくなることが分かる。

　こうしたエンジン設計を行うためには，まずエンジン内部で起こっている現象を物理量として正確に知らなければならない。つまり，エンジンを設計するにはまず“解析”が大切なのである。燃焼室内の混合気の燃焼圧力はどのように変化しているのかを測定し，物理量として知る。それによって，ごく微小な時間に熱がどのように発生しているかが分かり，どれほどの仕事ができる燃焼室なのか，すなわち，何馬力出せるエンジンなのかが分かる。

　その他に，振動などの解析をきちんと行っていないと，エンジンブローの根本的な解決策は得られない。そこで初めて，ではどうすればもっと出力を上げられるようになるのかを考えることができるのである。

2-3　シリンダーヘッド形式の変遷

　1894年のパリ～ボルドー間で，それまでの馬車による競走に代わり，自動車による競走が初めて行われた。これが世界初の自動車レースだといわれている。以来，クルマを速く走らせるための技術開発は，レースが牽引してきた。速く走らせるためには，本来はエンジンだけでなく車両全体の性能を上げることが必要であるが，エンジン性能を上げることがまずは手っ取り早く，確実な方法だった。初期の自動車レースではエンジン排気量に制限はなく，排気量を大きくすることがエンジン性能向上の第一歩であった。

　次第に細かな車両規定が定められるようになると，排気量の増大にたよるエンジン性能の向上が制限されるようになってきた。そこで，決められた排気量の中で性能向上が図られるようになり，技術の進歩が見られるようになった。その歴史を大ざっぱに振り返ってみよう。

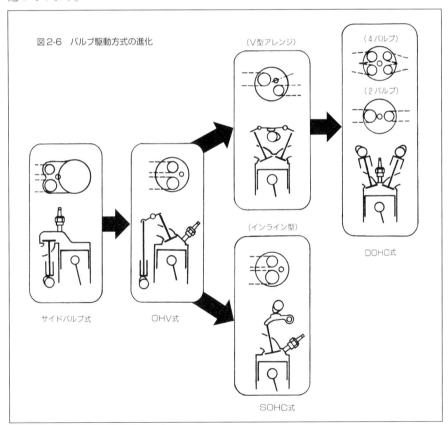

図2-6　バルブ駆動方式の進化

　まず，エンジンの性能を基本的に決めているものとして，シリンダーヘッドがある。シリンダーヘッドの形式は，図2-6のようにサイドバルブに始まり，OHV，SOHC，DOHCと変遷してきた。

　サイドバルブのシリンダーヘッドは，バルブ駆動方式が直動式であること，部品点数が少ないことなどが利点であり，一見，高速回転が可能に思える。しかし，燃焼室がボアよりオーバーハングするほど広く，燃焼が滅法悪い。すなわち，点火プラグから燃焼室の隅までの距離が長く，火炎が行きわたるまでに時間がかかる。それによって，燃焼速度がバラついてしまう。圧縮比も高くとれず，およそ高速・高性能エンジン向きではない。現在では，市販車でもその姿を見ることはなくなった。

　OHVは，ウェッジ型燃焼室が可能となり，燃焼室をコンパクトにでき，スキッシュなどのガス流動をコントロールしやすい。したがって，燃焼が良くなる。またバルブの傾き角に自由度をもたせられるので，吸排気ポートの処理が楽になる。サイドバルブに比べ，明らかに馬力を出すことができるようになった。一世を風靡したT型フォードがその終焉を迎えたのは，このOHVエンジンが登場したからだとさえいわれている。

　その後，SOHCが登場するのだが，これにはふたつの種類があって，ウェッジ型燃焼室をもち，シリンダー列方向に直列に吸排気バルブが並ぶインライン型と，半球形型燃焼室をもちV型に吸排気バルブを配置するV型アレンジである。

　インライン型は，燃焼室の形状がOHVと変わらず，燃焼の急速化に壁があり，また，吸排気がUターンする流れとなるため，バルブオーバーラップ時の掃気がうまくいかず，吸入空気量を増大させて出力を稼ごうとしても限界があった。燃焼速度と吸入効率の点から，エンジン回転は9000rpmまでがせいぜいというところだろう。

　一方，V型アレンジの方は半球形型燃焼室とすることができ，燃焼がさらに良くなり，また吸排気効率が良いことなど，インライン型のバルブ配置に比べ出力を出せるポテンシャルがあるが，エンジン回転数を上げるという点では，ロッカーアームを使うため10000rpmを達成するのは難しいのではないだろうか。

　DOHCは，SOHCのV型アレンジを究極的に詰め，高速化に対応したシリンダーヘッドで，半球形型燃焼室の2バルブから，現在ではペントルーフ型燃焼室の4バルブ，または5バルブといったシリンダーヘッドへと進化している。当然ながら，現在のレーシングエンジンの主流である。

　余談になるが，日産は，ダットサンの860ccエンジンではサイドバルブエンジンを使っていたが，1959年のダットサン1000でOHVに変わった。1963年に鈴鹿サーキットで4輪車による日本初のグランプリレースが開催され，第一次モータースポーツブームとなったが，その頃，入社して間もない私は，初代フェアレディのSP311に搭載された1.6リッターのOHVエンジンのレース用チューニングを任された。市販車では5200rpmだったものを

7600rpmまで回せるように，ジュラルミンのプッシュロッドや，チタンのクランクシャフトなどを採用し，150馬力以上の性能にした。リッター当たりの出力が95馬力というのは，当時としては高性能なエンジンだった。

　このエンジンチューニングの基礎となったのは，コベントリークライマックス・エンジンを手本として独自に設計した2リッターV8エンジンであった。航空工学を学んで日産に入社した私は，レーシングエンジン開発にたずさわることになり，研究用のレースエンジンである2リッターV8エンジンを設計することになった。このエンジンは，DOHC2バルブで半球形型燃焼室をもち，フルトランジスタの点火系，1気筒当たりふたつの点火プラグをもつ2点着火方式を採用し，当時としては10500rpmという高回転を達成した。

　このとき手本としたコベントリークライマックス・エンジンは，1950年代から60年代にかけて活躍したイギリスの有名なレーシングエンジンだが，半球形型燃焼室をもつ2バルブDOHCのシリンダーヘッドを採用していた。

　当時，半球形の燃焼室はS/V比が小さく燃焼がいいといわれていたが，圧縮比を上げるためにピストンの頭頂部を出っ張らせなくてはならないことから，実際には燃焼のあまりいい燃焼室とはいえなかった。しかし，点火プラグを燃焼室の中央へもっていけること，また，燃焼室の形にそって吸排気バルブを寝かせることができるため，吸排気ポートの曲がりを少なくすることによって，吸入効率を高めることが可能となった。逆に，このスムーズな形の吸排気ポートを実現するためにバルブ挟み角が大きくなり，1本のカムシャフトで吸排気バルブを開閉するには無理があり，DOHCを採用せざるを得なくなったともいえるだろう。

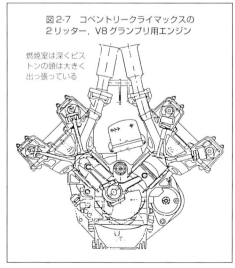

図2-7　コベントリークライマックスの
2リッター，V8グランプリ用エンジン

燃焼室は深くピストンの頭は大きく出っ張っている

　コベントリー社は，バルブが開き，空気が燃焼室内へ入って行くバルブスロート部の吸気速度を計測し，その速度が220〜240m/sという結果を学会で発表している。エンジン開発にあたって，こうした解析をしっかり行ってから設計したのである。

　当時のレーシングエンジンとしては先進的なDOHCのシリンダーヘッドを採用していたが，その目的は主に，「空気をより良く吸い込む」ためであったようだ。また，シリンダーヘッドはアルミ合金製であり，メカニカルオクタン価を高めて，ノッキングを抑えるように配慮さ

れていた。

　一方，燃焼ということに目を向けたの
が，1963年に登場するウェスレイクの4バル
ブエンジンである（図2-8）。ピストンの頭頂
部をフラットにする考え方をもち，吸排気
バルブの挟み角を狭くして，燃焼室を半球
形型ではなくペントルーフ型とした。その
一方で，空気をより多く吸い込み，また，
燃焼室の中心に点火プラグを配置するため
に，4バルブを採用した。このウェスレイク
4バルブエンジンが，今日に至る高速・高出
力エンジンのレイアウトの基礎となった。

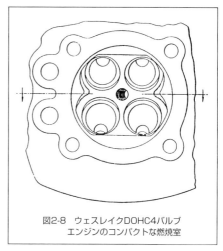

図2-8　ウェスレイクDOHC4バルブ
エンジンのコンパクトな燃焼室

　1965年にコベントリーはマークⅨで4バル
ブとしたが，ボア×ストローク72.4×60mmの2リッターエンジンは，最高出力244.2ps/
8900rpm，最大トルク21.4kgm/7500rpmという性能で，4年後に出てきた4バルブエンジンで
あるにもかかわらず，1リッター当たりの出力に換算すると1ps向上しただけに止まってい
る。2バルブから4バルブになったとはいえ，深い燃焼室をもち，また高回転化が達成でき
ていないためではないかと思う。

　ホンダは，1964年に1.5リッター時代のF1グランプリに参戦，高出力化のために多気筒
化したエンジンを開発してヨーロッパの人たちを驚かせた。66年にF1エンジン規定は3
リッターとなり，68年のシーズンを闘い終えた後，ホンダは一時F1活動を休止した。しか

しその後1983年に
カムバック，14年
間のブランクを乗
り越えて瞬く間に
ホンダはF1エンジ
ンとしての成果を
上げたが，そのホ
ンダの活躍は，そ
のまま日本の開発
力の強さを示すこ
とになった。レー
スにおいて，年々
大幅に出力を向上

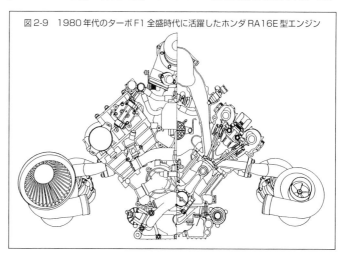

図2-9　1980年代のターボF1全盛時代に活躍したホンダ RA16E型エンジン

させていくことは単に気合いでできるものではなく，工業製品として最も複雑な総合機械を完成させていくための工業力の賜物であったはずだ。

　レースは競争の頂点であり，チーム力が同じだとしたら，強力な武器をもつことで勝負は決まる。また，強力な武器をもつことでチーム力が向上し，求心力が生まれるのである。レースに参加する各チーム，各会社が，より強力な武器を必要とすれば，その性能向上の進歩は早まる。何か問題がなければ現状を変えたくないというのが人間の心理である。競い合うほど，より新しく，より強いものへと，ニーズは高まっていく。

2-4　なぜ高速回転させるか

　レーシングエンジンであろうが普通のクルマのエンジンであろうが，その作動原理は同じであって，吸入→圧縮→燃焼(膨張)→排気の行程を繰り返すことで作動している。しかし，その使用の目的や条件がまるで違うので，性格が大きく異なる。ここでレーシングエンジンに最も重要な馬力を出すための3要素，すなわち吸入空気量の増大，急速燃焼，フリクションの低減のうち，まず「空気をとことん吸い込む」ことに触れてみたいと思う。

　ひとことで言えば，この目的に向かって基本的なエンジン形態を基に徹底的に改良していったものがレーシングエンジンである。たくさん吸い込みさえすれば，それに見合っ

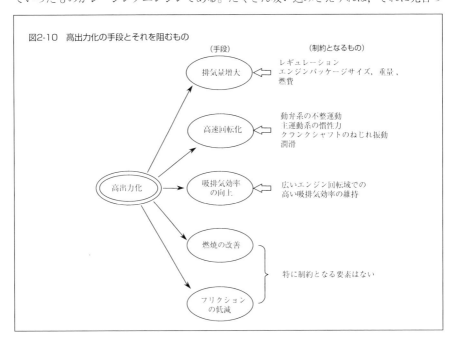

図2-10　高出力化の手段とそれを阻むもの

(手段)　　　　　　　　　(制約となるもの)

排気量増大　←　レギュレーション
エンジンパッケージサイズ，重量，
燃費

高速回転化　←　動弁系の不整運動
主運動系の慣性力
クランクシャフトのねじれ振動
潤滑

高出力化　→　吸排気効率
の向上　←　広いエンジン回転域での
高い吸排気効率の維持

燃焼の改善

フリクション
の低減

特に制約となる要素はない

ただけのガソリンを送り込むことはたやすい。たくさんの空気でたくさんのガソリンを燃焼させれば，大きなパワーが得られる理屈だ。

エンジンにうんと空気を吸わせるには，排気量を大きくするのが手っとり早い方法であるが，ここでは同一排気量であることを前提にして考えると，

①回転を上げ単位時間内に吸い込む回数を増やす。

②慣性過給を利用する。

③吸入空気の密度を大きくする。

という3つの方法がある。普通はこれらの合わせ技にする。

①は回転数を2倍にすれば同じ時間に2倍の空気を吸い込み，2倍のガソリンを燃やして2倍のパワーを出せる。

エンジンが1回転する間に吸い込める空気の量には限りがある。体積効率を100%として，4サイクルエンジンでは2回転することで全排気量に相当する空気を吸い込む。慣性効果などによって吸入空気量を増やそうと頑

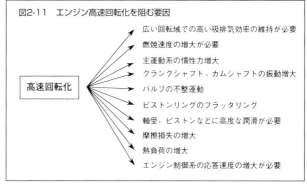

図2-11　エンジン高速回転化を阻む要因

高速回転化

- 広い回転域での高い吸排気効率の維持が必要
- 燃焼速度の増大が必要
- 主運動系の慣性力増大
- クランクシャフト，カムシャフトの振動増大
- バルブの不整運動
- ピストンリングのフラッタリング
- 軸受，ピストンなどに高度な潤滑が必要
- 摩擦損失の増大
- 熱負荷の増大
- エンジン制御系の応答速度の増大が必要

張ってみても，せいぜい15%程度の空気しか余計に吸えない。いくらがんばっても35%というところだ。また，排気バルブからの吹き抜け分を差し引くと，果たしてどのくらい燃料を燃やすのに有効に使われたのか定かではない。本当に燃焼に関与した空気量を知るには正確な測定が必要となる。

いずれにせよ，NAエンジンでは1サイクルで得られる空気量には限度があるため，回転数を上げることで，さらに空気量を稼ぐしかないのである。

しかし，エンジンを構成する材料には質量がある。それによって，ハードウェア面で高速回転化を阻む問題が起こる。高速回転化を阻む問題点は図2-11に示すが，エンジンの破壊につながる致命的なものもある。

一口で言えば，高速回転化は，最高回転数に対し2～3乗に比例して問題解決を難しくする。現在の技術ならびに材料を使用することを考えるなら，3リッターNAレース用エンジンの場合，20000rpmがひとつの大きな壁といえるのではないだろうか。

いずれにしても，レース用エンジンを開発する技術者は，そのエネルギーの多くの部分を，この高速回転化達成に注ぐといっていいくらいである。高速回転化によって生じる問題は主運動系や動弁系の設計のところで再び触れることにしたい。

これには機械的な限界と，吸い込まれる空気のスピードの限界が問題になる。空気は圧力の差で流れるが，バルブなどの絞りがある場合，そのスピードは音速（気温15℃で340m/sec）以上には上がらない。圧力差が空気中の酸素や窒素の分子の振動として伝わって，周囲の各分子がそれに呼応して移動していく。これが気流であるが，その圧力差が情報として伝わるのは音速である。

したがって，音速以上のスピードでは流れないし，音速に近づくと急激に流れが悪くなる。音速よりかなり遅いところで流してやらないと，うまくいかない。そして，バルブが開いたときのバルブシートとの隙間は狭いから，そこを流れる空気のスピードは，エンジンを高速回転させたときにはものすごく速くなるのだ。

2-5　慣性過給による充填効率の向上

②の慣性過給は，高性能エンジンで大切なところである。

一定の排気量と気筒数のエンジンで，同じ回転数でより多くの空気を吸い込むためには，吸気通路（吸気ポート）を太くし，吸気バルブも大きくし，また吸気バルブが開いている時間を長くすればいいと考えやすい。それも間違いではないが，限られた燃焼室の中で，バルブサイズの大きさには限界がある。さらにバルブサイズに見合わないポートの太さにするのもムダである。そして，バルブが開いている時間を長くしすぎれば，せっかく吸い込んだ空気が逆流しかねない。

そこで，空気が流れ込もうとする勢いを使って，普通に流れ込む以上にシリンダー内へ空気を詰め込むのが慣性過給だ。

これを私は「京浜急行の原理」と呼ぶことにしている。京浜急行は，横須賀市の追浜にある日産の総合研究所の近くを通る私鉄路線だが，朝夕は非常に混雑する。プラットホームに電車が入ってくる。たくさんの人が，いつドアが開くかと並んで待っている。ドアが開く。人々はワッと電車の中へなだれ込む。

そこでポイントとなるのが，ドアを閉めるタイミングなのだ。閉めるのが早すぎれば，まだ電車に人が乗れる余裕を残してしまって，輸送効率として考えればムダである。のんきに待っていれば，そのうち人間が電車いっぱいになって，それからドアを閉めればよさそうなものだが，これがちょっと違う。

電車へとなだれ込む人々を脇で観察していると，面白いことに気付く。ドアが開くと人々は，前の方からドドッと電車へ入る。その人々の流れが列の後ろへ伝わって，列全体の流れとなって，ドドドドッといく。そして，彼らが普通にゆっくりと進んでいたなら，もう限界と思われるくらいに電車の中が人間でいっぱいになっても，まだ流れは止まらない。勢いでどんどん入る。自らの勢いで詰め込まれる。人間の体はけっこう柔ら

かいし，服も着ているから，詰め込めば想像以上の人数が乗れるものだ。

　このまま放っておけば，やがては電車の中の圧力が高くなって，外からの勢いを超えて，中の人間がホームへ押し戻されてしまう。しかし，京浜急行の車掌はうまい。乗客が目一杯に電車に詰まって，ホームへ押し戻される寸前に，ピシャッとドアを閉める。まさに絶妙のタイミングだ。

図2-12　京浜急行の原理（慣性吸気）

　この電車をシリンダーに，ホームに並んだ人々を空気に置き換えて考えれば，それが慣性過給だ。空気といえども質量（ひらたく言えば重さ）があるのであって，それが移動する（流れる）ところには勢い（慣性）が働く。また，空気は水などと違って圧力をかければ体積を小さくできる可圧縮性流体であることを利用するのだ。1気筒の排気量が500ccであれば，普通だったら大気圧の空気を最高でも500ccしか吸い込めないが，慣性過給を利用することで，それより多くの空気を吸い込むことができる。シリンダー内に閉じ込められた空気の容積は500ccでも，それを大気圧に換算すればもっと多い

わけである。つまり，たくさんの酸素が供給されているので，たくさんのガソリンを燃やすことができる。

　慣性過給効果を最大限に利用するためには，電車のドアを閉めるタイミングと同様にバルブタイミングを工夫する。シリンダー内の圧力が最も高くなったときに吸気バルブが閉じれば，体積効率が100％を超えることも可能だ。

　しかし，吸気バルブの開き角が早すぎたり，吸気バルブの閉じ角が遅かったりと，タイミングが悪いと，シリン

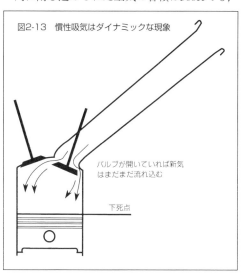

図2-13　慣性吸気はダイナミックな現象

バルブが開いていれば新気はまだまだ流れ込む

下死点

ダー内のガスが吹き返すことになる。高速運転中のエンジンは，下死点からバルブが閉じるまでの時間経過が非常に短いので，そこに慣性吸気を同調させようとするなら，下死点後65～70度まで閉じるのを遅らせる必要がある。

　ちなみに，NAエンジンが10000rpmで回っているとき，下死点から閉じ角65度までに要する時間はわずか0.0011秒(1.1ms)でしかない。これは，ライフルの引き金を引いて撃発してから弾が飛び出すまでくらいの時間である。比較的低速で回転し，トルクで出力を稼ぐターボエンジンではインテークバルブが閉じるタイミングがもっと早く，例えばVRH35Zの場合では60度であった。

　吸気管の長さが短いほど，空気の粒子の塊が移動し始めてからシリンダーの中へ押し寄せるまでの時間が短い。したがって，高回転でエンジンを運転するNAエンジンでは，吸気管長を短くする必要がある。

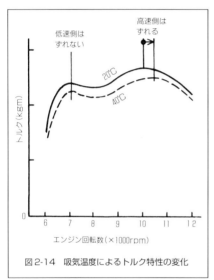

図2-14　吸気温度によるトルク特性の変化

　ところで，NAエンジンで最高出力が出る回転数を13000rpmにし，かつ慣性吸気の効果を最大トルク点に合わせようとしたとき，バルブタイミングや吸排気管の長さ調節の他に，音速を支配する吸気温度の影響を考慮しなければならない。

　吸気温度が20℃から40℃に上昇すると，10000rpmで盛んであった吸気の慣性効果は，336rpmほど回転数の高い側へ移動する。したがって，低速側のピーク点への吸気温度の影響は，回転数が低い分小さくなる。

　図2-14に示すように，低速回転時のエンジン特性はほとんど変化しないが，高速回転域ではトルクのピークが高速側へ移動している。その一方で，温度が高くなるほど全般にトルク値は低下している。これは，温度上昇により空気密度が小さくなり，充填効率が下がるためである。

2-6　ターボも自然吸気も基本は同じ

　吸入空気の密度を大きくするという③にはターボ(過給)という手がある。

　過給方式にはスーパーチャージャーと呼ばれる，クランク軸の回転力で駆動する方式もあるが，一般にレーシングエンジンの多くは，排気に残っているエネルギーを利用してタービンを回し，その回転力でコンプレッサーを回して吸入空気を圧縮する排気ター

ボチャージャーを使う。

　ところで，ターボで「空気を押し込む」という表現がよく使われる。しかし，これは正確には間違いだ。あくまで「吸い込む」のである。吸い込む空気の密度を上げているだけだ。

　自然吸気エンジンは，ピストンが下降してシリンダー内の気圧が下がり，外部（大気）との間に気圧差を生じさせ，大気（空気）をシリンダー内に導き入れる。これは誰でも，素直に「吸い込む」と理解している。

　でも考えてみれば，気圧差で空気を導き入れるのはターボ付きでも同じだ。吸気管の入口に空気を溜める部屋（コレクター）があり，その部屋の気圧をターボチャージャーで高めてやっているだけである。もし，その部屋を大気圧の2倍にしたとすると，自然吸気エンジンと同じ体積の空気をシリンダーに導き入れたとしても，そこにある酸素の量は2倍になる。2倍のガソリンを燃やせるので，パワーは2倍になる。

図2-15　各バンクにターボを装着した
ホンダRA168E型F1用エンジン

図2-16　インタークーラー付きターボを
装着したVRH35型エンジン

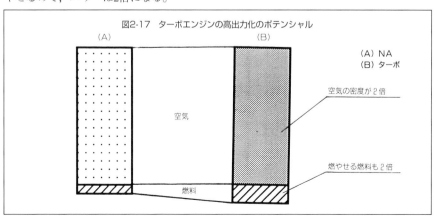

図2-17　ターボエンジンの高出力化のポテンシャル

(A)　　　　　　　　　　　　　(B)

(A) NA
(B) ターボ

空気の密度が2倍

燃やせる燃料も2倍

空気

燃料

実際にはいろいろな理由があって2倍にはならないが，ターボ式だとパワーが出せるのはこういう理屈である。ここで，吸い込まさせるか，空気を押し込むかはものの考え方だが，私はそれが非常に重要だと思う。そう，やっぱり吸い込んでいるのだ。

　ターボで押し込めばパワーが出るからとよく考えずに設計すると，ターボチャージャーにたくさん仕事をさせなければならない。すると，排気管に余計な熱エネルギーを流す必要が生じ，排気抵抗が増し，インタークーラーも大きくなり，ガソリン消費も多くなり，その割にはパワーは出ない。とても効率の悪いエンジンになってしまう。

　また，過給されて密度が上がった空気は質量が増す。すると，慣性過給を利用したエンジンでないと効率が悪くなってしまう。さらに，ポート内を流れるときに空気が，その内壁などにまとわりつこうとする粘性が働いて，密度が上がるとその抵抗が大きくなる。つまり，ポートの設計の良否が自然吸気以上に大きく響いてくる場合があり，このあたりは，けっこうターボエンジンのポイントとなる部分だ。

　結局のところ，ターボエンジンでも①の回転数の向上や②の慣性過給といった，基本的なエンジンポテンシャル向上のところをしっかりと踏まえる思想がないと，戦闘力のあるエンジンはつくれない。極限の高性能を考える上では，自然吸気エンジンもターボエンジンも根本のところでは変わるところがないのだ。

●ピストン速度と吸気流速が回転限界を決める

　ところで，平均ピストンスピードとバルブサイズがエンジンの限界性能を決めてしまうことになるが，ここではそれについて考えてみたい。

　まず「平均ピストンスピード」とは，ピストンが上下動するときの速さを平均したものだ。ピストンは実際には，上死点と下死点では瞬間的に止まって，そこから急加速し，次に急減速して，という上下動を繰り返している。しかし，エンジンを考えるときにはその平均のスピード数値を使う。そのスピードの限界は，教科書等では20m/secと記されているものもあるけれど，現在の技術をもってすれば22m/secはまったく問題なく，24m/secも可能となり，現在のF1エンジンでは29m/secに達するほどになっている。

　考えてみれば凄いスピードである。24m/secは時速にすれば86km/h強であり，しかも実際には上死点や下死点から急加速して，ストローク中間ではその1.4〜1.5倍のスピードになり，急減速を繰り返しているのだ。

　ピストンはそのスピードでシリンダー壁をスライドしているのである。ここには当然，機械的な限界が存在する。それはシリンダーライナーとピストンとピストンリングそれぞれの相性によっても左右される。F1のようなスプリントレースとグループCのような耐久レースとでは限界の意味も違ってきて，後者では耐久性を重視するから低めのピストンスピードにする必要がある。

　摩擦以上に大きな問題として，ピストンが非常に急激な加減速をすることが挙げられる。それによる加減速Gが，コンロッドの小端部や大端部のメタルなどに負荷としてかかっている。それもエンジン回転数の2倍の回数の加速と減速を，レースの初めから終わりまでである。

　加えて，ターボエンジンの場合は，非常に大きな燃焼圧力に耐えるためにピストンを頑丈に(つまり重く)しなければならず，その質量が急加速と急減速するから，コンロッドなどにかかる負担は巨大である。コンロッドの強度や大端&小端のメタルなどをきちんと設計するノウハウを備え，そこから算出し得る適正な平均ピストンスピードの限界値を想定しなければならない。

　一方，燃焼室の直径(つまりボア)が決まれば，そこに収まるバルブのサイズも自ずと決まる。すると，吸気バルブが収まるポート出口の首の部分，バルブスロート部の断面積が仮定できる。これは，回転数ごとの吸気流速が決まることを意味するのだ。

　空気はバルブスロート部分のような絞りの部分では音速以上では流れず，また音速に近づくにしたがって急激に流れにくくなる。これも燃焼同様に神様の領域，つまり人間が変更できない自然現象であり，我々はそれに従いつつ，自然現象をうまく利用していくしかないのである。

　音速は気温15℃で340m/sec，時速にすれば1224km/hで，とんでもなく速そうだ。が，ピストンは高速で動いているのであり，バルブスロート部の断面積は小さい。しかも音速付近では吸気の流れ方がまったくアテにならない。正確にコントロールできるのは，音速の70%くらいまでがいいところだ。

　なお音速＝V，気温をt(℃)とすれば，常温あたりでは，

　　$V(m/sec) = 331 + 0.6t$

というのが音速である。実際の吸気バルブスロート部付近は15℃よりも高い(ターボエンジンでは50℃くらいが多い)ので，そこでの音速はもう少し速い。

　しかし，ここでの吸気流速もピストンスピード同様に，実際には一定のスピードで流れるのではなくて，吸気バルブの開閉にともなって加減速を繰り返している。でも我々が数値として扱うのは，吸気行程のときには流れっぱなしと想定した「平均吸気流速」である。バルブタイミングや慣性過給などは関係なしに，単純にエンジン回転のうちの4分の1の時間だけ吸気が流れたとする数値だ。

　となると，加減速を繰り返しているその流速の速いときでも音速の70%を超えないようにするには，「平均」としては確実なところでいくと90m/secあたりまでというのが，常識であろう。しかし，吸気系の形状などをよくしていけば，95m/secまではいけるのではないだろうか。このわずか5m/secが大きな意味を持つことになる。

第3章 馬力を出すための3要素の考察

　前の章では，出力性能を直接的に左右する吸入空気量の増大の基本的要素についてみてきた。しかし，吸入空気量の増大に関しては，小さいことでもきちんと配慮して対策しなくてはならない。些細なことの積み重ねが，結果としてライバルに勝つためのエンジンになるのだから，おろそかにするわけにはいかない。ここでは馬力を出すための3要素のうち，前章で触れ残した「空気をとことん吸い込む」ことについて触れ，さらに燃焼についての考察，最後にフリクションについて触れてみたいと思う。

3-1　いかにしてたくさんの空気を吸い込むか

●吸入を考えるにはまず排気系から

　エンジンの馬力を出すためには，いかにしてたくさんの空気を吸い込むかが大切だが，そのために，排気のことを考えることから始めたい。

　4サイクルエンジンにおいて，吸入行程の前に行われる排気行程でしっかりと排気が行われていないと，燃え終わった残留ガスの影響によって，次の吸入行程で新気を十分に吸い込むことができない。残留ガスは，図3-1でみるように圧縮始めのガス温度を上げるため，圧縮行程終わりの混合気の温度はさらに高く

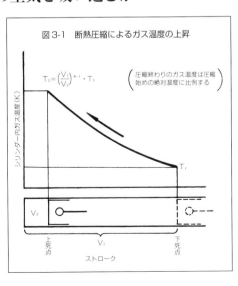

図3-1　断熱圧縮によるガス温度の上昇

$$T_2 = \left(\frac{V_1}{V_2}\right)^{k-1} \cdot T_1$$

（圧縮終わりのガス温度は圧縮始めの絶対温度に比例する）

シリンダー内ガス温度（K）

T_1

V_2　V_1

上死点　ストローク　下死点

なって，ノッキングを起こしやすくしたり，内部EGRが安定した燃焼を阻害する要因にもなる。この燃えカスのガスが点火プラグの近くに残っている場合には，適正な空燃比の混合気のようには，うまく着火されないため，燃焼が妨げられる。つまり，燃焼速度を遅らせ，燃焼圧力をバラつかせ，安定した出力が得られない。

　残留ガスを少なくするためにも，圧縮比は高い方がいい。つまり，ガス交換をしにくい燃焼室部分の容積，すなわち図3-2で表されるクリアランスボリュームとピストンがストロークした行程容積(新気を吸い込める容量)との比率が小さくなり，燃えカスが追い出しやすくなるからである。

　エンジンが非常にゆっくりと回った場合を思い浮かべてみると，理論上は図3-3のようにピストンが上死点にきたときの燃焼室の容量分だけ残留ガスが残ることになる。しかし，実際のエンジンではバルブのオーバーラップの時間があるため，吸気バルブから入り込んでくる新気によって残留ガスが掃気される。したがって，実際にシリンダー内の残留ガスの量は少なくすることができるが，その反面，場合によっては，排気管から吸気ポートの方向へ排気が逆流してくる危険性もある。

　残留ガスを徹底的に掃気することが，高性能エンジンにとって大切なことである。そのためには，排気行程の終わり近くで排気ポート内が負圧になっていれば，最後まで残った残留ガスが吸い出されていくことになる。

　排気ポートを含む排気系の管内では，エンジン回転に応じて規則的に圧力が変化している。膨脹行程の終わり近くで排気バルブが開くと，燃焼の済んだガスは，シリンダー内の高い圧力によって勢いよく排気管内へと吹き出して行く。その勢いがあまりにも速いので，排気が出過ぎることによって排気ポート内が負圧になる。動的に生ずるこの負圧によって逆流を起こしたり，他の気筒の排気が入ってきたりする。しかし，その後にまた圧力が上がって，排気は外へ出される。この正圧と負圧の繰り返しの起こるタイミングをうまく利用することによって，残留ガスを吸い出すのが慣性排気である。

　図3-4のように，排気バルブと吸気バルブとはオーバーラップして開いているから，吸

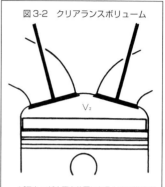

図3-2　クリアランスボリューム

ピストンが上死点位置にあるときの燃焼室の容積をクリアランスボリュームという

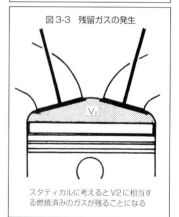

図3-3　残留ガスの発生

スタティカルに考えるとV2に相当する燃焼済みのガスが残ることになる

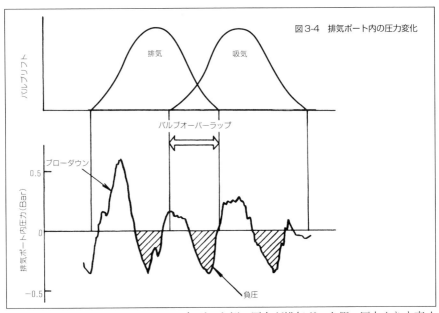

図3-4　排気ポート内の圧力変化

バルブリフト

排気　　　吸気

バルブオーバーラップ

排気ポート内圧力(Bar)

ブローダウン

0.5

0

−0.5

負圧

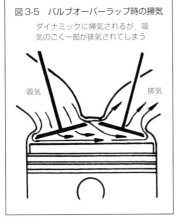

図3-5　バルブオーバーラップ時の掃気

ダイナミックに掃気されるが，吸気のごく一部が排気されてしまう

吸気　　　排気

気ポート側の圧力が排気ポート側の圧力よりも高くなるタイミングが得られれば，掃気はうまくいく。

　掃気の際，せっかく吸気側から新気が燃焼室の中に入り込んでも，上っ面を流れただけでは残留ガスを追い出すことができない。図3-5のように燃焼室内をまんべんなく新しい空気が通り抜けていくような燃焼室形状であることも大切だ。この点，バルブがV型にアレンジされている方が有利である。

　吸排気の慣性効果を利用して掃気を行うためには，バルブタイミングと吸排気管長の調節が必要である。だが，常に慣性効果を利用したいと考えても，エンジン回転によって限定される。

　いずれにしても，たくさんの空気を吸い込みたいと思ったら，まず排気をしっかり行うことがその第一歩である。吸気と排気は常に対で考えなければならないのである。

●質の良い空気を吸い込む

　排気が確実に行われたとして，では，どれだけ新気を吸い込むことができるのだろうか。それを表す尺度として，吸入効率がある。ただし，一言で吸入効率といってもふたとおりの

評価の仕方がある。ひとつは体積効率であり，もうひとつは充填効率である。

体積効率は，ピストンがストロークすることによって得られるシリンダー容積の変化量と，そのときに吸入された空気の体積との比率である。つまり，吸入行程でピストンが下がっていったとき，実際にどれだけの体積の空気を吸い込んだかを示している。

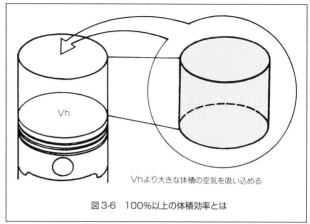

Vh

Vhより大きな体積の空気を吸い込める

図3-6 100%以上の体積効率とは

1気筒あたり350ccのエンジンに350ccの空気が流れ込んだのであれば，体積効率は100%である。もちろん，100%以上になることもある。レーシングエンジンでは吸排気の慣性効果を最大限に活用し，大きな体積効率を得ている。しかし，確かに空気は350cc入っても，その空気の密度は，気温が30℃になる真夏と10℃でしかない冬とでは違ってくる。当然，気温の低い冬場のほうが空気密度が高く，その結果，より多くのガソリンを燃やすことができるので出力が上がる。体積効率だけでエンジン性能を計るわけにはいかない。

そこで，充填効率という尺度が必要になってくる。充填効率は，空気の条件をある共通の状態に換算した上で，エンジン内へどれだけの空気が入ったのかを示す。ここでいう共通の条件とは，例えば760mmHgで15℃という状態の空気に換算する。

このように，充填効率を高めるためには，低い温度の空気を吸い込む方がいい。また，NAエンジンであっても，ラム圧を活用することで密度の高い空気を吸うことができる。そうした質の良い空気を吸うためには，雨水や，雨水による水蒸気を吸い込まないように，あるいはエアクリーナーのエレメントが目詰まりを起こさないようにといった細かな配慮も必要である。

ところで，充填効率の場合には，吸排気バルブのオーバーラップによる吹き抜けも考慮しておかなければならない。前述した残留ガスの掃気の際，バルブオーバーラップを利用し，新気を使って追い出しても，せっかく吸い込んだ空気のうち何%かが，排気バルブから吹き抜けてしまっていると考えられる。したがって，体積効率では110%空気がエンジン内へ入ったとしても，その吹き抜け分を考慮した実質的な体積は105%であるかもしれない。5%分は吹き抜けてムダになっている可能性があるのだ。

では，どれだけの空気がエンジン内へ入り，トルクとして得られるのだろうか。その

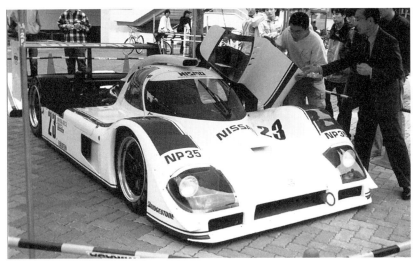

図3-7　NAエンジンを搭載した日産のNP35マシン
吸入効率を上げるためにルーフ上にエアスクープを装着してラム圧を高めた空気を導入している

ためには正確な測定により，真の吸入効率を知る必要がある。

　吸入空気量を知るには，空気流量計を使えばいいが，実はその流量計にも問題はある。果たして脈動して流れる空気の体積を正しく測定できているのだろうか。あるいは，流量を計るために計測部が空気抵抗となっていないかなどの不確定要素が考えられる。そこで，手軽で正確な方法として，図3-8のように排気側で計測した空燃比と，エンジンに供給された燃料流量を計測することによって，空気の量を計算で出す方法がある。

　これはいたって簡単な計算で，

　　　　空燃比 α ＝Q_A(空気質量)／Q_F(燃料質量)であるから，

　　　Q_A＝α×Q_Fである。

　つまり，αとQ_Fを測定すればいいということである。ここで燃料の流量Q_Fは脈動がなく，容易に，そしてかなり精度よく測定できる。空燃比が12.7であった場合の使用燃料質量が5kgであれば，

　　　12.7×5＝63.5kg

　これが空気重量であり，これを空気密度で割れば体積が計算でき，体積効率や充填効率がわかる。

　それでも，吹き抜けた混合気が排気ポート内で燃焼することがあるのではないかと疑いをもつ人がいるかもしれない。

　しかし，NAエンジンの排気温度は700数十℃と，ターボエンジンより低く，排気ポートや排気管内での燃焼はほとんど起こり得ない。だから排気中のO_2濃度を計れば，空気の

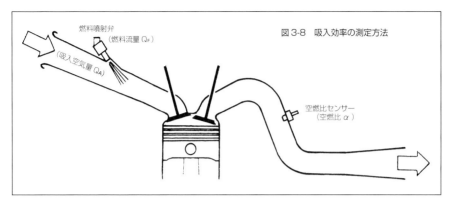

燃料噴射弁
（燃料流量 Q_F）

（吸入空気量 Q_A）

図3-8　吸入効率の測定方法

空燃比センサー
（空燃比 α）

吹き抜けは簡単に知ることができる。

　ところで，理論空燃比より濃いにもかかわらずO_2が計測されるのはどういうことかというと，一度燃焼しCO_2となったはずの酸素が，熱解離によってCOとO_2に分解され，O_2が検出されるからだ。熱解離とは，高温によって一度起こした化学反応が逆の反応を起こし，元の物質にもどってしまうことである。熱解離によってできる酸素の濃度は，排気の温度によって発生のパーセンテージが分かっているので，計算で酸素濃度を補正し，正確に知ることができる。

　もし排気中に1.2％の酸素が測定された場合，そのときの排気温度での熱解離による酸素濃度が0.2％であったとすると，吹き抜け分は1.2－0.2.＝1.0であり，空気中の酸素濃度は21％だから，1÷21×100≒5となって，約5％の空気の吹き抜けがあったと計算できるのである。

　実際，エンジンを回してみて，所定の吸入空気量が得られているにもかかわらず，目標トルクが得られない場合には，フリクションの影響や燃焼の善し悪しを検討する他に，この吸入空気の過度な吹き抜けを疑ってみる必要がある。

●バルブタイミングと慣性過給

　前章で慣性過給について述べているので，ここではさらにその効果を上げるために，バルブタイミングとの関連で見てみよう。

　静的に考えれば，ピストンスピードが最大のときにバルブリフトが最大というのが理に適っていそうだ。そうすれば，吸気バルブとバルブシートを通り抜ける吸気速度がほぼ一定となり，最も無理なく，たくさんの空気を吸い込むことができるはずだ。しかし，コネクティングロッドは単に上下動するだけではなく，クランクシャフトの回転によって揺動しながら上下動しており，ピストンスピードはクランク角90度の手前で最速となる。

　しかし，一般にピストン速度が最大になった後に，吸気バルブは最大リフトをとる。

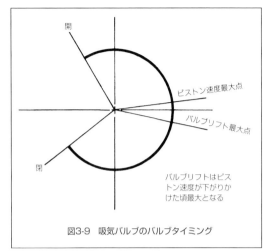

図3-9　吸気バルブのバルブタイミング

（図中ラベル）
開
閉
ピストン速度最大点
バルブリフト最大点
バルブリフトはピストン速度が下がりかけた頃最大となる

図3-9のように最大リフト点は，クランク角で90度をはるかに過ぎた点となる。ピストンの下降に伴ってシリンダー内の負圧はどんどん発達する。それによって吸気は加速され，バルブの傘とシートとの間の円環状の隙間を通ってシリンダー内へ勢いよく流入する。

　ピストン速度が最大になるところで吸気を引っ張り込む能力は最も大きくなるが，その後，ピストンが減速しだしても，吸気はその慣性によりどんどんとシリンダー内に入り込んでくる。すなわち，ピストンの動きと吸気の流れとの間に差が生じる。この遅れは，吸気のもつ慣性によるものだが，これをうまく利用することによって，前述のように100％以上の体積効率を得ることができる。

　ピストンが下死点を過ぎても，まだ吸気の慣性により気体はシリンダーに入り込もうとするため，吸気バルブは下死点よりかなり遅く閉める。そのために，ピストン速度の最大点ではまだ吸気バルブを全開にさせず，気体が入り込もうとするのを少し我慢させ，勢いをつけてから一気にシリンダー内に充填させている。

　バルブタイミングダイアグラムは，慣性過給を，どの回転に同調させるか決めてから決定する。もちろん，このとき，排気バルブの作動特性と吸排気系の諸元も一緒に考えておく必要がある。高速性能ばかりに気を取られていると，中・低速性能を犠牲にすることになるので，エンジンの出力全般を十分に検討しなくてはならない。

　バルブタイミングダイアグラムとともに，バルブのリフト特性を決めれば，カムプロフィールを決めることができる。同時に，バルブの加速度，そしてバルブを閉じるための戻し機構（バルブスプリングなど）のことも考慮してカムプロフィールを設計する。

　最大トルク点に慣性吸気と慣性排気を同調させ，バルブオーバーラップ時に十分な掃気を行えば，トルクはさらに改善される。一方，他の回転数のところでは逆に，はね返りがあるのでその覚悟が必要である。

　図3-10のトルク特性において，Aでトルクは山に，Bで谷になっている。このときのエンジンの吸排気ポート内の圧力は，図3-11のようになっていた。図3-11の真ん中の図を見ると，吸排気バルブのオーバーラップ時に，トルクカーブで山となっている8700rpmでは，常に吸気ポート内圧力が排気ポート内圧力より高い。一方，トルクカーブに谷ので

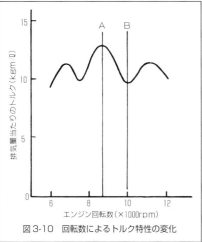

図3-10　回転数によるトルク特性の変化

きた10000rpmでは，バルブオーバーラップ中に排気ポート内圧力の方が吸気ポート内圧力より高いところがあるため，排気がバルブオーバーラップ時に逆流していることが分かる（ハッチング部）。また，図3-11のCでは，バルブオーバーラップ時に排気ポート内の圧力が正圧となっているが，吸気ポート内がそれよりも高い圧力となっているので，排気の逆流を恐れる必要はない。

つまり，吸気ポート側か排気ポート側のどちらかだけを見ていたのでは，慣性による効果を正しく評価することはできない。バルブオーバーラップ中の吸排気ポートの両方の圧

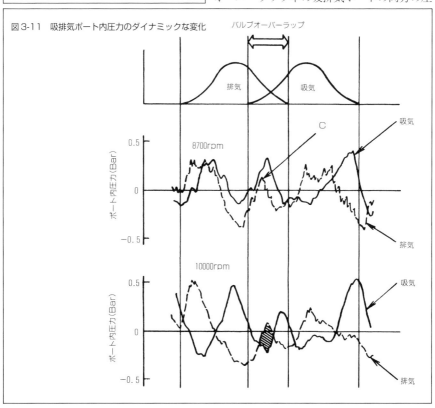

図3-11　吸排気ポート内圧力のダイナミックな変化

力を動的に比較することにより，慣性効果がうまく得られているかどうか知ることができるのである。

●管路の抵抗を減らす

　吸入効率を良くするためには，吸排気の管路抵抗を減らすことなどによって，マイナスをなくすことが大切である。

　管路内を気体が流れる際には，一般にいわれるとおり，図3-12のように壁面には境界層が存在するため，ここでの流速はゼロである。このとき，壁面に凹凸があると，実質上，管の内径が狭くなったのと同じになり，境界層の影響と合わせて気体の流れを妨げる。したがって，管路内面は滑らかに仕上げておく必要がある。

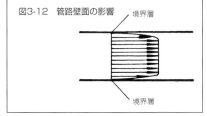

図3-12　管路壁面の影響　境界層　　境界層

　現在は，NC（Numerical Control：数値制御）により，吸気ポート内面などもきわめて滑らかに加工することができる。例えば，ポート内は1.5/1000mm（1.5ミクロン）ほどの荒さとなり，これは電話機の表面くらいの滑らかさだ。ちなみに，シリンダーの内面は0.4ミクロンくらいの仕上がりである。

　いずれにしても，このようにすでに滑らかな仕上げとなっているのだから，グラインドで仕上げる必要はない。人の手によるグラインド仕上げを行うと，かえって各ポート間のバラツキを生じさせることになる。

　管路の抵抗に関しては，剥離を起こさせないことが大切である。例えば，図3-13の排気管のように，曲がりながら内径が拡大していくような管の形状にすると剥離が起こる。逆に，管の径がテーパー状に狭くなっていくようにしておくと剥離が起こらず，スムーズな流れが生まれる。しかし，あまり細くし過ぎると元も子もない。

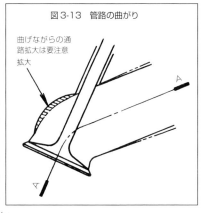

図3-13　管路の曲がり

曲げながらの通路拡大は要注意
拡大

A

　管のつなぎ部分で段違いをもたせてしまうことは自殺行為である。段付きがあると通路断面積を狭めてしまう上に，段付き部で気体の流れに渦が発生し，流れが乱れて実質的な通路面積を一層狭めてしまうからである。

　排気管を排気マニホールドに接続する場合は，差し込む方を外側に被せるようにしてつなぐとか，シリンダーヘッドとマニホールドの接続部にはノックピンを用いて位置合わせを正

確に行うことで，段付き
を生じさせないよう配慮
する。

　また，エアホーンの位
置決めにはインロー（図
3-16参照）を使うことも
ある。ノックピンにする
かインローにするかは，
その部分の形状によって
決めればよい。

　また，マニホールドの
取り付けのつなぎ部分に
ガスケットを使うこと
で，段差を生じさせてし
まう場合がある。私はガ
スケットの使用は嫌い
で，フランジ部に溝をつ
け，Oリングで気密を保
つ方を好む。

　吸排気ポートは，燃焼
室をコンパクトにしよう
とすると，図3-17のよう

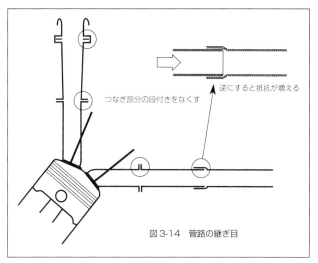

図3-14　管路の継ぎ目

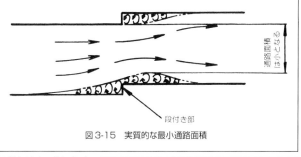

図3-15　実質的な最小通路面積

にバルブ貫通部で大きく曲げなければならな
くなる。これも抵抗となる。しかし，その曲
がりは，図の右のようにポートを斜めにする
ことによって少なくできる。最近のエンジン
のバルブ挟み角が小さくなっているのはその
ためである。

　その際，シリンダーヘッドの端面ではポー
ト断面が傾斜した状態となるため，マニホー
ルドの取り付けに際し，段付きに注意が必要
である。段付きを防ぐためには，シリンダー
ヘッド端面をポートと直角となるような形状
とすればよい。

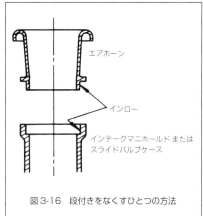

図3-16　段付きをなくすひとつの方法

39

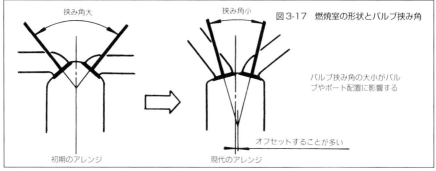

図3-17 燃焼室の形状とバルブ挟み角

挟み角大

挟み角小

バルブ挟み角の大小がバルブやポート配置に影響する

オフセットすることが多い

初期のアレンジ

現代のアレンジ

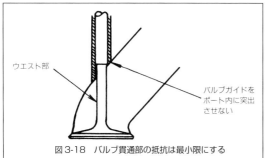

ウエスト部

バルブガイドをポート内に突出させない

図3-18　バルブ貫通部の抵抗は最小限にする

バルブがポート内を貫通する部分には，ウエストバルブを用いるのも手である。また，図3-18のように，バルブガイドをポート内に突出させないで済むなら，ポート内面にそって削り取ってしまった方がよい。

排気バルブ側は，燃焼室からの排気の排出を促進するため，チューリップバルブと呼ばれるバルブ形状とすることもある。ただし，これは排気バルブが重くなるというトレードオフを伴う。

●エアスクープの形状と空気の流れ

　NAエンジンの吸気系で重要な役割を果たすのが，エアスクープである。レーシングカーが走行することによって得られるラム圧を利用し，冷えた空気を取り入れるシステムである。また，内部には図3-19のようにエアフィルターエレメントが入っている。

　空気の分配が各シリンダーへうまく均等にできないエアスクープもある。空気の分配が均等にいかない原因としては，まず幾何学的に空気の流れが曲がりにくいとか，エアスクープの隅まで空気が流れ込まないなどが考えられる。したがって，エアスクープの形状決定には十分な配慮が必要である。ただし，これは静的な考察に過ぎない。その他に，時間差による分配の不具合という動的な問題がある。それは，エンジンがパルス的に空気を吸い込むため，エアスクープの容積や，エア取り入れ口の大きさに比べ，胴部の断面が大きかったり，あるいはエアスクープの対向した面などによるバネ・マス系の空気の圧力振動が発生することなどにより，たまたまエアスクープ内の圧力が低くなったタイミングで吸入行程に入ったシリンダーは，充填効率が低くなり，本来のトルクを

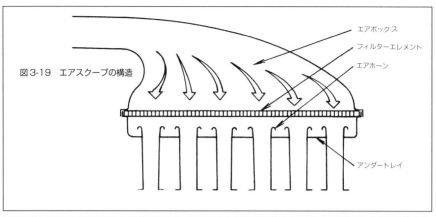

図3-19　エアスクープの構造

エアボックス
フィルターエレメント
エアホーン
アンダートレイ

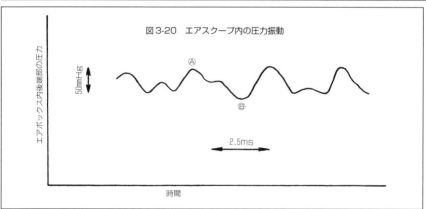

図3-20　エアスクープ内の圧力振動

エアボックス内後端部の圧力

50mmHg

Ⓐ

Ⓑ

2.5ms

時間

出せないことになる。

　図3-20に示すようにⒶで空気を吸入するシリンダーは本来以上のトルクを出せるが，たまたまⒷで吸入することになったシリンダーは，体積効率ではきちんと空気を吸い込んでいたとしても充填効率が悪いため，本来のトルクが出せず，トルク変動を起こすことになる。また，シリンダー内へ入ってくる空気量が各シリンダーで違ってくることから，空燃比がバラバラになり，これもトルク低下の原因となる。

　悪いエアスクープをつけてしまったエンジンは，それだけで2%ほど性能が落ちる。最高出力700馬力のエンジンであれば，14馬力のダウンというわけだ。レーシングドライバーは数馬力の違いを体感できるといわれており，14馬力の違いはドライバーにもはっきり分かるはずだ。

　このように，NAエンジンではあらゆる手段を講じて吸排気効率を高め，少しでも密度の高い空気をシリンダー内へ吸い込ませようとする努力がなされなければならないが，

その際，自然現象に忠実にそして僅かでも効果の期待できる手段があれば，それらを手堅く積み上げていくことが肝心である。

3-2　燃焼をよくするのがエンジンの基本

　たくさん空気を吸い込むのは，たくさんのガソリンを燃やすためだ。ここで「うまく燃やす」というテーマが次に浮かび上がってくる。

　「とことん吸い込む」と「うまく燃やす」と「フリクション等の"税金"を減らす」が，高性能エンジンの3大要素とすでに述べた。中でも，燃焼はエンジンの原点であると私は考えている。これと較べれば，税金の節約などは小手先の技術でしかない。

　燃焼は神様の行為である。つまり自然現象なのだ。人間が勝手な燃焼をつくりだすわけにはいかない。注意して観察していれば，空気の流れ方だとか炎の伝わり方だとか，いろいろなことを神様が教えてくださる。そのデータを基に工夫していく。完璧な燃焼というのはまさに神業であって人間には不可能なのだが，自然の摂理に従いつつ限りなく神業に近づいていく努力をするのである。燃焼(酸化)という化学反応を自分の描いたイメージに向けてできるだけコントロールしていくのだ。

　それでは，「うまく燃やす」にはどうすればよいのか。吸い込んだ空気に見合った分だけのガソリンを燃やし尽くすだけでは話は済まない。

●できるだけ急速燃焼させる

　多分，神様がつくったエンジンならば，ピストンが一番上に上がった瞬間(上死点)に一気に混合気が燃焼し，そのすべての熱エネルギーが発生するのだろう。ところが悲しいかな，我々人間がつくるエンジンでは，そうはいかない。

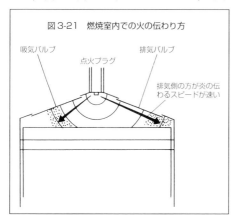

図3-21　燃焼室内での火の伝わり方

吸気バルブ　　　　排気バルブ
点火プラグ
排気側の方が炎の伝わるスピードが速い

　空気とガソリンの混合気が点火した瞬間にすべてが完全に燃えてくれることは，絶対にない。そこで上死点の手前でプラグに火を飛ばして，燃やし始める。しかし，これではピストンが上死点に到達するまでの間に多少とも燃焼が進んでシリンダー内の圧力が高まって，上がってこようとするピストンを押し戻そうとしていることになり，ムダな部分もあることを意味する。

　また，瞬時に燃えないということは，

もっと大きなムダを生む。上死点の手前から点火してやっても，混合気はピストンが上死点にきたときに最大の燃焼をしてくれない。ピストンが少し下がりかけてから燃焼室全体に炎が行きわたり，最大の圧力となる。一定量の混合気が燃焼して生み出す熱エネルギーは一定だから，燃焼室の容積が一番小さいときに最大のエネルギーを発生させてやれば，もっとも高い圧力が得られるはずなのに，この時間遅れは完全にムダだ。

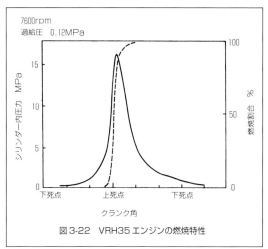

図3-22　VRH35エンジンの燃焼特性

　これらのムダをいかに減らすかがポイントである。コントロールしやすいのはプラグに火花を飛ばすタイミングだ。そこで，プラグで火を点けてからすべての混合気が燃え終わるまでの時間を短くすることに全力を集中する。「急速燃焼」の考え方だ。もし神様のように上死点で瞬間燃焼させられたとしても，エンジンは逆転なんかしない。クランクシャフトには回り続けようとする慣性が働いているからだ。

　レース用のエンジンだからガソリンをガバガバとぶち込んで適当に燃やせば馬力が出るだろう，というような考え方は現代ではとうてい通用しない。ピットインの回数を減らすためにも燃費は重要である。限られた燃料タンク容量では，そんなムダができるはずはない。

　ただ，この急速燃焼を追求していくと，前述したようにノッキングとの闘いになる。

　ノッキングは圧縮比や過給圧を上げ，その圧縮された混合気を急速に燃やそうとするほど，起きやすくなる。しかしそれらはまた，馬力を出すために必要な条件でもある。ノッキングを避けるために圧縮比や過給圧をどんどん下げ，点火時期を遅らせていったのでは，なんにもならない。起きてしまったノッキングにあとから対処していく考え方では性能のよいものにはならない。

　工夫すべきは燃焼室の形状だ。未燃焼混合気をむりやり狭い隅っこに追いつめるようなことのない，ノッキングの起きにくい燃焼室形状に最初からする必要がある。同時に，高い圧縮比を確保できる形状でなければならない。プラグは，すべての混合ガスに最短距離で炎を届かせられるように中央に配置したい。また，一定の燃焼室容積に対し，燃焼室壁の面積がなるべく小さくないと，せっかく燃焼して生まれた熱エネルギーが逃げてしまう……。

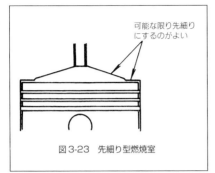

可能な限り先細り
にするのがよい

図3-23　先細り型燃焼室

ということを考えていくと、燃焼室は先に例として出した二等辺三角形のような断面形状、立体として見れば三角錐ではなく、浅いお椀を伏せたようなものがいい。こんな燃焼室形状がしっかりできていて、初めてそれを活かすためのいろいろな手段を投入できる。馬力を出せるし、燃費も良くなる。

高性能なエンジンにすることの第一条件は、この燃焼室形状をちゃんとつくることであると私は考える。だから燃焼室を基点にエンジンをデザインしていく方法をとるべきである。

●燃焼に大切な6要素

短時間に燃やすという時間的考えを無視するなら、良い燃焼を得るための基本要素は、次の3つである。

①良い混合気
②良い圧縮
③良い火花

しかし、F1のように排気量制限を受けたレース用NAエンジンでは、限られた空気量をいかに生かして高出力を得るかが問題になるので、基本3要素の他に次の要素を加える必要がある。

④良いガス流動をつくる
⑤少しでも多くの空気を吸入する
⑥冷却損失を少なくする

まず、④の良いガス流動が得られないと、急速燃焼が成り立たない。ガス流動がなければ燃焼速度は20m/secほどにしかならず、とても10000rpm以上回せるエンジンとはなり得ない。

⑤については、排気量が限られ、自然吸気しか認められないようなレギュレーションであっても、少しでも多くの空気をシリンダーの中へ入れる努力をしなければ、燃やせる燃料は限られ、出力競争に負けてしまう。

⑥の冷却損失に関しては、エンジンは冷却しないわけにはいかず、せっかく燃焼で得た熱が奪われてしまうが、乏しい財産（限られた条件の中で得られた馬力）をわずかでも失うことの少ない冷却を考える必要がある。

いずれにしても、レース用NAエンジンも量産エンジンの延長線上にあるのだから、ま

ず基本3要素は欠かすことはできず，その上でNAエンジンの究極をきわめるために追加の3要素の検討が不可決になってくるのである。

●シリンダー内のガス流動

　ピストンが混合気を上死点近くまで圧縮したとき，点火プラグで火花が飛び，ごく微少な時間を経て燃焼が開始する。その燃焼特性は，単純に燃焼・膨脹サイクルだけでは片付けられない。前のサイクルの残留ガスや燃焼の準備行程である吸入および圧縮行程の影響をもろに受けるからである。

　混合気は，図3-24のように，(a)ピストンの下降にしたがい，吸入行程の初期にはスムーズにシリンダー内へ吸入される。(b)そこからクランクが90度ほど回った頃，シリンダー内の気流は乱れ，吸気ポート外側(燃焼室の中央側)からシリンダー内へ入る気流の速さが，吸気ポート内側(シリンダー壁側)からシリンダー内へ入る気流より速いため，シリンダーの中で渦が発生する。さらに，(c)ピストンが下降し下死点近くになると，その渦は縦方向のスワール，つまりタンブルフローとなる。

　このタンブルフローの形成にあたって，吸気ポートからシリンダー内へ流れ込む気流が，ポート外側の速い流れが7〜8割，ポート内側の遅い流れが3〜2割くらいの比率で流れ込むポートの傾きになっていると，ほどよい渦ができあがる。ほどよい渦とは，シリンダー内の隅々まで気流が行き届き，かつ，燃料の粒が空気とよく混ざり合う渦という意味である。

　点火プラグで火花が飛んだとき，その火花のごく近くや放電路の中に火点きの良い混合気が存在することが必要である。いくら空燃比をうまくコントロールしても，点火プラグの周りに空気ばかりが偏っていては良い燃焼が始まらない。燃焼にバラツキが起こ

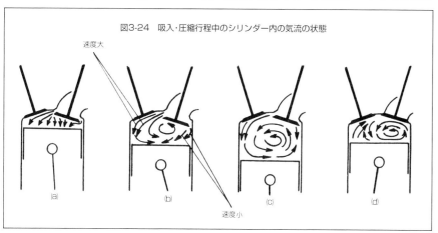

図3-24　吸入・圧縮行程中のシリンダー内の気流の状態

速度大

速度小

(a)　(b)　(c)　(d)

るのを回避するためには，速い流れと遅い流れとがシリンダーの中でぶつかりあうような流れが，吸気バルブを境にシリンダー内で生まれる必要がある。

　また，気流の速い流れと遅い流れの7対3から8対2の割合を生むポートの傾き具合は，バルブ挟み角と関連がある。ちなみに，現在のようなDOHC4バルブのペントルーフ型燃焼室における最適なバルブ挟み角は，21～28度の間であろう。

　さて，ピストンが下死点を過ぎ，吸気バルブが閉じて，今度は圧縮行程となる。この行程で先ほどのタンブルフローは押し潰され(図3-24の(d))，しだいに部分的な乱れへと変化していく。この部分的な乱れが，着火と火炎の成長に大きく影響している。スワールを得にくい4バルブエンジンでは，タンブルフローが重要だといわれるが，その運動エネルギーが乱れとなって保存されるからである。これに，後に述べるスキッシュによる流速が加わる。

●点火と火炎核の成長

　良い燃焼には，点火のタイミングがきわめて重要である。圧縮が進み，クランク角が上死点まであと30～40度くらいになったとき，点火プラグに約30キロボルトという高電圧が印加される。ちなみに，この印加のタイミングは，燃焼の良いエンジンでは35度くらいまでであり，燃焼のよくないエンジンでは40度を超す早い点火タイミングが必要となる。これは火が点きにくかったり(着火遅れ)，その後の火炎の伝播速度が遅くなるのを早い点火タイミングで補っているからである。

　普通のコイルを使った誘導放電型の点火系では，最初に容量成分の電流がドカンと流れ，放電路(電気路)を形成する。次に，誘導成分がこの電気路を通って流れる。混合気への点火エネルギーは，この誘導成分によって注入される。誘導成分が流れる時間は，量産エンジンで約0.0023秒，レース用NAエンジンでは0.001秒(1ms)以下と，かなり短い。容量成分は電気路を作るだけで，これだけで混合気に火を点けるほどのエネルギーはもっていない(図3-25)。

　クランクが5度ほど回ったところで，火炎核が形成される。点火プラグに電圧が印加されてから火炎核ができるまでの間は，混合気のごく一部が活性化(すなわちイオン化)しているだけで，燃料が燃えたことを示す発光はまだ起きていない。

　火炎核とは，点火プラグの電極の間にできる小さな卵状の，火種のさらに基とでもいうべきものである(図3-

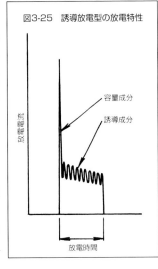

図3-25　誘導放電型の放電特性

容量成分

誘導成分

放電電流

放電時間

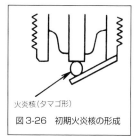

火炎核(タマゴ形)
図3-26　初期火炎核の形成

26)。このとき，燃焼室内ではガス流動による嵐が吹きまくっているのだが，火炎核は非常に小さく，点火プラグの電極によって守られており，その乱れた気流で吹き消されてしまう心配はない。それに，点火プラグが高温になっており，短時間のうちに着火へと移っていく。もっとも，不必要な気流の乱れをつくると，しばしばこの火炎核が吹き消されたり，不安定になって燃焼がバラつく。

　火炎核によって着火した混合気の炎は，急激に燃え広がり，一瞬にして燃焼室内の混合気を燃やし尽くす。

　クランクが5度程度回る時間で火炎核ができた後，良い燃焼室をもつエンジンであれば，上死点後14〜15度で燃焼圧力が最高値に達する(図3-27)。さらに，混合気は，上死点後のクランク角30度くらいでほとんど燃え尽きてしまう。

　クランク角がどのくらい回ったときに，どれだけ燃料が燃え終わったかを示すのが，図3-27の既燃焼割合である。全部燃え尽きたところを100%として表す。レース用NAエンジンでは，上死点後クランク角30度ほどで熱発生割合は100%となるが，量産エンジンの場合は上死点後40度で，まだ80%くらいである。

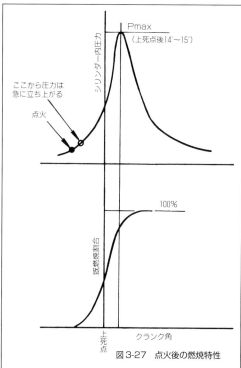

Pmax
(上死点後14〜15°)

シリンダー内圧力

ここから圧力は
急に立ち上がる

点火

100%

既燃焼割合

上死点　クランク角

図3-27　点火後の燃焼特性

●火炎速度を上げる

　火炎核の形成後，混合気が燃え広がる炎の伝播速度を，火炎速度という。火炎速度を決定付ける要素としては，次の3点を挙げることができる。

　①燃えた混合気によって圧力が上昇し，周囲へ押し出されることによる速さ

　②スキッシュや乱れにより，炎が流されることによる速さ

　③炎そのものがボワッと燃え広がる速さ

であり，これらのベクトルの総和として，燃焼速度が決まる。

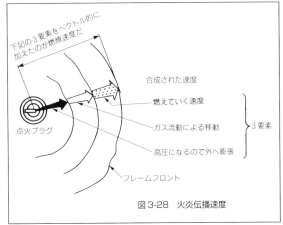

合成された速度

燃えていく速度

ガス流動による移動 ⎤
                    ⎬ 3要素
高圧になるので外へ膨張 ⎦

下記の3要素をベクトル的に
加えたのが燃焼速度だ

点火プラグ

フレームフロント

図3-28　火炎伝播速度

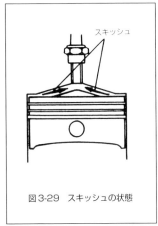

スキッシュ

図3-29　スキッシュの状態

　このうち，燃焼速度を大きく左右するのは，主として②のスキッシュ(図3-29)や乱れである。例えば，燃焼実験などでよく使われる定容燃焼器を用い，中のガス流動が収まったところで点火すると，燃焼速度はせいぜい20m/sでしかない。ところが，レース用NAエンジンの場合は，90m/sに達しても不思議ではなく，逆にそのくらいの速度にならないと，10000rpm以上の速さでエンジンを回すことが可能となる理屈が成り立たない。

　つまり，吸入空気がシリンダー内へ入ってくるときに起こす渦などによる気流の乱れや，ピストンが上死点まで上がったところで起こさせるスキッシュなど，燃焼室内における混合気の流動が，燃焼速度を高める上で重要な役目を果たしている。

　さらに，レース用NAエンジンの場合は，①の燃焼ガスの圧力上昇により燃焼速度が速くなるという影響が大きい。圧縮比を高くとっているので，それだけ燃焼圧力は高くなり，炎を押す力が強くなるわけだ。

　良い燃焼室では，上死点後約30度で混合気はほとんど燃え尽きる。たとえば12000rpmで回るエンジンの場合，1回転に要する時間は5/1000秒(5ms)であり，上死点前30度で点火され，上死点後30度で燃焼を終えたとすると，その間のクランクの回転角は60度であり，燃焼時間はわずか0.8msである。0.8msというとライフルの撃鉄が雷管を叩いて，弾が飛び出すまでの時間が1msであるから，ほぼこれに等しいといえる。

　わずか0.8msで燃焼が終わってしまうのだが，誘導放電型の点火系では，燃焼が終わってからもジョロジョロといつまでも放電していることになる。容量成分が放電された後，その電気路を通って誘導成分が放電される時間は2.3msであるから，この間にクランクは160度以上も回ってしまっている。

　これでは，ブレークダウン時に30キロボルト以上に達し，誘導成分で30ミリジュール以上の電気エネルギーを点火の際に注入しているといっても，実質的には着火のために5ミ

リジュールほどの電気エネルギーしか活用されていない。乱暴な言い方をすれば，誘導放電時間のうち，どこで火炎核が形成されたかは定かでなく，着火タイミングにバラつきが出てもしかたがないことになる。

そこで，高速エンジンではコンデンサー・ディスチャージ式の点火方式（CDI）を用いることもあるが，かなり難しいことである。この場合，誘導成分はなく，容量成分だけで，しかも一発で高い電圧が注入される。その時間は，0.1ms（100μS）以下であり，12000rpmでエンジンが回っているときのクランク角でいえば約7度分だけである。これは，誘導放電型に比べ，1/20以下といった時間でしかない。この間に確実に着火するすることが必須である。しかも，点火エネルギーは，誘導放電型と同等か，それ以上とすることが必要である。比較的低速で回るエンジンでは点火方式による差は出にくいが，高速で回るエンジンでは点火エネルギーの注入特性の影響を受けやすい。誘導成分が長く続いた方がよいという結果があるが，時間をかけてもなんとか燃やした方が得だからである。

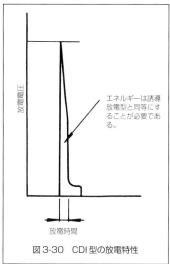

エネルギーは誘導放電型と同等にすることが必要である。

図3-30　CDI型の放電特性

●安定した急速燃焼の実現

神様が作ったエンジンに近づけるためには，少しでも速く混合気を燃やすことで，その熱エネルギーをムダなく仕事に変えられる。そのためには急速燃焼が必要になり，圧縮比を上げ，短時間に高いガス圧を得るように努力しなくてはならない。

しかし，圧縮比を上げると，冷却損失が増えるというジレンマがある。圧縮比を上げれば燃焼室壁面から逃げる熱エネルギーも大きくなり，そこから冷却水によって奪われる熱量が多くなるからである。

これとは対照的に，急速燃焼はムダなく熱エネルギーをガス圧力に変え，その膨張によってピストンを介し仕事に変換することができる。神様が作ったエンジンは，究極のエンジンなのである。

前にも触れたように，内燃機関

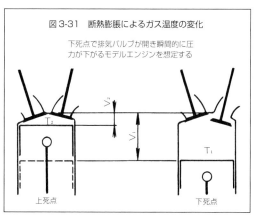

図3-31　断熱膨張によるガス温度の変化

下死点で排気バルブが開き瞬間的に圧力が下がるモデルエンジンを想定する

は，燃焼温度と排気温度の差で仕事をしているのであり，膨張比を大きく取れれば排気温度が低くなって，それだけムダがなくなる。だが，現実のエンジンでは，排気バルブはピストンが下死点に到達するより早く開いている。そこで，もし圧縮比が高く，排気バルブをちょうど下死点で開いて一気にシリンダー内の圧力が下がるような，神様が作ったエンジンであるなら，確実に大きな膨張比がとれる。しかも膨張比が大きくなるほど排気温度は低下する。これは圧縮比を高めてもノッキングしにくいエンジンであることを意味する。ガスのもつエネルギーを有効に仕事に変えることができる。高速で回転できるNAエンジンが，圧縮比を高めてもノッキングしない理由のひとつは，ノッキングを起こす間もなく火炎が隅々まで到達するからである。

火炎伝播速度が遅く，そのうえ早く排気バルブを開かなければ十分に排気ができないタイプのエンジンは，レース用としては失格である。つまり，排気は自分のガス圧で勝手に出ていくものだと安易に考えたバルブ設計では，排気温度がやたらに高く，残留ガスが多く，出力が出なくなる。

また，図3-32のように，繰り返し行われる燃焼の中で，燃焼圧力特性にバラツキがあるエンジンも良くない。各シリンダーごとに空燃比が定常的にバラつくことをジェオメトリカルディストリビューションが悪い，またサイクルごとにバラつくのをタイムディストリビューションに問題があると表現する。燃料の供給にバラつきがないとしても，吸入する空気量がそうであれば当然空燃比のバラつきとなる。例えば，エアスクープの形状が悪いなどの影響で吸入空気量が毎回違い，その結果，燃焼がサイクルごとに変動してしまうことがある。

図3-32に示すように，燃焼圧力を測定する場合は，たった1サイクルの測定では不満足で，何サイクルも連続して測定し，安定した燃焼が得られているかどうか確認しなけれ

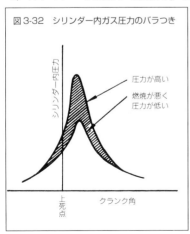

図3-32　シリンダー内ガス圧力のバラつき

圧力が高い

燃焼が悪く
圧力が低い

シリンダー内圧力

上死点

クランク角

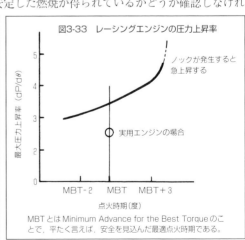

図3-33　レーシングエンジンの圧力上昇率

最大圧力上昇率（dP/dθ）

ノックが発生すると
急上昇する

実用エンジンの場合

MBT-2　　MBT　　MBT＋3

点火時期(度)

MBTとは Minimum Advance for the Best Torque のことで，平たく言えば，安全を見込んだ最適点火時期である。

ばならない。燃焼圧力は，圧縮比の高いレース用エンジンでは，100kg/cm²(100気圧)以上に達する。100気圧はSI単位でいえばほぼ10MPaである。100気圧といえば，スプリング式の空気銃の腔圧(弾を押し出す圧力)と同じである。ちなみに量産の実用NAエンジンでは，70kg/cm²以下が当たり前となっている。

レース用NAエンジンの最大圧力上昇率dP/dθは，実用NAエンジンに比べ，図3-33のように大きな値となっている。圧力上昇率とは，クランクが1度回転したときにどれだけシリンダー内の圧力が変化しているかを表すもので，ノッキングが起きない場合，最高圧力が高くなれば，一般的に圧力上昇率も大きくなる。

圧力上昇率が2.5を超すとエンジン音がうるさくなるが，これは量産の実用エンジンの場合に問題となるのであって，高速で回るレース用NAエンジンでは，機械騒音や排気騒音の方が大きく，燃焼騒音は問題とはならない。それよりも，燃焼の急速化が大切である。

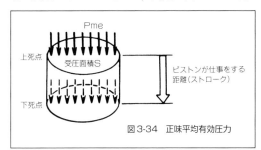

図3-34　正味平均有効圧力

エンジンのトルクや出力を生み出すシリンダー内圧力を表す尺度として，正味平均有効圧がある。これは，エンジンの排気量によらず，エンジン特性を比較できる大変便利な値である。これは図3-34のように膨脹行程において，ピストンには常に一定の圧力がかかり続け，それがすべて有効な仕事になる，と仮定した場合の圧力である。意味とするところは，空気をどれだけ多く入れ，有効に燃料を燃やし，かつフリクションが少ないかということである。この値を知ることにより，我々は量産エンジンと高速のレース用NAエンジンとを比較し，レーシングエンジンがどれほど高いポテンシャルを持っているかを知ることができる。

ちなみにレース用NAエンジンの場合，最高出力時でも正味平均有効圧力は13kg/cm²を超えているべきだろう。そして最大トルク時には，15kg/cm²以上となるはずだ。また，NAの実用エンジンでは，最大トルク時でも正味平均有効圧力で12kg/cm²を得るのはかなり難しく，それを達成しているエンジンは立派だということができる。

正味平均有効圧は，図示平均有効圧から摩擦平均有効圧を引いた値である。

摩擦平均有効圧はエンジンの各行程で消費される損失の合計で，高速では5kg/cm²ほどとなる。この摩擦平均有効圧は，図示平均有効圧のうちエンジン自体と補機類を回すのにどれだけエネルギーを消費するかを圧力で表した値である。燃焼のバラツキと同様に，この図示平均有効圧のバラツキも小さくしなければならない。レース用NAエンジンが最高出力を出しているときのバラツキは，2%と優れた値を示す。量産の実用エンジンで

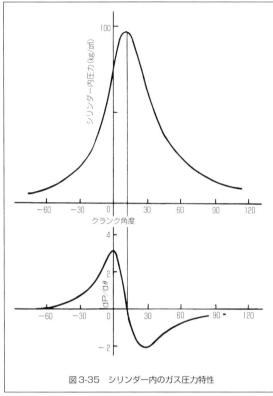

図3-35 シリンダー内のガス圧力特性

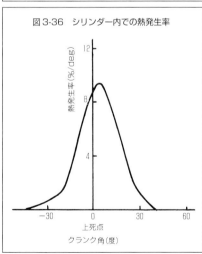

図3-36 シリンダー内での熱発生率

は，40km/hで走行しているときに5%以下であることが望ましいとされている。

　シリンダー内の圧力を測定する場合，燃焼室に穴を開け，そこに圧力ピックアップを挿入するのが一般的である。しかし，レーシングエンジンでは大きな吸排気バルブと，中心に点火プラグがあるため，燃焼室の壁面に圧力測定用のピックアップをのぞかせるような地所はほとんどない。

　そして，クランク角に対する圧力の変化を求めるために，クランクシャフト前端部に細かくスリットを入れた角度板を装着し，光学的な回転角検出装置を取付け回転角度位置を求める。その際，信号を伝達するのに光通信を用いるとノイズの少ないデータが得られる。

　図3-35は，そうして得られた圧力変化を示している。これを微分すると，図3-35の下に示す圧力上昇率dP/dθが得られ，さらに，このデータを基にコンピューターによって，図3-36に示すような作動ガスに供給された熱の熱発生率が得られ，燃焼状態を評価するのに用いることができる。熱発生率とは，図3-36にあるように，クランク角1度ごとに，全体の何%の熱が発生したかを示すものである。例えば，上死点直後に熱発生率は最大となり，クランクシャフトがわずか1度回る間に全エネルギーの内9%以上もの熱が発生し，上死点後

30度ではほとんど燃えるものがなくなっているのが分かる。電子計測をフルに活用し，ごく短い時間に変化する現象を細かく解析し，改良を行っていかないと，強いレーシングエンジンを開発することはできない。

3-3 燃料をムダ使いしなければ馬力が出る

神様のつくったエンジンをテストし，シリンダー内の圧力変化を図にすると，図3-37の実線のグラフのようになる。

まずAからBにかけて，ピストンが下降して吸入行程が行われる。シリンダー内は完璧に大気圧のままだ。下死点Bに到達した瞬間に，吸気バルブは瞬時に閉じられる。次にBからCにかけてが圧縮行程。気体を圧縮すると温度が上昇するが，なにしろ神様のことだから，その熱はまったく外へ逃げない。正確に言えば断熱圧縮である。

圧縮行程を終え，まさに上死点のその瞬間のCで，圧縮された混合気は瞬時に完全燃焼する。シリンダー内の圧力はその瞬間に大きく上昇してDに至る。DからEにかけては，その強烈な圧力によりピストンが押し下げられて，これが膨張行程。ここでも，普通ならシリンダー内の温度が高いので熱が外に逃げるのだが，神様のことだから断熱膨脹である。

ピストンが下死点に至ったところで瞬間的に排気バルブが開き，シリンダー内は瞬時に大気圧になってFとなる。FからAにかけての排気行程でシリンダー内に残った燃焼済みのガスを追い出すが，ここでもシリンダー内は完璧に大気圧のままだ。

これで1サイクルというのが，神様のつくった4ストローク1サイクルのガソリンエンジンということになるのだろう。ところが，我々人間のつくるエンジンでは，こうはいかない。現実には破線のようになる。

まず吸入行程では，そんなにスイスイ混合気が流れ込んでくれないから，シリンダー内が大気圧より低い。下降しようとするピスト

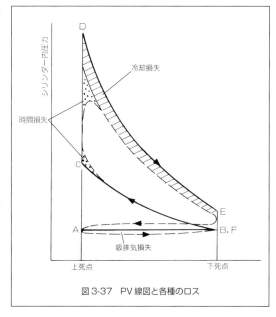

図3-37 PV線図と各種のロス

ンに抵抗が働く。排気行程でも同じで，シリンダー内は大気圧以上であって，燃焼済み
ガスを押し出すのに抵抗がある。この抵抗による損失が「吸排気損失」あるいは「ポンピン
グロス」である。

　また，排気バルブは下死点以前で開かざるを得ない。これは，ピストンを押し下げる
仕事を最後までやらせないうちに圧力を抜くことになる。これを「ブローダウンロス」と呼
ぶ。ポンピングロスとブローダウンロスを合わせたものが「ガス交換損失」である。

　このほか，供給した燃料が完全に燃焼せずにCOやHCの状態で排出される。これもロス
になる。空燃比が濃かったり燃焼室の形状が悪いと，燃焼効率が悪くなる。

　しかし，それで大変もったいないのが図の網点部分の差だ。混合気を瞬時に燃やすこ
とができないから，圧縮行程の途中で点火する。上死点の手前で圧力が上がり始めてし
まい，ピストンの上昇の抵抗になる。また上死点の瞬間にすべてが燃えきらないので，
圧力はDまで上がらない。この網点部分の損失は，燃焼の遅れからきているので「時間損
失」という。

　また，せっかく混合気を燃焼させて生まれた熱も，そのすべてが圧力に変化してくれ
ずに，一部がエンジン各部を暖め，冷却水やオイルを媒介として大気中に捨てられてし
まう。この捨てられた分の損失が斜線部分で「冷却損失」である。

　圧縮行程では，混合気が圧縮されて生まれる熱エネルギーがエンジン各部へ逃げてい
き，わずかだが損をしている。強いて言えばこれも冷却損失だ。

　これらの損失をすべてなくすことはできないが，なるべく少なくして神様のエンジン
に近づける努力をするのが，燃料をムダに使わないことであり，馬力を出す行為である。

　エンジン内部で生まれた熱エネルギーは，そのほか各部の機械摩擦に食われるが，こ
こで説明しているのはそれを除外した，シリンダー内部の話だ。そして，供給した燃料
が本来持っている熱エネルギーから冷却損失と吸排気損失，それに排気の熱として捨て

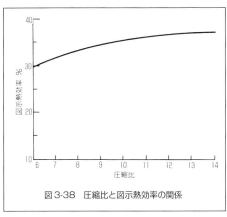

図3-38　圧縮比と図示熱効率の関係

られる排気損失を差し引いたものが「図示
熱効率」である。

　図示熱効率は，圧縮比によって変化す
る。図3-38はレーシングエンジンにおい
て空燃比を一定にし，それぞれMBTで点
火した時の圧縮比が図示熱効率に与える
影響を示す。圧縮比が6のときには，シリ
ンダー内に供給された燃料の持つエネル
ギーに対し，その30%だけが取り出され
る。入れた燃料に対して30%分だけしか
仕事をしておらず，あとの70%は時間損

失や冷却損失，排気損失，それにガス交換損失などで，捨ててしまっている。

　付け加えれば，実際のエンジンではここからさらに動弁系や補機の駆動とか，各軸受け部やピストンの摺動などの摩擦といった，機械損失分として5％くらい，さらに失われる。この損失も差し引いたのが「正味熱効率」である。

　話を図示熱効率に戻せば，これは圧縮比を13に上げると，37％くらいになる。圧縮比を上げれば，同じ量の燃料がより狭い燃焼室で燃えるので，圧力が高くなり力が出る。圧縮比を上げれば，同じ排気量で同じだけ燃料を食わせても，パワーが増大するということだ。

　ただし，圧縮比を上げていくとノッキングが起きるので限界がある。圧縮比を上げてもノッキングが起きにくくするには，アンチノック性の高い燃料を使うことや点火時期のコントロールとかあるが，もっと重要で基本的なのは，燃焼室の形状をうまくつくることである。

　ところで，ここに示した圧縮比と図示熱効率の関係は，一般的な市販車のNAエンジンの場合で，VRH35では，もうひとまわり上の熱効率になる。

　VRHでの圧縮比のテストは7.6～8.5くらいで行っているが，8のときで図示熱効率は38％くらいになる。市販車ではせいぜい33％ほどでしかない。熱効率を1％向上させるのは，並大抵のことではなく，この5％の差は非常に大きい違いである。熱効率が良いということは，入れた燃料をムダに使っていないことだ。そして，効率よく燃やしてムダなくクランクの回転力に変換しているからこそ，馬力が出るのである。

　これを可能にするのは，たとえば急速燃焼である。これが時間損失を減らす。そして，冷やすべきところだけをムダなく冷やし，必要のないところへ冷却水を送らない，というような冷却系の工夫がある。冷却損失の低減だ。このほか数多くの小さな「ムダの排除」の積み重ねによって，高い熱効率を可能にするのである。

第4章　企画から設計までに考慮すべき要素

　いよいよ実際にレーシングエンジンの設計に入ることになるが，具体的な部分の設計に入る前に，馬力を出すことに比較すると重要度が小さいと思われるが，きちんと考慮しなくてはならないことについて見てみたい。高性能というと最高馬力が高く，高回転まで回ればそれでいいというものではなく，同じ性能なら燃費が良く，コストが掛からないもののほうが優れているのはいうまでもない。また，実際に数値に表せないもので戦闘力に優れているかどうか出来が違う部分がある。振動を押さえ，整備性がよいことなどが，その例である。まず，最初はエンジンが実際に誕生するまでのプロセスがどうなっているかから始めよう。

4-1　構想から実走行までのプロセス

　新しいエンジンを設計し，サーキットへと送り出すまでの期間はあまり長くない方が好ましい。早いペースでレーシングエンジンを開発するには，十分に効率を考えた開発システムが必要であり，また現代のレースではそんな能力がないと，実際のレースに対応しきれない。つまり勝てないのだ。

　ここで，レーシングエンジンを新たに生み出そうとしたときに，それがどんなプロセスを経てサーキットを実際に走る完成されたエンジンになるのか，全体の流れを簡単に紹介してみたい。

①最初にエンジンの全体的な構想を練る時期がある。ここではそのプロジェクトの責任者が，自分の思想を目的のレースに照らして，どんなエンジンにするかの根本的なところをまとめ上げる時期である。排気量や気筒数，ボアピッチ，エンジン全体の重量や寸法の目標値，そして燃焼室形状がここで決まっていく。

図4-1　VRH35Zエン
ジン全部品一覧

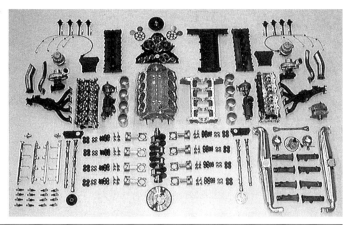

②次にレイアウトだ。決定された構想を，具体的に図面に描きながら各部の構造を決め
ていく。ここではシリンダーヘッドとかシリンダーブロックなどの各部門ごとに，それ
ぞれのレイアウトを考察していく担当者がいる。各担当が仕上げたものは，レイアウト
に参加しているスタッフ全員によるデザインレビューによって徹底的にチェックされ，
問題がないか，もっといい方法はないか考察される。そこで最終的に取りまとめ，決定
するのはプロジェクト責任者である。

　ひとつの部品について，デザ
インレビューは結論が出るまで
何回も行われる。容赦のない厳
しい批判が飛び交うことも珍し
くない。なにしろ，ここで曖昧
な，あるいは間違った結論を出
してしまえば，取り返しがつか
ない。設計段階に入ってから基
本的なレイアウトを修正するよ
うでは，そのエンジンはすでに
モノができる前から失敗作だ。
③すべてのレイアウトが決定し
たところで，実際のモノを製作
するための設計作業に入る。こ
の設計は，シリンダーブロック
やシリンダーヘッドといった大

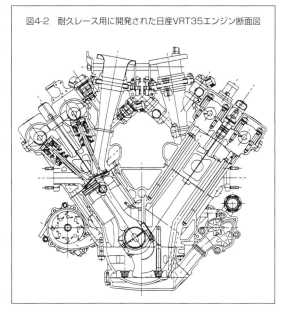

図4-2　耐久レース用に開発された日産VRT35エンジン断面図

モノが優先される。これは，エンジン全体をしっかりまとめていくために，これに合わせた中物や小物の設計をするためだ。また試作部品の発注やその後加工，図面や製作システムの手直し，といった部分でも大物はやはり手間がかかるので，この意味からも早く図面を仕上げる必要がある。大物設計が終わるとインテークマニホールドなどの中物，最後にバルブなどの小物の設計を行う。

④設計が仕上がって図面ができると，それは部品を製作する部署へまわされる。試作部品の発注だ。

　そして，各設計担当(ヘッドとかブロックとか)での，ボルトやナット類などの仕様やこれらの共通化してあるかといったこまかいチェックも，このあたりで行う。設計上で使用する予定のボルト類などを担当ごとに一覧表にして照らし合わせていく。ちなみにVRHの部品はエンジン全部で373種類，点数では1997点である。

⑤次々に試作部品ができてくるが，すべての試作部品がそろうまで待ってはいない。ごく初歩的な試作部品で，仮のエンジンを組んでみる。これは，たとえばシリンダーブロックなどはすべてのボアが開いていなくて1気筒分だけといったものだが，とにかくこれでエンジンの形をつくる。とりあえずエンジンの形を見て具体的に検討する。

図4-3　Ｖ型12気筒NAのVRT35エンジン

　またここで，各種の加工機械の適正とか，加工設備に対する設計の適正などをチェックする。モノをつくるのは，図面に線を引くようにはいかない。

⑥実際のエンジンに組み込む部品ができると，組む前に寸法検査する。製作したところでのテストの検査結果だけに頼るのではなく，エンジンとしてまとめるこちら側で冷徹なチェックをするのだ。量産エンジンに較べれば，寸法精度に対する要求が格段に厳しいのである。精度が出ていなければ製作システムの変更を指示したり，あるいは精度の高い製作ができるように設計を手直しする。

⑦こうした試作部品のチェックも終えて最初のエンジンが組み上がり，テストベンチに載せられる。

⑧エンジンに火が入り，ベンチ上での性能を出していく。とにかく最初は，目標の馬力を出すことに専念する。ある程度エンジンが回ったところで，すぐに耐久テストを行う。とにかく馬力だけ出して，いきなりエンジンを酷使する。非常に壊れやすい状況で耐久

試験をするわけだ。

　この段階から一定の運転時間に耐えるだけの機能を持たせてしまう。それも，単に高回転で回すだけではない。テストベンチの上で，サーキットの状況を再現する。加減速やギアチェンジに相当する回転数変化まで，完璧に実際のレースをシミュレーションするのである。

　耐久性能を鍛えながら，同時進行でエンジンの熟成をはかる。高い出力での持続性能，トルク特性，様々な状況への対応度などを磨いていく。エンジンには各種のセンサーが取り付けられていて，すべての気筒のすべての燃焼行程での圧力変化までが，実走行に近い運転状況で読み取られる。

　こうすることで，早期に実車に載せられる状態にしてしまうのだ。走ってみてからエンジンを熟成するという時代ではない。

　ひとつのエンジンを開発するのに，膨大な仕事をしなければならないが，だからといって開発スタッフの数が多ければいいというものではない。スタッフひとりずつが，たとえばシリンダーヘッドの設計担当ならヘッドも動弁系もすべて，できればエンジン全体を把握していることが重要である。そして，本当にレースで勝つことに燃えている精鋭スタッフだけの少人数の方が機敏な対応ができる。

4-2　必要なのは緻密な思考と勝利への意欲

　レーシングエンジンを設計するには，確かにそれなりの経験が必要であろう。しかしそれ以上に，理論的な考察をしようとする姿勢が必要であると私は思う。

　誰よりも速く走ろうとするのだから，レーシングエンジンではそれまでの経験や常識を超えたところに「解」があるはずだ。その解を少しでも早く手にした者が勝ちである。過去の経験だけでは，せいぜいよくて他人と同等までしかいかない。

　耐久性などは経験の積み重ねとも言える。しかしこれも，バウンダリー値をみつけてしまえば，あとはその値を基に理詰めで技術を構築できる。

　バウンダリー値とは，たとえば1本の金属の棒にかかる応力が45kg/mm²までならば，長い時間にわたって応力をかけ続けても永遠に折れないが，それ以上だといつかは折れる，といった限界値である。断続的に応力がかかる場合にはその回数も含まれる。モノの破損というのは，ある限界値を境にピタリとなくなる。屈曲などの回数では，不思議なもので1千万回の屈曲テストをやって問題がなければ，それ以上屈曲させても絶対に問題が起こらない。

　そうした限界値は，辞書をひいても載っていることは少ないのであり，その点で経験的なものだが，必ず数値的に探り当てられる。

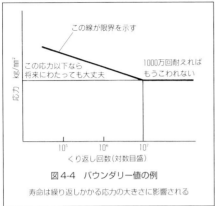

図4-4　バウンダリー値の例
寿命は繰り返しかかる応力の大きさに影響される

これを「レースで使ってみなけりゃわからない」という態度でいると迷路にいきあたる。あるいは「今まで平気だったから」というのでは，いつか壊れるかもしれないし，あるいはムダな大きさや重量を背負っているのかもしれない。

レーシングエンジンの設計は未来的なものへの挑戦であり，同時にきわめて早期に，現実のモノとしてまとめあげなければならない。考えによっては，真っ暗闇の中で動きまわる真っ黒な不定型生物を「この辺だ」と第六感で捕らえるような考え方がそもそも間違っている。

　必ずあるはずの解を一発で当てるように英知を絞るべきである。設計値を理論的に定めておけば，トラブルが発生したとしても対処が早い。打つ手が明快になる。

　そもそも，きちんと理詰めで計算し設計した部品が，いきなり純機械的に壊れることは，正しくつくられている以上，絶対と言っていいほどないのである。

　たとえば，以前にコンロッドが折れたことがあった。理論的にそのコンロッドは折れるはずがなく，トラブルの事例もそれまで皆無だった。なぜ折れたのか調べたところ，それは次のような，ちょっとした人間のミスが原因と判明した。

　コンロッド小端部には，給油のための小さな孔を図4-5のように開けているのだが，その孔を加工するときに，作業者がドリルの刃を折れ込ませてしまった。失敗作として捨ててしまえばよかったものを，もったいないから修正加工した。放電加工(電気溶接のような原理で局部的に母材を溶かし取る)により，その折れた刃を取り除いた。おかげでドリルの刃は取れたが，その跡はドリリング加工したときのように滑らかではなく，孔の内壁がザラザラに荒れた状態となっていた。これをエンジンに組んだものだから，その荒れのところに応力が集中して，コンロッドが折れたのである。加工ミスだ。

　また，コンロッド大端部のコンロッドボルト取り付け部の隅アールの設定が，ほんのちょっとアマかったために，コンロッドボルトが隅アール部に乗り上げてしまい，そこに応力が集中して折れたこともあった。これは設計ミスだ。

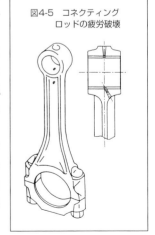

図4-5　コネクティング
　　　　ロッドの疲労破壊

　人間がやることだから，こんなトラブルが起きることもある。しかし，一度起きたトラブルについては，徹底して理論的に原因を究明し，二度と同じトラブルを出さないことが大切である。

　これを単に「コンロッドが弱いから折れたのだろう」ということでロッドの肉厚を上げたりしては，性能は出ないし，同様のトラブルがまたいつか起こりかねない。

　こうしたトラブルの経験は財産である。原因が加工ミスとわかれば，整備マニュアルに注意書きを加えていくことで，マニュアルが成長する。またミスが加工にあろうと設計にあろうと，次にはそれを再発させない工夫をした設計をすることもできる。だから，壊れた部品は簡単に捨てたりはしない。それはまさに宝物なのだ。

　レースでは，新しい機構にトライすることもあるし，デバイスを採用することもあるが，何よりも大切なのはこうした細かい要因の追求とその対策である。そういう意味では，レースというのは，泥の上をはいずりまわって，鼻でクンクンと臭いを嗅いでまわるようなことをしないと勝てないんじゃないかと思う。

　結局のところ，一番大切なのは「必ず成功させる」という執念であり，勝利を奪い取ろうとする情熱である。「自分の役職を無難にこなせばいいや」というような態度では，どんなに費用をかけ贅沢な材料を使ってレーシングエンジンをつくっても，能書倒れに終わることになるはずだ。

4-3　エンジン振動は少ないほど有利だ

　エンジンが動けば，様々な振動が発生する。この振動をその元から絶つか，あるいはその振動と逆相の力によりエンジン内力としてキャンセルしてしまうのが理想的だが，現実のエンジンでは不可能である。この振動が車両をビリビリと震わせる。また振動は騒音を発生させる。こうして生まれる音と振動を，クルマの技術屋たちは音振（オトシン）と呼び，一般乗用車の開発ではこの低減が非常に重要なテーマとなっている。

　レーシングマシンの場合は，速く走ることがテーマだから音振は問題にならない，という考え方もある。しかし私は違うと思う。音の方はいいとしても，その元になる振動が多いとロクなことはない。

　振動が大きいと，エンジンだけでなくシャシーの破壊につながる。双方の連結部分などにクラックが入ったりしかねない。場合によっては，バルブなどのパーツにも，その動きと振動の加振力が悪い方向で重なってしまえば，致命的なトラブルが発生する。マシンとしての戦闘力に響くのだ。

　また騒音と振動はドライバーを疲労させる。マシンを正確に速く走らせる集中力を高いレベルに保つ，ドライバーの仕事に邪魔になる要素は，極力排除しておくべきだ。そ

図4-6　レースを前にしての点検作業

れがトータルでの戦闘力を高めるレース活動というものである。

　根本的には，振動の源の部分でなるべく小さくすることだ。そうしないと，振動による疲労破壊を防ぐために，マシンとしての重量がどんどん重くなってしまう。

　なぜ振動が発生するか。吸排気バルブなどの往復運動による振動は全体からみればたいした割合ではない。群を抜いて大きい要素は，ピストンの往復運動とそれに付随するコンロッドやクランク軸まわりによるものだ。

　ピストンが燃焼によって下降する際には6000G，つまり重力加速度($9.8\mathrm{m/sec^2}$)の6000倍のGが働くのだ。そのピストンの重量の6000倍の力が慣性力として働くわけだ。

　この慣性力をバランスさせるためにあるのがクランク軸のカウンターウェイトである。しかしピストンは直線上を往復運動しているのであり，一方のカウンターウェイトは回転運動をしている。これでは，直線方向の加振力は抑えられたとしても，カウンターウェイトが別のベクトルの加振力を発生させてしまう。

　その上，ピストンとクランク軸を連結しているコンロッドは，上死点と下死点の間では傾いて動き，複雑な振動を発生することになる。

　こうした振動を，単純な円運動をするカウンターウェイトだけで完全にキャンセルできず，必ず不平衡力が発生する。この慣性による力を「不平衡慣性力」と呼ぶ。さらにこれはエンジンの回転数の整数倍，たとえば4気筒エンジンでは2倍，4倍，6倍……といった周波数の振動も発生する。

　またピストン及びクランク軸まわりの運動が作り出す力からは，エンジン全体を回転

62

させる（ひねる）ような力，偶力も発生する。これは「不平衡偶力」である。

　慣性力にしろ偶力にしろ，これらはピストンまわりやクランク軸の動くスピードを小さくすれば，つまり回転を下げれば，そこに発生する加速度が小さくなる。でも，それでは本末転倒だ。運動部品を軽量化し，同じ加速度が働いていてもそこから発生する力を減らすのが本道である。また，クランク軸をどういう構造にするか，カウンターウェイトのバランス率をどう設定するか，さらにはクランク軸をどう支えるか，といった角度からの振動低減対策が非常に重要になってくる。高性能エンジン＝振動が多い，という方程式はないと私は確信している。

4-4　BSFC（燃費）の良いエンジンが強い

　燃費制限のあるレースに出場するマシンでは，速く走れるだけでなく燃費のいいことが重要である。しかし考えてみれば，燃費制限がないレースであっても燃費は重要だ。レース途中での給油が許されているレースでも，燃費がよければ給油回数や給油時間を節約できる。途中給油のあるなしにかかわらず，燃料タンク容量の制限のあるなしにかかわらず，燃費が良ければガソリンの積載量を軽くできる。もちろん，基本的な速さを成立させた上でなければ意味はないが，燃費の良さはマシンの戦闘力の重要な要素だ。

　燃費を良くしようとした場合，エンジンだけで改善できるものではない。そこにはマシン全体の重量や空力特性，タイヤ，ギア比，ドライバーの運転の仕方など，いろいろなファクターがからんでくる。しかし，エンジン側から改善に参加していけるところは多い。たとえばエンジン寸法が小さければ，ボディ形状の決定に自由度が生まれて空力面での燃費向上に寄与できる。エンジン重量が軽ければ，その分だけ車重が軽くでき，そこからシャシー性能も向上できるので，加減速やコーナリングが楽になり，より速く走ることも，速さを燃費にまわすこともできるというわけだ。こうした，直接のエンジン性能ではない部分でも，エンジン屋が頑張れば，結局はそれがまわりまわってきて，自分たちが楽になるのである。

　これらの総合的な燃費向上作戦も重要であるが，ここでは純粋にエンジンの発揮する性能としての燃費について考えることにしよう。

　エンジン単体での燃費性能を表すものに，BSFC（Brake Specific Fuel Consumption）という指標がある。専門的な日本語としては比燃料消費率とか燃費率と言うが，これは一般ドライバーがよく「このクルマはリッターあたり○km走るよ」などと言うkm/リッターの単位で表されるものとは意味が違う。エンジン性能曲線というグラフに，馬力やトルクとともに表示されている，あの燃費である。BSFCでの単位はg/ps・hやg/kW・hであり，1psあるいは1kWを発生させるのに1時間あたり何gの燃料を消費するかを表したものだ。

図4-7　BSFC（燃費）とは

BSFC（燃費）とは，エンジンが1psあたり
1時間に消費した燃料のグラム数である

つまり一般的なkm/リッターで表示される燃費では，走行距離とガソリン使用量の関係だけで速さは関係ない。BSFCの方はエンジンのやった仕事率に対する燃費であり，ちゃんと馬力を出しつつ，その馬力を出すについてどのくらいの燃料を食うかの判断ができる。この数値が良ければ，実際のレースで速さを競うときの燃料使用量が少なくて済むわけだ。「テストベンチで計測した燃費が実戦での判断材料になるのか」疑問に思う人もいるようだが，これは必ず結び付く。それは今までの我々の活動で証明されている。

エンジン性能として，本当の意味での燃費性能を表す数値であり，もちろんレーシングエンジンのポテンシャルの比較検討，評価にはこれを使う。エンジンの本質的性能としてこのBSFCを良くしておかなければならない。

そのために一番重要なのは，インジェクターから供給されたガソリンをいかに完璧に近く燃焼させるかである。それは馬力を出すことにもつながるが，完璧に燃やそうとするほど，それなりのリスクを背負うことも事実である。放っておけば様々な問題が発生し，実戦では勝つどころか完走することも難しくなる。

そこでエンジンレイアウトの段階から，そこで発生し得る問題を克服するだけの各種の対策を，あらかじめとり入れておく。つまり，エンジンをつくって走らせて，問題が起きてから対策するのではない。これが良いレイアウトというものである。

たとえば空燃比，つまり吸入混合気の空気とガソリンの割合を薄くしていくのは燃費向上の基本である。吸入した空気中の酸素とちょうどピッタリ酸化反応する分だけのガソリンを供給した状態（理論空燃比）は，一般に空気とガソリンの重量比で14.7：1と言われている。そこに近づけて，ときにはそれ以上に薄くする。

そんなに薄くしたら混合気がちゃんと燃えないとか，馬力が出ないとか言う人も多いが，そんなことはない。こうなると，ガソリンの粒のまま燃焼室をさまよって燃焼せずに排出されるムダなガソリンは供給されていないのだから，最後の一滴までうまく空気と混ざってくれなくては困るのである。霧化を促進する吸気系のシステムの考察が必要であり，薄い混合気をうまく燃焼させる燃焼室形状も大切だ。

しかし，そうしたうまく燃焼させるための工夫とは別のところで，空燃比を薄くした

ために背負うリスクへの対応も，最初から考えておく。たとえば，供給されたガソリンはシリンダー内で気化するとき，気化潜熱が各部を冷却する。

　一般に，この気化潜熱による冷却に頼っている部分というのが，じつはかなり大きい。このため市販のターボ車など高性能モデルでは，耐久性を確保するため，燃焼させるのに必要な量よりずっと多くの燃料を供給していることがあるくらいだ。それを，レーシングエンジンでは薄い空燃比にするのだから，排気バルブやピストンまわりの冷却はかなり苦しいものとなる。

　それでもへこたれないだけの材質や構造を工夫したり，冷却水や潤滑油で十分に冷却するようなシステムにする必要があるわけだ。たとえばナトリウム封入型のインコネル製バルブとか，クーリングチャンネルを設けたピストンとかである。

　また理論空燃比までであれば，という条件がつくものの，空燃比を薄くしていくほど排気温度は高くなる。ちなみにVRHエンジンのターボの入口は1100℃という排気温度になるが，この高温に耐えるようなターボチャージャーなり排気管なりを考えておかなければならない。もちろん，理論空燃比より薄くなるに従い排気温度は低くなる。

　もちろん，やたらと丈夫にしたり冷却するのではなくて，その部品が受け止める熱をきちんと計算し，それに対応するのに十分，かつムダのないように理詰めで追求していく。

　このようにレイアウトでは，ひとつの試みをやれば，それに対するトレードオフ(はね返り)を常に考えてうまく抑え込むように工夫するところがキーポイントとなる。

　昔は振動などと同じように「レーシングエンジンでは燃費なんて関係ない」といった考え方が通用した時期もあった。しかし現在では，耐久レースに限らずF1でも燃費は重要な性能要素になっている。燃費が良くて馬力があるという，一見矛盾することを両立させたマシンこそが強いのだ。そういう戦闘力が必要不可欠なのである。

4-5　整備性とは修理不要の信頼性構築

　予選や決勝の途中でトラブルが起きて，大急ぎでピットで整備することもある。耐久レースなら，その可能性が高い。大切なのは，レースが始まるまでの準備が正確にやりやすいことだ。これがトラブルを未然に防ぐのである。

　昔は，レース中の修理をやりやすくする観点から整備性を云々していた。しかし現代では，各チームのマシンの実力が伯仲していて，何よりも信頼性が決め手となる。決勝レースがスタートしてからエンジンに手を触れるようでは，耐久レースといえども，勝てる時代ではない。

　だからまず，レースの現場で壊れないエンジンをつくることが重要である。車載時を想定し，エンジンのマウント方法や吸排気系の処理，潤滑油や冷却水の配管システム，

電気系統の配線処理，冷却風の通りやすさ，タイヤのカスの侵入のしにくさ……といったことを，最初のレイアウトの段階から想定する。それをモックアップでさらに検討する。エンジン開発がシャシーレイアウトより先行している場合には，とりあえずエンジンダイナモメーター上でのテストに耐えるようにしておく。そして，どんなに状況が変化しても，壊れないように設計をする。

　また一方で，レースの現場に送り込むために本拠地でエンジンを組み立てることもあるが，その作業をやりやすくすることがとても大切だ。組み立てるのは人間であり，その人間が作業を正確にスムーズに簡単にできれば，高性能を確実に発揮してトラブルを起こさないエンジンとなる。これこそが現代のレースにおける整備性である。そういう意味で「整備性」という言葉を使いたい。エンジンの本体構造に関わることだが，基本性能を低下させずに，それを考慮した設計をするべきである。

　整備性を追求した設計としてVRHエンジンでの例をならべてみたい。

①鋳砂や切削クズの完全除去のしやすさ

例：シリンダーブロックなどの鋳物は，中子という砂を固めた内型を使って鋳造する。溶けた金属を流し込んで固まってから，鋳物に振動を与えてその中子を壊しながら外部に出す。しかし中子の砂は，そう簡単に全部を排除できない。これがひと粒でも残っている状態でエンジンを組んでしまうと，メタルが傷つく。そこで，袋状になっている部分などはグラインダーなどが入りやすいように，その周辺の形状を考えて設計する。袋状部分の一番奥の隅などは砂が残りにくいように，隅アールを大きめにとる形とする。

②エッジ部をすべてグラインド仕上げするときの容易性

例：クランク軸が収まる軸受け部など，各部品の機械加工で仕上げたところの端にはエッ

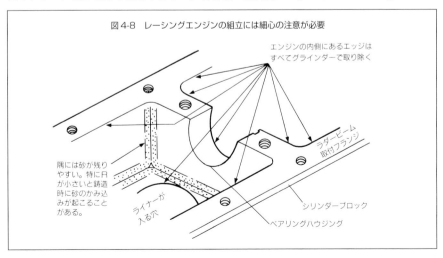

図4-8　レーシングエンジンの組立には細心の注意が必要

エンジンの内側にあるエッジは
すべてグラインダーで取り除く

ラダービーム
取付フランジ

隅には砂が残り
やすい。特にR
が小さいと鋳造
時に砂のかみ込
みが起こること
がある。

ライナーが
入る穴

シリンダーブロック

ベアリングハウジング

ジ部分ができるが，そこには必ずバリがある。目に見えないほどの小さなバリでも，それが残っているとエンジン振動により落下してメタルを傷つける。だからエッジ部はすべてきれいにグラインド仕上げするのだが，そのときにグラインダーが入りやすいように，周囲の形を工夫しておく。

③クリアランスの測定と調整の容易性

例：吸排気バルブ32本分のタペット調整をするのは手間のかかる作業だが，ここでシックネスゲージを挿入しにくいと，作業効率が低下するばかりか，無理な形での計測により誤差も出やすくなる。そこでシックネスゲージを挿入しやすいように，シリンダーヘッドの形を工夫しておく。またタペット調整時にカム軸を回転させやすいよう，カム軸の端を6角型にしてスパナがかかるようにする。

④盲栓やオイルシールなどの圧入の容易性

例：クランク軸の端のオイルシールを，シリンダーブロックとその下に付くラダービームとの合わせ部に挿入すると，その合わせ部分で傷がついたりなどのトラブルも起きやすい。そこで別にオイルシールを挿入する一体部品を製作し，これをエンジン本体にボルトで装着。そこにオイルシールを挿入する。

⑤ボルトなどの締めやすさ

例：ボルトやナット，ネジ類を使う部分では，そこにレンチやドライバーなどを使用しやすいように，周囲の形状を工夫する。また，とくにトルクレンチを使用して組み立てる必要がある部分では，正確な締め付けトルクを得やすいように，ユニバーサルジョイントなしでストレートにレンチを使える構造とする。

⑥部品を取り外すときに古い部品を残しにくく，残しても発見しやすいこと

例：ボルトやナットを外したときに，下にワッシャを残したまま気付かずに，また新たなワッシャを組んだりすることがある。そこでワッシャなどが本体に残っていればすぐ気付くように，その周囲の形状を工夫する。ワッシャが必要な部分以外は，ボルトやナットとワッシャが一体になったものや，ワッシャが組み込まれていて外れない方式のボルトなどを使うようにする。

⑦不用意に部品などを落下させにくいこと

例：シリンダーヘッドのヘッドボルト近くにあるオイル通路には，ワッシャなどが落下しても途中で止まるように，通路内部に金網が設けてある。

⑧位置決めしやすいこと

例：正確な位置決めをして組み合わせる部分にはダウエル（位置決め用のノックピン）を使用する。しかしそれも大量に使うとミスの起こる確率が増すので，最小限とする。VRHのシリンダーブロックとシリンダーヘッドの組み合わせ部では，片バンクにつき2個を使用。

⑨手加工による修正が少ないこと

例：部品の設計や製作精度が悪いと組立時に手加工で修正することになるが，そこにミスが発生する可能性を作ってしまう。そこで正確な設計，あるいは製作精度の誤差が出にくい設計をする。さもなければ，困難な設計製作を要求しないような構造にする。各種ボルトのレイアウトなどはその考え方で工夫する。シリンダーヘッドのエキゾーストマニホールドを接合する部分では，マニホールドのフランジが余裕をもってはまるように大きめのクリアランスを確保しておく。

⑩特殊工具の使用頻度が少ないこと

例：通常の工具では整備できないような構造は極力避ける。

⑪適切な特殊工具を製作する

例：VRHでは，ピストンをシリンダーブロック上部から挿入するのにリングバンドなどは使わない。図4-9のようなテーパー型をした特殊工具をブロックの上に載せるようにしている。ここにピストンをかぶせれば，ピストンが治具になって特殊工具がピタリとシリンダーに合い，ピストンは誰がやっても簡単に挿入できる。ガチャガチャやらないので，シリンダー内壁やピストンに傷をつけることはない。

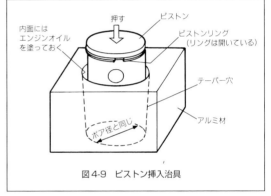

図4-9　ピストン挿入治具

⑫部品の識別のしやすさ

例：チタンボルトはすべて赤でペイントマークしておき，鉄のボルトなどと簡単に識別できるようにする。

⑬各部品に裏表や左右，上下の区別がないか，区別があればわかりやすいこと

例：バルブスプリングは，下になる方にペイントマーキングしておく。

　こういう工夫をすることで，トラブルの起こる可能性を未然に潰していける。これは誰がやっても設定した最高の性能を確実に出せ，何台組み立てても同じ性能であることにつながっていく。

4-6　レーシングエンジンのコスト

　世界のビッグイベントに出場するようなレーシングエンジンの企画・設計・製作では，大規模な資金が用意される。しかし，資金は無限ではない。また，状況により予算の枠

が厳しくなることもある。資金を有効に使って高い戦闘力を獲得する姿勢が必要だ。ここでの効率追求もレースの一部である。

この考え方に立った事例を，いくつか述べてみよう。

もし部品単価を安くできれば，同じ費用でより多くの部品を製作できるわけで，ひとつの部品を2レース使うところを1レースだけにするなど交換回数を増し，エンジンの信頼性を上げることができる。あるいは，今までその部品に使っていた費用を，サーキットの特性に合わせるためのマッチング部品にまわし，性能を向上させることもできる。

役割の違ういくつかの部品を共用化するように設計すれば，そのメリットは大きい。ひとつの設計，ひとつの加工システムで数多くの部品を製作することになるので，部品単価を下げられる。予備パーツとしてのストック，部品管理の効率が上がり，これも倉庫代や管理スタッフの人件費，税金などの節約になる。また性能に関する部分でも，その部品の精度や機能を高いレベルに維持しやすくなる。ストックしてある部品が必要なときには確実に提供しやすいので，これは前項で述べた整備性に関係してくる。

VRHでは，V8エンジンの左右のシリンダーヘッドを共通にしている。このためスペアパーツとしてストックしておくのは1種類のヘッドでよく，左右どちらのバンクのヘッドが壊れてもそれを使うことができる。大量につくらないレーシングエンジンだからこそ，このあたりの価値は大きい。

この共用化の思想は当然，ボルトやナット類にも適用されるべきだ。レーシングエンジンにはチタン製のボルトやナットが多用されているが，これを規格化，共通化していくほどコストは下がり，品質の信頼性は向上する。組立時にも間違いにくく，またスピーディーに作業が行えるので，整備性の面からも信頼性が向上する。

エンジンの組み立てやすさ，整備性ということから見れば，その効率を向上させることが人件費の節約になる。整備性をかなり追求したVRHエンジンでも，まったくサラの部品で新たに組むとなると，1基を仕上げるのにひとりでやれば150時間近く，部品のグラインド仕上げなどの必要のないオーバーホールでも60時間ほどかかるから，馬鹿にならない。

第5章　エンジン設計のキーポイント

5-1　エンジンもマシンユニットのひとつ

　すでにあるエンジンを改良するのではなく，新しくエンジンをつくる場合，まず最初にやらなければならないのが根本的な企画だ。

　つくるのはレーシングエンジンである。勝てるポテンシャルを持った1台のレーシングカーを生み出すのが目的であって，最初にエンジンありき，といった調子でエンジンがひとり歩きするのではない。シャシーやボディと一体になることを考えながら，エンジンの形状や重量や出力性能を決めていくのである。そうでないと戦闘力のあるマシンは生まれない。

　こうした考察を具体的に述べていこう。ここでは，私が日産時代に開発したVRH35シリーズのエンジンの場合を例として挙げながら紹介していくが，基本的なやり方はどんなエンジンでも同じである。概略は図5-1のようになる。

　このエンジンの場合，参加するのはル・マン24時間耐久レースをメインとした。そこにはグループCカーのレギュレーションが存在する。これに合致させることが第1条件だ。

　出場するC1クラスの場合，車体寸法やボディフロアの下面からの高さが決められており，重量も一定の重さ以上になるように決められていた。そうしたレギュレーションの枠の中でマシン全体をつくり上げなければならず，その中にエンジンも含まれる。

　燃料については，ル・マンの場合では決勝レースで使用する総量が決められていたから，パワーだけでなく燃費の良いものにする必要があった。また，世界耐久選手権シリーズでは，燃料は現地で供給されるものを使用する規則であり，その燃料サンプルを手にいれて，それに見合ったエンジンとしなければならない。燃料次第でエンジンの仕様は大きく変わるものだからだ。

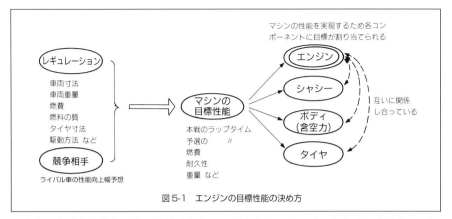

図5-1　エンジンの目標性能の決め方

　また，タイヤに関してその寸法などに規制があるレースでは，それも考慮する。エンジン寸法決定のためではない。いったいどれくらいの駆動トルクをタイヤに吸収させられるかを考察するためである。路面に伝えられないようなトルクを出しても意味がない。

　レギュレーションはレースによって変わるし，同じレースでも年度によって違ってくることもある。ターボの装着が許されたレースがあり，一方ではNAエンジンに限られた規制のレースがある。このように，変化していくレギュレーションに対応することが必要だ。

　レギュレーションの検討の次にくるものは，競争相手の考察である。ライバルの状況を知らないと，どんなポテンシャルを持たせればいいのかの目標が立てられない。ライバルはどのくらいのラップタイムで周回するのか？　どんなタイプのエンジンを載せてくるのか？　そしてポテンシャルを上げてきそうなチームがどれくらい進化してくるのかの考察が必要だ。

　こうしたことから，レーシングカーとしての目標性能が固まっていく。

　まず決勝レースと予選でのそれぞれのラップタイムが，マシンとしての総合的な戦闘力を端的に表す指標だ。それと併せて，燃費や耐久性などの目標値も決まっていく。

　この様々な意味での目標性能を，レーシングカーの総合性能からブレークダウンして，エンジン／シャシー／ボディ／タイヤの各セクションが受け持つべき性能を決めていく。たとえばエンジンは，他のセクションとの性能分担でいくと，必要なラップタイムをマークするには800ps以上を出す，といった具合だ。

　ここで注意しなければならないのは，エンジンとシャシーが互いに関連しあっているということだ。たとえば，ボディ側の空力性能追求からするとエンジンスペースはこうしてほしい，というオーダーがあれば，それができるものなら，エンジン寸法とか補機類のレイアウトをそれに合わせる。この逆も当然あって，それが交互に行き交いながら

進行していく。

　だから，各セクションの開発を同時にスタートさせ，進行していくことが非常に大切である。その方が望ましい，などというものではなく，これは必須条件である。

　エンジンはあくまでもマシンのひとつのユニットである。エンジンだけ先につくったりするとロクなことはなくて，結局あとでツケがまわってくる。エンジンに無理に合わせたためにヘンなシャシーができてタイムが出ず，そのためにもっとパワーを出せ，というような具合だ。

　この考え方は，昔だと実行しにくかった部分もある。エンジンは部品点数が多く複雑であり，図面を描いたり試作品をつくったり，そのテストにも時間がかかった。しかし今は，コンピューターで立体的に製図して，そのモニターの中でかなりの部分まで検討できる。図面をプリントアウトするのも簡単で，部品を鋳造するための木型などもすぐに発注できる。また試作エンジンのテストでも，コンピューターをフル活用したテストベンチで実戦同様のシミュレーションができる。先に述べた考え方を実行しやすい環境が整ってきたのだ。

　もっとも，コンピューターはあくまで手段である。便利なツールではあるが非人間的，非創造的であって，それでエンジンをつくれるわけではない。どんな方法とプロセスでエンジンを生み出していくかを考え，決断して実行するのは人間である。

　とにかく，マシンあってのエンジンだ。エンジンはマシンの他のセクションと一体になって，初めて持てる力を発揮する。だからエンジン側ではシャシーやボディへの思いやりの心が大切である。

5-2　車体構成を活かすエンジンレイアウト

　エンジンをレイアウトするときの制約条件は，エンジン側で決められる内的要素と，エンジン以外のセクションからの要求による外的要素とに分けられる。ここでは外的要素の方について，VRH35エンジンの場合を例に述べてみよう。

●エンジンのストレスメンバー化

　車両の目標重量は最初に850kgと定めた。そこからエンジン／シャシー／ボディ／タイヤの各セクションの重量割り当てを検討していく。エンジンとして割り当てられたのは180kg（最終的にはもっと軽く仕上げたけれど）の重量だった。

　シャシーは日産から英国のローラ社に製作を依頼した。そのシャシー側から見れば，速く走るために必要なシャシー剛性というものがある。ところがそれを計算していくと，シャシー側に割り当てられた重量ではサブフレーム分がなかった。サブフレームとは，

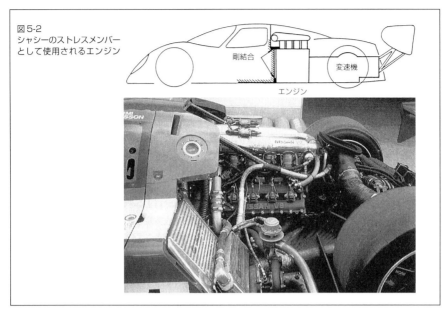

図5-2
シャシーのストレスメンバー
として使用されるエンジン

剛結合

変速機

エンジン

メインモノコックの後方にパイプワークで組み立てられていて，ミッションやリアサスペンションを支えるものだ。そこで，フォーミュラーカーのようにエンジンをシャシーの一部として使い，ここも各種の外部応力を負担するストレスメンバーとして使おう，というアイデアが持ち上がった。

　これはローラ社から日産に押し付けられたものではなく，いかにしたら戦闘力の高いマシンをつくれるかについて双方で検討し，生み出されたアイデアである。そして私たちエンジン屋としても，それができる自信を得ていたので「やってみましょう」と引き受けたのだった。

　ただし，エンジンをストレスメンバーに使うというのは，そんなに簡単なことではない。エンジン側だけで考えても，バルブ駆動系やクランクシャフトなどをはじめ，シリンダーブロックやシリンダーヘッドなどの全体としての剛性も必要である。だが，そこでいう剛性は，高出力を生むとか，その出力を持続する耐久性とかの，パワーユニットとしての剛性だ。それだけでもけっこう大変なのに，さらにエンジン外部からのストレスも負担する。しかも限られたエンジン重量の中でのことだ。

　この外部ストレスは，非常に大きなものだ。たとえばコーナリングで縁石に乗り上げたりすると，シャシーには1000kgmものねじれトルクがかかる。タイヤ交換をするときなどに，ホイールのクリップナットをギュッと締めるのが10kgmくらいだから，いかに大きな力だか想像できると思う。縁石に乗り上げなくても，ダウンフォースを追求した空力

ボディにより，車体は最大で，自重の2倍以上の荷重で路面に押し付けられる。コーナーではその空力や強烈なグリップ力のスリックタイヤのため，2.4Gの横G（シャシーの重心でみれば車重の2.4倍の力）が，左右曲げ力としてかかってくる。さらに，加速では後輪が強烈に車体を押し出すわけだからエンジンには圧縮荷重がかかり，エンジンブレーキ時は逆に引っ張られる。

　これらの力が総合されて，エンジンにかかってくるのだ。しかも内部では数多くの精密な部品が正確に高速で作動しなければならない。ほんのわずかでもエンジンが変形したために，クランク軸やカム軸の回転軸受け部分にシブリが出ないか？　シリンダーが変形してピストンの焼き付きやガス漏れが起きないか？　シリンダーブロックとシリンダーヘッドの合わせ面から燃焼ガスや水やオイルなどが漏れないか？　といった問題を考察しなければならない。

　じつは，我々はそれまでエンジンをストレスメンバー化したマシンの経験がなかった。F1などと違い，こちらは車重が重いのでストレスが大きいのと，また長時間走るのでエンジン自身の耐久性要求が大きくて「経験的に言って問題が多すぎるため」という理由からである。しかしコンピューターシミュレーションなどにより，企画段階で可能であると確認した。

　長い長い経験の積み重ねがあるヨーロッパの諸先輩（クルマという意味でもレースでも）に対抗するためには徹底して理詰めでやっていくしかない。

●エンジンの質量と剛性

　エンジンの割り当て質量は当初180kgとなった。エンジンには，様々な補機や配管類などが付くが，排気マニホールドやターボ，ウェイストゲートバルブ，排気管などは，シャシー側の質量として扱うのが常識となっている。ただ我々は理論的裏付けからある程度の自信があったので，クラッチとエンジンハーネス（電気配線）はエンジン側のものとしてその質量を引き受けることにした。

　エンジンが，剛性の低いヤワなものであったら，クランクシャフトが踊ってしまったり，シリンダーブロックのVの字が音叉のように振動してしまったりする。

　しかし剛性ばかりを追っていると重くなる。そこで，軽量化の初歩だけれども同時に最も重要なのが，ムダな肉は1gも与えない設計だ。そして，薄い

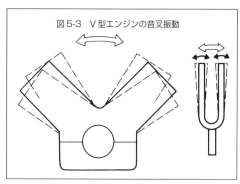

図5-3　V型エンジンの音叉振動

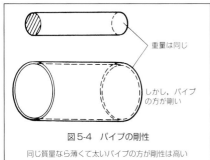

図5-4　パイプの剛性

同じ質量なら薄くて太いパイプの方が剛性は高い

肉厚でも剛性を確保できる形状を工夫する。その先に，たとえばシリンダーヘッドカバーやオイルパンをマグネシウム化するといった，材質による軽量化がある。

　個々の部品についてはのちに詳しく説明するが，そうした工夫の結果，エンジンとしての十分な性能を確保した上で，VRH35の重量は167kgに収まった。まあ，その分をシャシーの方で楽をしてもらおうということで，出荷状態ではウォーターパイプを組み付けて173kgにしている。このときのライバルとして想定していたベンツのエンジン質量は220kgほどだったようだ。

　とはいえ，ここでエンジンがシャシーとして使われるのだから，外部荷重をエンジンのどこでどう受けるかがポイントになる。結論はエンジンのなるべく外側で受けるという思想だ。この理屈は，同じ質量のパイプでも，肉厚は厚いが外径が小さいものより，薄肉でも大径の方がねじれに強いことを想像してもらえればわかると思う。

　この考え方に従って，単純にシリンダーブロックをセンターモノコックへ締結するのではなく，ヘッドカバーとオイルパン部分で剛結合で締結した。つまり，エンジンの中心より遠い部分でモノコックと締結すると同時に，締結箇所を分散し「分布荷重」方式にした。「集中荷重」方式なら設計は楽だが，エンジンの締結部分はかなりの肉厚(重量)にしな

ければならず，それでいて他の部分にもある程度の肉厚が必要なのにこっちはムダになってしまう。要するにエンジン自体を外皮構造，ひとつのモノコックシャシー部分と考えたのである(図5-5)。

　もちろん，そんな使い方ができるように，ヘッドカバーの形状やその締結方式などを考えたことは言うまでもない。その結果，計算上ではストレスメンバー化しない場合とほとんど同等のエンジン重量に仕上げることができた。1mmをおろそかにせず真面目に計算すれば，できるものである。

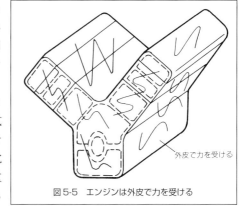

外皮で力を受ける

図5-5　エンジンは外皮で力を受ける

●ボディ形状に対応するエンジン形状

　グループCカーでは，F1などよりもアンダーウイング形状の規制が緩い。そのアンダー

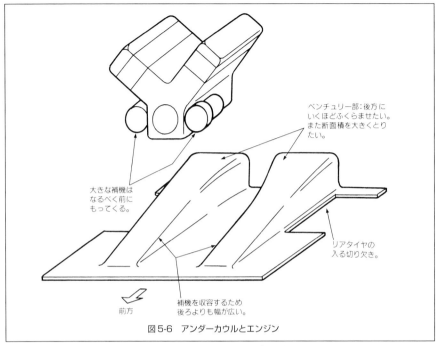

ベンチュリー部：後方に
いくほどふくらませたい。
また断面積を大きくとり
たい。

大きな補機は
なるべく前に
もってくる。

リアタイヤの
入る切り欠き。

前方

補機を収容するため
後ろよりも幅が広い。

図5-6　アンダーカウルとエンジン

ウイングを効果的に使ってダウンフォースをかせぐ努力をする。

　ちなみにアンダーウイングとは，図5-6のようにダウンフォースを得るためにマシン下面のボディ板後方を上に向かって跳ね上げてある構造だ。これにより，ボディ下部の空気を走行速度以上に高速で引っ張り出してやり，その流速でボディ下部の空間の気圧を下げる。すると，相対的に高いボディ上部の気圧でマシンは路面に押し付けられ，高いタイヤグリップ力を引き出せる，というわけだ。

　このアンダーウイングのベンチュリー部を空力的な意味から設けるべき位置と形，あるいはレギュレーションから設けられる位置ということで求めていくと，後輪の内側の両サイドに，車体内側に向かってボディ下面が出っ張る。しかし，この位置はまたミッションとエンジンが収まるところなのだ。もちろん，エンジンやミッションを収めるためにベンチュリーが左右対称になっているが，それにしてもこの中央の凹部にエンジンを収めてしまわなくてはならない。とくにVRHエンジンの開発時には，ボディやシャシー側からこのベンチュリーの幅を大きくとりたい，つまり凹部の幅を狭くしたいという要請があったのである。

　その凹部に収まる形のエンジンを設計するということだ。ベンチュリーの高さから，シリンダーのVバンク角度などは影響を受けなくて済むが，エンジン下部の幅が問題にな

る。それもとくに後方にいくにしたがって厳しくなる。クランクシャフトの太さなどは変えようもないし，たいした寸法でもないが，そこで目指す横寸法に引っかかってくるのが補機類(冷却水用のウォーターポンプ，潤滑油吸い上げ用のスキャベンジングポンプ，潤滑油圧送用のオイルポンプなど)である。

図5-7　Vバンク中間に収められたオルタネーター

オルタネーターはVバンクの中間に収められ，右バンクの吸気カムシャフト後端で駆動されている

　これを解決するために，我々は補機類をできるだけエンジンの前方に，そして上方に寄せるレイアウトをした。それも効率よくだ。たとえば，ウォーターポンプはその吐出量が毎分600リッターと多いために外径寸法も大きいので，ボディ側からの寸法規制が緩いエンジンの最前部(左右両側の2個)に配置，吐出量が毎分130リッターと少ない(つまり径が小さい)オイルポンプはその後方(右側，左はスキャベンジングポンプ)に位置させている。オルタネーター(発電機)はシリンダーのVバンクの間に収めている。

　レーシングマシンにとって空力性能は非常に重要で，このアンダーウイングのほかにもたとえば，上部後方のカウルは後端に向かって滑らかに下がるような形にする必要がある。するとエンジン側では，吸気管の入口に取り付けられるアルミ合金製のチャンバー(コレクター)を後ろ下がりの形にしないと収まらない。

　コレクター(サージタンクともいう)は，適切な容量と各気筒に均一に空気を分配する形状でないとエンジン性能が出せない。しかも，コレクターを後ろ下がりにしながらも，吸気管は一定の寸法で各気筒をそろえておかないと，慣性過給をちゃんと活用できない。性能を落とさずに要求されるボディ形状に収める工夫をするのだ。

　その他，冷却水や潤滑油の出入口は，オイルタンクやラジエーターの位置を考慮しながら決める。排気管はどんな角度で出せるのかとか，ターボチャージャー(これも当然潤滑している)の位置なども，把握しておくべきだ。

5-3　排気量とボア・ストローク

●燃料制限レースを想定した排気量の決め方

　レースレギュレーションというのは安全確保と，参加車両のポテンシャルをある程度そろえて競争の意味を持たせるために存在する。ポテンシャルをそろえる目的のレギュ

レーションで代表的なのが，排気量制限方式と燃料使用量制限方式とこれと間接的には同意義なエアリスリクター方式だ。

　排気量の制限がなく，燃料使用量制限方式のレースの場合，排気量をどのくらいにすればいいのかの考察が重要なポイントになってくる。排気量の大きいエンジンの方が馬力は出しやすいが，それだけで戦闘力が高くなると割り切れるほど簡単ではない。ターボ付きとなると，見かけ上の排気量だけでは出力や性能がわからないから，話は複雑になる。

　我々がメインターゲットとしたル・マンでは，決勝レースを2550リッター以内のガソリンで走りきらなくてはならなかった。この燃料で24時間で誰よりも長い距離を走れば勝ちである。正確には燃費のいい速さを競っているのだ。

　これが，どこのサーキットに焦点を合わせるかによって，その内容が変わってくる。たとえば，ル・マンのように長いストレートがあれば，そこでの燃費の良さが重要なポイントになる。一般に，スロットル全開でエンジン回転が高いところを使う時間の割合が高いコースほど，燃費面が厳しくなる。普通，激しくアクセルを踏んだり放したりを繰り返すトゥイスティなコースの方が燃費が悪いと思いがちだが，実際には違うのである。日本でも，鈴鹿サーキットより富士スピードウェイの方が燃費は厳しい。

　トゥイスティなコースでは，瞬発加速力が戦闘力に効いてくる部分が大きい。たとえば，パッとアクセルを踏み込んでからターボが効き始めるまでの，その前の段階での加速力も強くないと，高い戦闘力のあるものにはなり得ない。

　ここで，図5-8を見ていただこう。これは燃費規制というレギュレーションの下での，排気量に対しての戦闘力を，3つの角度から比較したものである。エンジンは単純にターボ付きと思ってもらってもいい。正確に言え
ば，それぞれの排気量で一番戦闘力が高くなるようなターボの使い方を想定している。排気量が大きいほどターボに頼る度合(過給圧)は少なくなり，現実的には6リッターくらいから過給なし(自然吸気)になろう。

　上方のV6／V8／V12というのは，その排気量でエンジンをつくる場合の常識的なシリンダー数だ。

　効率というのは燃焼効率の良さと，冷却損失の少なさ，摩擦損失の少なさの3要素を意味している。その個々の説明についてはまたあとで述べるとして，要するに簡単に言ってしまえば，エンジンに食わせた燃料に対しての戦闘力の出方である。

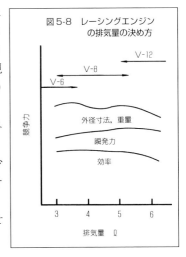

図5-8　レーシングエンジンの排気量の決め方

V-12
V-8
V-6

外径寸法，重量
瞬発力
効率

瞬発力

3　　4　　5　　6

排気量　ℓ

この図を見てみると，瞬発力の面での戦闘力はほぼ排気量が増すほどに増加している。アクセルを踏み込んだ瞬間に，ターボが効いていなくても，排気量の多さにより自然吸気状態でのトルクそのものが大きいからで，排気量の小さいエンジンは過給圧を高くするので，ターボラグは大きく，またターボが効いていないときの加速力は弱い。

しかし，たとえば排気量が6リッターなどと非常に大きい場合は，確かに瞬発力という意味での戦闘力はあるが，最も美味しい域はすでに越えかけている。そして効率及び寸法と重量の面での戦闘力はガクンと落ちてしまっていて不利だ。

これを寸法と重量の面から見ると，概して排気量の大きいエンジンは損だ。加えて，グラフの線がふた山になっていて，4〜4.5リッターあたりは谷になっており，ここは戦闘力的に不利であることに注目してほしい。4.5リッターも5リッターもエンジンの寸法と重量はほとんど変わらないのであり，それなら5リッターにした方が瞬発力が得られ，効率もまだ大きくは下降していないので得策である。

一方で，排気量を小さくするとエンジンはそれに比例してコンパクトになるので，空気抵抗の小さいマシンをつくれることになり，ストレートが長くて高速で走る部分が多いサーキットでは有利である。しかし，あまり小さくするとパワーを出しにくい。その高速でのメリットは3.5リッターあたりで最大となる。ここから我々は3.5リッターという排気量を決定した。

できあがったこのグラフで見ると，強いライバルはちゃんと合致していた。それは，我々の計算が正しかったことを証明してくれているのと同時に，一方で「敵も考えてるな」と想像させてくれる部分だった。

●気筒数とボア・ストロークの決め方

排気量が決まったらそのエンジンを何気筒でつくるかの考察になる。そして気筒数は，ボア・ストローク寸法の決定と同時に考えていかなければならない問題である。

総排気量を気筒数で割れば，1気筒あたりの排気量が決まる。その排気量をボア寸法とストローク寸法でどう分担するかを考えるわけだ。ストローク寸法からエンジン回転数に対する平均ピストンスピードが，またボア寸法からは燃焼室に収められるバルブサイズが決まる。この2点がまず最初に，エンジンの限界回転数を決めてしまう。

ピストンストロークの寸法が機械的な面から，シリンダーボアの寸法が吸気流速の面から，それぞれエンジン回転の限界を決める。それでは，具体的にどうやって気筒数とボア・ストロークを決定するのだろうか。

ここでは例として，まず自然吸気のレーシングエンジンで考えてみよう。ターボ付きだとちょっと複雑な要素が絡んできて面倒になるからだ。総排気量は3.5リッターとする。

図5-9を見てもらいたい。縦軸がエンジン回転数，横軸がシリンダーのボア径のグラフ

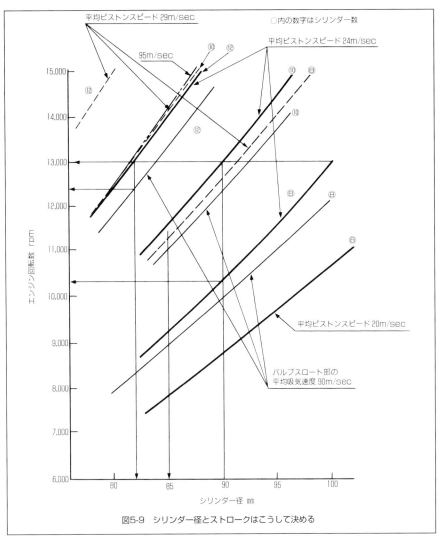

図5-9　シリンダー径とストロークはこうして決める

である。○の中の数字は気筒数だ。自然吸気3.5リッターということで6気筒は除外し，8
気筒に10気筒と12気筒も考慮の対象にしている。この気筒数だと当然V型エンジンになる
が，とりあえず，ここではシリンダー配置のスタイルは考えなくてもいい。

　このグラフには，大きく分けてふたつの要素が示されている。ひとつは平均ピストン
スピードであり，もうひとつが平均吸気流速である。

　このグラフから，まずは平均ピストンスピードを考えてみよう。

　それぞれの気筒数のうち，太い実線で示したのは平均ピストンスピードが24m/secになるエンジン回転数とボア径の関係を表すグラフである。ピストンスピードを速めるのは回転をかせぐことになり，それは馬力をかせぐには重要なポイントとなる。

　たとえば8気筒の場合，ボア径が90mmのときにピストンスピードが24m/secになるのはエンジン回転が10300rpmのときであることがわかる。同じ8気筒でも，ボア径が100mmなら13000rpmのときに24m/secになる。総排気量が一定で同じ気筒数なら，ボア径が大きくなるほどストロークが短くなり，それだけ高回転化が可能であるのはいうまでもない。

　次に10気筒の場合なら，8気筒と同じ90mmのボア径にしても13000rpmで24m/secになる。つまり8気筒のボア径100mmと同じなのだ。同じ総排気量で気筒数を増していくと，1気筒あたりの排気量が減るのでストロークを短くでき，その分だけ高回転化が可能なのである。一定の平均ピストンスピードに対して，

①シリンダー数を多くすると回転数を上げることができる。

②ストロークが小さいと回転数を上げることができる。

ということになる。平均ピストンスピードが29m/secとしたのが破線のグラフである。これでいくと，8気筒でも10気筒なみの回転数が，10気筒でも12気筒なみが可能である。

　もちろん，ここで取り上げたふたつの平均ピストンスピードは，あくまで例であって，中間的なものも考えられる。

　ピストンスピードを高く設定すれば，すでに述べたようにそれだけ機械的な負担は大きくなる。その危険性にチャレンジして危険性を安全領域としてしまうように頑張る。その意志を通すだけの技術的な自信，裏付けが必要だ。

　今度はグラフの吸気流速の方に着目してみよう。細い実線で示されているのは，その気筒数で選んだボアサイズに設定できる最大の吸気バルブを使ったとして，バルブスロート部の平均吸気流速が90m/secになるボアサイズとエンジン回転数の関係である。

　平均ピストンスピードを24m/secに抑えたとしても，平均吸気流速の上限を90m/secとすると，そちらの方で回転の上限が決まるのがわかる。実際にそれ以上の回転域でも回すことは可能であるが，吸入空気がきちんとポートを流れないでフン詰まりになっているから，パワーが出ない。速さにとって意味のない回転域なのである。

　一般には機械的な問題以前に，吸気流速がエンジン回転の限界を決めてしまう。ボア径の意味の大きさがわかってもらえたと思う。平均ピストンスピードが24m/secでさえ吸気流速が足を引っ張っているのに，ピストンスピードだけ速める努力をしたところで，何の意味もないことになる。

　それでは，吸気流速が95m/secまで可能だとしたらどうなるか。それが2点鎖線のグラフである。これは12気筒の平均ピストンスピード24m/secのラインよりちょっとだけ上にある。つまり，わずかながら機械的限界を吸気流速限界が上回っているわけだ。8気筒と10

気筒のグラフ線はそれぞれの太い実線，つまり平均ピストンスピード24m/secのラインに重なってしまっている。

不思議なことに，平均ピストンスピード24m/secのラインと，平均吸気流速95m/secのラインは，どの場合でもほぼ一致する。どうもエンジン回転の限界はこのあたりにありそうな感じだ。

吸気流速が95m/secまで可能だと決めてしまえば，ムダはなく，平均ピストンスピードは24m/secでいいことになる。そこで吸気流速は95m/secとまず決めて，それを実現できるように，少しでも多く吸気できるようなポート形状を工夫したり，慣性過給や慣性排気をうまく利用していけばいいのである。

このあたりは，エンジンをつくる人間の性格やポリシーの問題である。私は何かを考えるとき，すべてを2進法でデジタルチックにやることにしている。問題はいつもたくさんあるものだが，同時に正確な答を出そうというのは，できそうでできないことだと思う。そこで，目前にある重要なテーマに対し，右か左か，やるかやらないかを，単純に二者択一で決断する。次の段階は，その決断をもとに新たに考える。その決断が正しかったかどうかは，あとでエンジン性能として実際に検証されることになるのが，レースの恐ろしさであり，魅力でもある。

ところで，ターボエンジンではどうなるのか。これをVRH35エンジンの例で説明しよう。

ターボで過給された密度の高い空気を吸い込み，それに見合ったたくさんの燃料を燃焼させるわけだから，燃焼圧力も大きい。それに耐えるだけの頑丈で重いピストンを使い，ピストンリングにしても一般市販車同様に3本リング(圧縮2本，オイル1本)式である。ピストンの加減速による慣性力が大きいわけだ。また，24時間連続走行の耐久性も考える。しかも過給しているのだから，必ずしも回転数に頼らなくても馬力は出せる。

そこで，平均ピストンスピードは20m/secに抑える設定にしている。VRHは過給圧1.2kg/cm^{2}で最高出力800psを7600rpmで発揮するのだけれど，オーバーラン分のマージンとして200rpmを加え，その7800rpmでのピストンスピードが，これである。もっともこれは決勝レースでの話であり，予選で思いきりブチ回したときのオーバーランは9400rpmまで想定し，そこでの平均ピストンスピードは24m/secになる。この結果を生むボア・ストロークの寸法は85×77(mm)になる。

平均吸気流速については，7800rpm時に85m/secである。が，ここでは吸入空気の体積としては自然吸気と同じでも，過給圧1.2kg/cm^{2}なのだから空気密度は2.2倍であることを考えなくてはいけない。それだけ空気の質量は大きくて動き出しが鈍く，粘性による抵抗も大きい。これだけ吸い込めば十分なパワーが出せるし，もっと吸い込んだとしても，燃費規制があるから使える燃料には限りがあるのだ。

なお，ここで取り上げたボア・ストローク寸法比較検討グラフからは，エンジンの大

きさを考えることもできる。エンジン回転数の上限を13000rpm，平均ピストンスピードを24m/secということにして横に見ると，そのボア径は8気筒で100mm，10気筒で90mm，12気筒なら82mmということになる。ここから，気筒数が増しても，一般に想像するほどにはエンジンは長くならないことがわかる。エンジンをすべてV型とすれば，単純に同じボアピッチだとして8→10気筒でプラス50mm，10→12気筒でプラス42mmであり，これにそれぞれクランク軸のメインベアリング幅1個分の30mm前後ほどを加えただけの寸法増加ですむことになる。

　排気量と気筒数が決まったら，それをいわゆるV型にするか，フラット（水平対向とV型180度の2種がある）にするかは，車両レイアウトとの整合をとればいい。ただV型の場合，クランクシャフトの方式による振動面での配慮も必要である。

5-4　ボアピッチと燃焼室形状

　ボア・ストロークを決めると，エンジンの全長や高さも決まってくる。これは当然，マシン全体の中のエンジンスペースに収まるものという意味もある。が，エンジン単体でみても重要な意味を持つ。たとえばボア径が大きくなると，エンジン高が低くなる一方で全長が長くなり，エンジンとしての曲げとねじれの剛性が低くなる。するとクランク軸受けのシブリとか，シリンダーとピストンのシブリといった問題が生じる。これをブロックの剛性の向上で解決しようとすると，エンジンは重くなる。ボア・ストローク

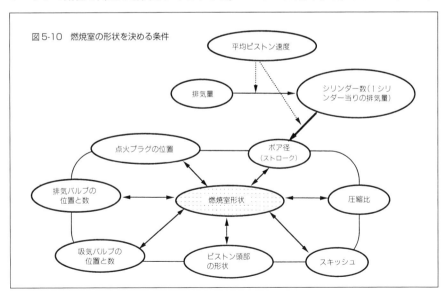

図5-10　燃焼室の形状を決める条件

はこういった観点からも考察しなくてはならないのだ。

●しがらみの中で決める燃焼室形状

　ボア・ストローク寸法の考察段階で，エンジンにとって最も大切な燃焼室形状を考える。その燃焼室形状を取り巻くしがらみを描いてみたのが前ページにある図5-10である。ボア径は，燃焼室の直径を決めることになるわけで，これが大きいほど大きなバルブが収まる反面，燃焼室の表面積が増し，点火プラグから末端の混合気までの距離は速くなるなどの問題も出てくる。

　またストロークの方は，圧縮比と関わってくる。ストロークが短いほど圧縮比を高くしにくくなる。しかし，ターボエンジンといえども最低で圧縮比8.5：1はかせがなくてはならないし，自然吸気エンジンなら12：1以上にしたいところだ。

　スキッシュというのはシリンダーヘッドの燃焼室の周囲，縁の部分を利用する。圧縮行程の最後のところで，こことピストン頭部とで混合気を挟み打ちにして中央部へ押し出し，圧縮混合気をかきまわす。燃焼速度を速めるためだ。このスキッシュの効果は当然ピストン頭部形状とのバランスで決まる。吸排気バルブや点火プラグの配置が重要なのはいうまでもない。

　これらの項目は相互に関係しあっている。たとえばバルブの大きさもボアによって決まり，それに見合っただけリフト量も大きくしたい。しかし，リフトを大きくすればピ

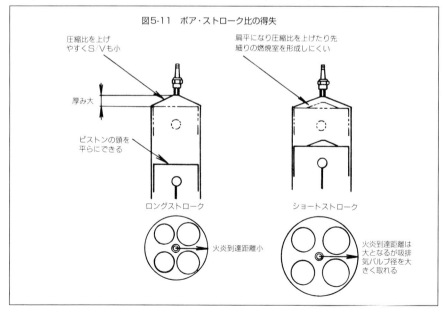

図5-11　ボア・ストローク比の得失

圧縮比を上げ
やすくS／Vも小

扁平になり圧縮比を上げたり先
細りの燃焼室を形成しにくい

厚み大

ピストンの頭を
平らにできる

ロングストローク

ショートストローク

火炎到達距離小

火炎到達距離は
大となるが吸排
気バルブ径を大
きく取れる

ストン頭部のバルブリセスも大きくなり，これは圧縮比と燃焼室表面積の部分でマイナスになる。

　燃焼室形状が決まればバルブ挟み角が決まり，すると吸排気系のレイアウトもだいたい定まってしまう。

　私は二者択一的に思考を進める主義だと前にも述べたが，このあたりは，同時進行で全体の整合をとっていかざるを得ない。部分的に二者択一はあっても，やはり全体像をいつも描きながらバランスをとる。気分で決めるわけではなく，あくまで理論でキッチリ押し通すべきだろう。昔はこれを，ベテランが職人的感覚でエイヤッと決めたものだが，今ではコンピューターの助けを借りて，多元の連立方程式を解くように最適の解答を出していくことになる。考えようによっては複雑なパズルでもあるが，イメージした混合気の燃え方にしようとする限り，その時点で出し得る最適解答はひとつしかないはずである。ここが勝負どころなのだ。

●ボアピッチは最初からベストの値に追い込む

　エンジンレイアウトではボアピッチのことを考えておく必要がある。ボアピッチとは，ひとつの気筒の中心と隣の気筒の中心の間隔のことだ。

　ボアピッチ寸法はふたつの要因から決めていく。ひとつは冷却性能で，各気筒の間に十分な冷却水の通路（ウォータージャケット）の確保できる寸法であり，もうひとつはクランクシャフトに関する部分で，そのジャーナル部やクランクピンの長さ（メタル幅）が十分にとれる余裕が必要である。またクランクウエブの厚さを確保する面でも，それなりの寸法が必要になる。

　こう考えていくと，ボアピッチは大きい方が性能的に余裕があっていいことになるが，ボアピッチが大きいほどエンジンは長くなる。すると，エンジンが大きく重くなってボディやシャシー性能面でマイナスになると同時に，ブロック剛性もクランクシャフト剛性も低下して，高回転化が難しくなったり耐久性に問題が出る。剛性の高さは，そのモノの長さに反比例する。

　大きすぎるボアピッチはムダである。限界性能を追求するレーシングエンジンに，こんなゼイ肉があっていいはずはない。ボアピッチは，エンジンレイアウトの初期の段階できちんとツメて決めておくべきなのだ。技術的に自信がないとボアピッチは大きくなりがちだ。必要以上に大きなボアピッチにするのは，ダブダブの服を買うようなものである。

　一方で，もちろんボアピッチが小さすぎてもダメだ。冷却性能やメタル荷重の方面に無理な負担を強いることになり，思うようにパワーを出せない。これはバーゲンでツンツルテンの服を買うようなものだ。

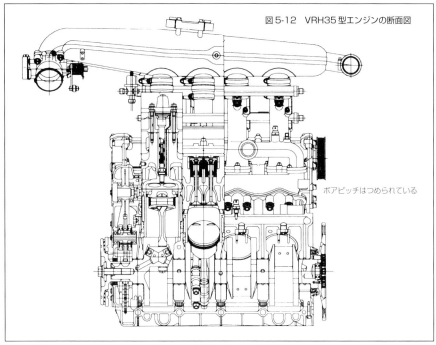

図5-12　VRH35型エンジンの断面図

ボアピッチはつめられている

　ボア径，ストローク，ボアピッチを初期の段階できちんとレイアウトしたエンジンでは，それらの寸法を変えることなくマッチングの仕様変更のみで，そのエンジンは進化し続けられる。そうなるように，スタートの段階から理詰めで徹底的に追い込んだ数字を出すのが，最良のレイアウトである。あとになってボアピッチを変更するというのはエンジンを新設計するのに等しい。でもレギュレーションの変更等でボア・ストローク寸法などを変更する事態となった場合には，現状のエンジンとは別に新たにつくるのだと考えるべきである。

　猟で獲物を狙うときは，ライフルで一発必中であるべき，というのが私の考え方だ。何発撃ったとしても，獲物に致命傷を与えるのは一発でしかない。下手な鉄砲でも数撃ちゃいいとか，散弾銃とかの発想でやっても，その中で本当にいい方向のエンジンはひとつしかないはずである。あちこち方向性を持たせたりすればするほど，本筋のものに注げる力(思考／人手／お金／時間)は減少する。

　こういう一発必中のやり方では，開発グループにしっかりした思想を持った人間がいなければならない。しかもその人間はひとりでいい。親分が方向性を決め，いくつもの部分的テーマを提示する。それをスタッフがワッとたかって処理し，その結果をまた1ヶ所に集め，親分が中心になってチェックする。なにか封建的だが，とくにひとつの性能

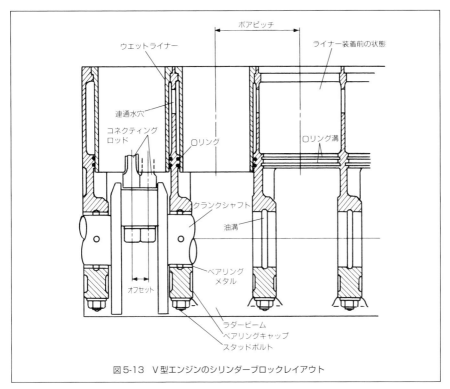

図5-13　V型エンジンのシリンダーブロックレイアウト

機能が抜群に秀でていることだけが要求されるレーシングエンジンでは，多数決とか民主主義とかはよろしくない。結果がすべてであり，即断即決の行動力が要求される。エンジンに限らず，レース活動とはそうしたものではないだろうか。

　ボアピッチを必要十分，かつ最小限の値に追い込んでいくためのふたつの要因について，もう少し触れてみよう。図5-13はVRHのシリンダーブロック断面とクランクシャフトの関係を示したものである。

　VRHでは，直接ライナーが冷却水に触れるウエットライナー方式を採用している。ドライライナー方式だと，ライナーとウォータージャケット間にブロック材があるので，ボアピッチが増えてしまう。それにウエットライナー方式の方が冷却水に直接触れるので冷却しやすい。水漏れなどが起きないようにするには，ブロックやライナーの加工精度を上げるなどの努力をすれば済むことである。

　またシリンダーを冷却するには，ウォータージャケットの容積が大きければいいというものではない。冷却水が大量に漂っていることよりも，低い温度の冷却水がどんどん流れることが重要である。ウォータージャケットの上部の厚みをどこまで狭くできるか

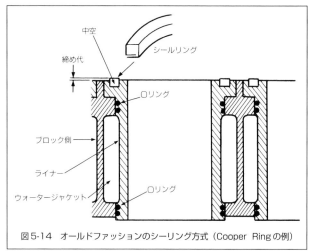

図5-14　オールドファッションのシーリング方式（Cooper Ringの例）

である。とはいえ，ブロックに対して圧入し位置決めするために，ライナーの上端には段差をつけた厚みがある。この厚みを最小限にする追求がボアピッチの短縮につながる。

ライナーは，その一番薄い部分に一定の強度と剛性が必要で，その厚みが推定できる。上部の段差分として必要な寸法をそこに加えると，ライナー上部の厚みが出る。隣の気筒のライナーとの間には一定の間隔が必要で，これも計算できる。そこにライナー上部の厚みを2個分加えれば，ウォータージャケット上部の厚みが出せる。ここのところの考察と計算をきっちり真面目にやるかどうかが，ボアピッチのムダを省くためには欠かせない。

エンジンによっては，このライナー上部に冷却水の漏れを防ぐためのOリングを設けているものもある。またライナーの上面に凹型の溝を設け，リング状のガスケット（クーパーリングなど）を入れているものもある。しかしそれでは，ライナー上部の厚みが増してしまうばかりか，冷却がもっとも必要な部分に熱が通りにくくすることになる。この部分は圧入のみで冷却水をシールし，ライナー上部は平面にしてメタルガスケットを載せる方式がベストだと思う。冷却水のシール用Oリングはライナー下端だけにあり，それもブロック側にリング溝を切ってセットしている。

さて，ウォータージャケット上部に必要な厚みを算出しても，その値いっぱいにボアピッチをツメられるわけではない。図5-13の下方のクランクシャフト部分についても配慮しなくてはならない。

クランクのジャーナル部分には大きな荷重がかかるから，メタル幅が必要であり，この幅をたとえば30mmとしよう。ジャーナルとクランクピンを連結するクランクウエブも強度と剛性から適切な厚みが必要で，これが17mmだとする。またコンロッド大端部のメタル幅を25mmだとする。しかし，V型エンジンの場合，1本のクランクピンに2本のコンロッドが連結されるので，この数値の例では1気筒分に収めなければならないクランク部分の長さは，ジャーナル幅＋ウエブ幅×2＋大端幅×2であるから，

30＋17×2＋25×2＝114mm

となり，これがクランク側から要求されるボアピッチである。

　一方で，ウォータージャケット上部の幅は，細かい計算数値は後述するとして，ここでは15mmとしよう。これにより算出されるボアピッチはボア径＋ウォータージャケットの幅であるから，ボア径を85mmとすると，

　　　85＋15＝100mm

である。しかしこれでは，クランク側の要素が収まらない。V型エンジンでは，ひとつのクランクピンに2本のコンロッドがつくから，クランク側の要求寸法が大きいのである。

　ではどうするか。ひとつの方法は，V型はクランク側の寸法に合わせてウォータージャケット上部を無理にイジメるのをやめて余裕をもたそう，という考え方だ。隣合うライナー間のブロック部分の幅を増せばブロック剛性で有利にもなる。

　もっとも，ウォータージャケット上部をツメる技術の追求をいい加減にしてしまうようでは，良いエンジンにならない。たとえばV型でも，ショートストロークにしてボア径を大きくした場合には，ボア径の下に多くのクランク要素を収納することができる。すると，クランク側ではなくてウォータージャケット上部の幅次第でボアピッチが決まることもある。とくに自然吸気エンジンではそうなる可能性が高い。この場合，ボアピッチを短縮するため，ライナー上部のフランジ（ツバの部分）を互いに少し削り落として隣り合ったライナー上部を接するようにする。

　もうひとつの方法として，クランク側のメタル幅などをツメられるか考えることだ。たとえば，コンロッド大端メタルの受ける負担をその幅ではなく，クランクピンの径を太くすることで解決できないかと考える。メタル材をよく研究したり，メタルに荷重がバランスよくかかるように計算し，その

図5-15　排気ポートの間隔がボアピッチ

幅を25mmから23mmにできたら，ボアピッチは110mmにまでツメられる。それでもまだ余っている10mmは，ウォータージャケット上部の設計の余裕にまわしましょう，ということになるのだ。

　実際には，この両方の考察を進めながら，ボアピッチを決めていく。ちなみにVRHの場合は，各メタル幅で頑張ってボアピッチ109.4mmを実現している。

　なお，ボアピッチやクランクシャフトそのものの考察を進めていくところで，コンロッド大端部の幅を決めると，その寸法がほぼそのまま左右バンクのシリンダーのオフセッ

ト量となる。シリンダーオフセット量はもちろん少ない方がいいが，その寸法はここで決まってしまうのだ。

　総排気量，気筒数，ボア径，ストローク，ボアピッチ，そして燃焼室形状が決まれば，エンジンの素性は決まったようなものである。

5-5　望ましい燃焼室形状の追求

●燃焼室設計のポイント

　ではどんな燃焼室が望ましいのか考えてみよう。点火系は理想的であったと仮定して，燃焼室側に要求される項目を整理してみれば，まず混合気に火がつきやすい状態を生み，火がついたら素早く燃え広がることであり，しかもそれが毎回バラツキなく繰り返されることである。そのためには，以下の項目がポイントとなる。

①点火プラグが中心近くにある燃焼室形状
②適切な混合気の流動を生む燃焼室形状
③火炎核から勢いよく燃え広がる燃焼室形状
④熱が逃げにくい燃焼室形状
⑤燃焼の初期段階でとくによく燃える燃焼室形状

　このうち①は，燃焼室内にある混合気に最短の時間(距離)で炎を広げるには，火種である火炎核を混合気の中心に作りたいからである。プラグをまん中に置くとなると，やはり4バルブがベストという結論が出る。なお，これは1気筒につきプラグが1本の1点点火の場合であり，2点点火なら2本のプラグをボア径寸法の半分ほど離して，燃焼室中央から振り分けることになる。

　②は，スキッシュ効果による直線的な吹き出しや，吸入ポートからの気流などを利用して，混合気のガス流動をうまく作ることだ。これにより気化したガソリンと空気がよく混ざり合いながら，その一番美味しいところを点火プラグの電極付近に送る。同時に，着火してからはその炎をひっかきまわして，積極的に燃焼室全体に広げていく。そのための適切なスキッシュ形状や吸気ポートを与える必要がある。

　③では，凸凹の少ない燃焼室形状が望ましい。いくらガス流動でかきまわすとはいっても，その効果は知れたものであり，基本的にはバッと放射状のような感じで燃え広がる部分を大切にしなければならない。火炎核ができる中心部分から放射

図5-16　良い燃焼室の形状

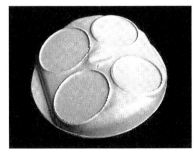

90

状に燃え広がるその炎の通り道に凸凹があると、そこで炎が進路に迷ってしまう。シンプルな燃焼室形状がいいのである。

④では、表面積がなるべく小さい形状にすることが好ましい。空気をとことん吸い込んでたくさんのガソリンをうまく燃焼させても、そこで生まれた熱エネルギーがシリンダーヘッドやピストン頭部から冷却水へと逃げてしまったら、圧力に変換する分が減る。これは③の凸凹のない形状とも一致する。

一定容積に対して最も表面積が小さいのは球体だ。しかし、必要なボアサイズというものがあり、必要な圧縮比もかせがなければならないエンジンの燃焼室では、そうもいかない。なるべくフラットなピストン頭部形状と、なるべくペシャンコな山型のシリンダーヘッド側燃焼室断面形状が理想となる。

⑤では、端の方にいくほど薄べったくなる、断面形状でいえば先細りになる燃焼室形状がいい。

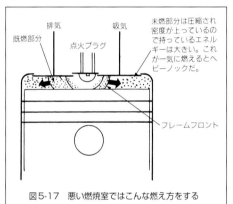

図5-17　悪い燃焼室ではこんな燃え方をする

なぜこういう形状が望ましいかを、極端な例としてその反対のパンケーキ型断面の燃焼室（図5-17）で説明しよう。その中央で点火→着火したとすれば、まず炎は中央で成長する。と、その既燃焼ガスがこれから燃えようとしている混合気を周囲の広い方へ押しやってしまう。炎がどんどん燃え広がって、その周囲の広い部分に詰め込まれた混合気が勢いよく燃え上がったときには、すでにピストンがかなり下降してしまっている。燃焼室容積が増大しているから、熱エネルギーはピストンを強く押し下げる圧力とはならない。肝心のピストンがまだ上死点付近にあるときは、狭い容積の部分のわずかな混合気しか燃やしていないから、圧力に変わることができるエネルギーは多くないのだ。

火炎核が形成されてからなるべく早い時期に、多くの混合気をさっと燃やしてしまいたいのである。だから火炎核（中心）に近い部分の容積を多くしたい。すると、先細りの燃焼室になる。これなら、中心部分でワッと燃えて、その燃焼圧力で未燃焼ガスが周囲へ押しやられても、その量は少ない。ムダな部分が少なくて済むのである。

こう考えていくと、図5-16のような形状の燃焼室形状となるのである。私が最も重要視しているところだ。この考え方に合わせていくとバルブ挟み角もだいたい定まってくる。

こんな燃焼室が理想なのだが、自然吸気エンジンではそうもいかない部分がある。回転を上げるためにボア径を大きくとりたい。バルブ径を大きくするために、シリンダー

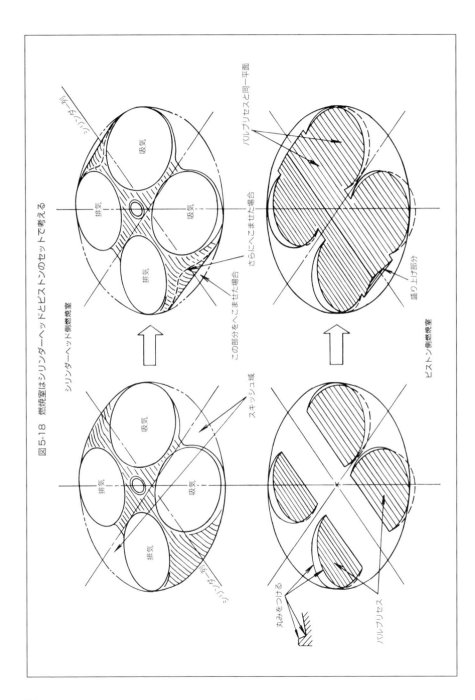

図5-18　燃焼室はシリンダーヘッドとピストンのセットで考える

シリンダーヘッド側燃焼室

バルブリセス同一列

この部分をへこませた場合

さらにへこませた場合

スキッシュ域

バルブリセスと同一平面

盛り上げ部分

ピストン側燃焼室

丸みをつける

バルブリセス

吸気

排気

吸気

排気

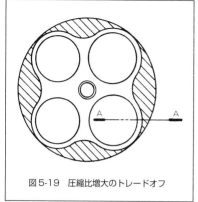

図5-19 圧縮比増大のトレードオフ

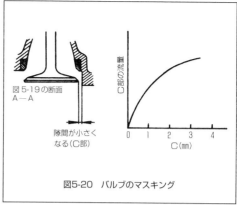

図5-20 バルブのマスキング

ヘッド側の燃焼室の断面形状がトンガリ山の形になりやすい。

しかも，圧縮比は高くしたいのでピストン頭部は中央が盛り上がったものになり，燃焼室の表面積は大きくなるし，炎は伝播しにくくなる。

このあたりの基本はターボエンジンでも自然吸気でも変わるところはない。やっぱり，モロモロの要求は考慮しながらも，図5-16のような形状に近づける努力が必要だ。この場合，2つの吸気バルブの間隔と2つの排気バルブの間隔は等しくなくてもよい。排気バルブの間隔を小さくしてもコンパクトな燃焼室を実現すべきである。

できるだけ先細りの燃焼室を設計しようとすると，図5-18のようにシリンダーの列と直角方向にスキッシュ領域を設け，それに伴いピストンの頭を平らにし，バルブリセスを設けるのが無難な設計となる。そのときのコツは，バルブリセスの角の部分に丸みをつけておくことだ。それによって熱や応力の集中を避けることができる。

しかし，いずれにしてもこのような手法だけではストロークの短いNAエンジンでいくら圧縮比をかせいでも，せいぜい10程度が限度となる。

そこで，図5-18の右側のように，シリンダー列の方向にも直線的に燃焼室を削ったり，また，図5-19のハッチング部のように内側へ入り込ませたりさせる。

それによって先細り燃焼室を実現できそうに思えるが，実際はバルブシートに沿ってあまり燃焼室を凹ませ過ぎると，今度はバルブがリフトしたときにその周囲が高い壁で囲まれることになって，流入抵抗が増大し，吸入効率が落ちる。

そこで，バルブと燃焼室壁との隙間は図5-20に示したように2mm程度は必要であろう。

つまり，理想的な形状にしようとしても，他の重要な要素があって，それとの兼ね合いで，ベストと思われるものにすることになるのだ。

5-6　燃焼室と動弁系の設計

●燃焼室が決めるバルブ挟み角

エンジンでもっとも重要な燃焼室の形状を定めれ
ば，バルブ挟み角は自動的に決まる。「バルブ挟み角」
というのは図5-21のように，吸気側と排気側のバルブ
ステムの成す角度のことである。バルブの傘部は当然
シリンダーヘッドの燃焼室壁面に密着してその一部を
形成するわけだから，燃焼室形状を定めるのはこの角
度を決めることになる。

燃焼室は周辺に向かって先細りの低い山型にしよう
とすると，バルブ挟み角は小さくなる。

もちろんそこには，平均吸気速度を限界以下に抑え
るのに見合った吸気バルブサイズを収める，という考
察も並行して行われる。だが，主題はあくまでも燃焼
室形状の方にある。このあたりは思想の問題である。
一定のボア径に対して，吸気速度を下げる方に目線を
向け吸気バルブ径を大きくすれば，大きなバルブ挟み
角とならざるを得ない。でもそれでは私が考えた理想
に近いエンジンにならないのは，前に説明したとおりだ。

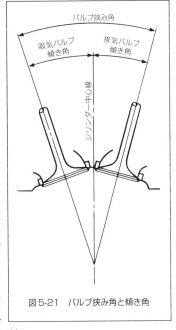

図5-21　バルブ挟み角と傾き角

バルブ挟み角を極端に狭くした経験を持つウェスレイク社の前社長であるロベール氏
（Mr. Lovell）に聞いたところによると，彼の思想にのっとってやった最初のエンジンのバル
ブ挟み角は22度だったそうだ。これ以上狭くすると燃焼室が偏平になりすぎてしまう。
一方で挟み角が大きい方向では，我々の経験からすると32度が燃焼室形状からいって限界
だと思う。

VRHの場合，シリンダー中心線に対するバルブステムの傾き角度は吸気側が15.5度，排
気側が12.0度で，合計した挟み角は27.5度となっている。

吸気側と排気側でなぜ角度が違うのかについてちょっと触れておこう。吸気側は，求
める燃焼室形状の中に可能な限り大きなバルブを収めるところから，ほぼ自動的に決ま
る。しかし排気側は，そんなに大きなサイズは必要ない。ひとつには燃焼済みのガスは
高圧であり，大気との圧力差が大きいので排出しやすいこと。またもうひとつには，過
給エンジンでも50℃前後といった吸気温度に対し，排気温度は1000℃をはるかに超える高
温であるため，音速が高いのだ。だから狭い隙間からでも大量に流れる。一般には，吸
気バルブの80%前後の傘面積，すなわち直径ではほぼ90%でいいと言われている。

図5-22　VRH35Zの燃焼室

VRH35Zの燃焼室点火プラグが燃
焼室の中央に配置され，また吸排気
バルブシートの外側に小さなスキッ
シュエリアがある。急速な燃焼が得
られるよういろいろ工夫されている

　排気バルブは小さくていい。となれば，取り付け角度には自由度がある。そこでVRH
では，排気側を若干立てている。これはまず以前に述べたように，点火プラグ付近から
始まる燃焼は温度の高い排気側の方へ速く進行するからであり，早い時期に燃える部分
ほどボリュームを大きくしておきたい，という私の燃焼室に対する思想からである。そ
して，排気バルブ下方のスペースが広がっても，これは過給エンジンであるから，目標
の圧縮比とのバランスはちゃんととれるのだ。これが自然吸気エンジンだったら，排気
バルブももっと傾斜させることになるだろう。

　ここで補足的に確認しておけば，レーシングエンジンにおいては，1気筒あたりの吸排
気バルブがそれぞれ2本ずつの4バルブ方式がベストである。偏平な燃焼室形状の中でバル
ブ開口面積をそれなりに確保するには2バルブでは無理だ。また，点火プラグを燃焼室中
央に置けるというのも非常に大きなメリットである。そのほか，バルブ1本あたりの質量
(重さ)を少なくできるから高回転でも正確な作動をさせやすいという，一般に知られてい
る要素も当然ある。

●バルブ駆動は直動式がベスト

　バルブステムの長さは，そこに収容しなければならないものの寸法を割り出していけ
ば決まる。つまり吸排気ポートを貫通する部分，バルブガイド部分，目標回転数を可能
にするバルブスプリング長，それにアッパーリテーナーの取り付け部分，といった各寸
法をきちんと計算していけば，ほぼ積み上げ方式で決まってくる。そこからバルブ軸端
の位置も定まる。

　これら寸法を左右するものの詳細は後章で解説するが，それぞれの材質に見合ったも
のとするための計算作業にちょっと面倒なところがあったとしても，どちらかといえば
機械的に決めていけるものである。思想的なものが影響する部分としてはポートの貫通
長くらいであり，これはポートの形次第である。レーシングエンジンの吸気ポートはシ

リンダーに対してストレートに立てていくのが主流であり，ポートを立てるほどそこを通過するバルブステム長は長くなる。このあたりについては，次章のシリンダーヘッドの項で解説する。

　バルブスプリング長について少々触れておけば，それは目標のエンジン回転数だけで決まるものではない。バネ材とバルブ重量が効いてくる。

　バネの詳しい理論についても後述するが，バルブリフト量とバネの反発力（正確にはバネ定数）を一定に保った場合，バネ長を短くしていくほど，バネの線材の変形量が大きくなる。スプリング鋼の剛さ（ヤング率）というのは残念ながら今のところだいたい決まったものであって，線材の変形量を変えずにバネの反力を増すことはできない。

　ただし，大きな変形を繰り返しても破損しにくい，強度の高い材質を見つければ，それなりにバネ長を短くできる。これがひとつのポイントだ。

　また，バルブの慣性質量が小さければ，バネへの負担は小さくなる。つまりバネ長を短くできる。慣性力は，ひとつにはバルブのリフト量と目標のエンジン回転数から決まるが，これは全体レイアウトの段階でほぼ決まっているものだ。

　もちろん，バルブスプリングが短いほどエンジンはコンパクトになる。耐久性を含めた要求性能が満たされるなら，短い方がいい。

　このバルブを作動させる動弁系について，カムシャフトは当然ながら，吸気側と排気側にそれぞれ独立したものをもつDOHC（ダブル・オーバーヘッド・カムシャフト）方式である。ここで改めてその利点を列記すれば，以下のようになる。

①点火プラグを燃焼室中央に配置できる。
②動弁系の剛性が高い。
③動弁系の往復運動部分の質量が少ない。

　①の点火プラグの位置は，良好な燃焼にとって非常に重要なポイントだ。燃焼室中央にプラグを配置しながら1本のカムシャフトで吸排気バルブを駆動するSOHCとすることも可能だが，そうするとオフセットしたカムシャフトから吸排気どちらかのバルブまでの距離を，長いロッカーアームとか，数本のリンク構成でつながなければならない。量

図5-23　バルブスプリングは空気銃のスプリングよりはるかに強い

バルブスプリングは空気銃のスプリングよりはるかに強い。アウターとインナースプリングの巻き方向は互いに逆でからまないようになっている。また，ピッチは下の方が密だ

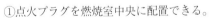

産車ならともかく，レーシングエンジンでは②と③の要素に大きく響く。

　②の剛性というのは，非常に大切である。高回転でエンジンが回り，急激にバルブを開かせるには，とても大きな力がかかっている。しかも正確に作動させなければならない。それが，カムシャフトのカム面とバルブステム端の間の「介在物」が変形するようでは性能を維持することができない。ここの剛性を高めるには，ロッカーアームなどの介在物をなるべく小さくするか，なくしてしまうのがいい。となれば，カムシャフトを吸気側と排気側に独立して設け，それをバルブステム端に近づけるDOHCとなるわけだ。

　③については，わりと頻繁に語られているところだ。

　DOHCであっても，カム面とバルブステムの間に短いロッカーアームを介在させたタイプもある。なぜ，わざわざロッカーアームを入れるのか？

　メリットとしては，バルブリフト量を大きくしやすい点が挙げられる。直動式の場合，カムシャフトの中心はバルブステム中心線の延長上にある。しかしそれでも，カム面はリフターの中心だけと接触しているわけではない。カム面とリフターの接触面の中心は，カムシャフトと直角方向に移動している。その移動量は，バルブリフト量が大きくなるほど多くなる。それに対応していくには，リフターの直径を大きくしなければならない。しかし，燃焼室の大きさ(ボア径)からバルブピッチは決まってくるのであり，隣同士のリフターがぶつからないためには限度がある。リフターが大きくなれば，動弁系の往復運動部分の質量が増すことになる。

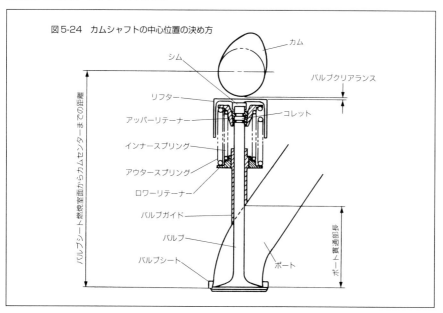

図5-24　カムシャフトの中心位置の決め方

ロッカーアームが介在していれば，リフターはいらない。そして，ロッカーアームにカム面がスライドしていくスペースはいくらでも確保できる。

　しかし私はこのロッカーアーム方式は好きではない。カムとバルブの間にもうひとつ動きまわる介在物を入れてしまう複雑さが好きになれないのだ。等価慣性質量はロッカーアーム式の方が少ないという人もいるが，私はどっちもどっちだと考えるし，剛性は確実に下がる。バルブスプリングにはそれなりの巻き径が必要だし，現実のボア径から生まれるバルブピッチを考えても，リフター径はなんとかなる。3.5リッターのV8ではまったく問題なく，さらに多気筒化しボア径が小さくなっても，楽ではないけれどもなんとかなると思う。

　機械というのは，要求される機能を発揮できれば，絶対に構造が単純な方が良いはずだ。簡単というよりも単純と考えたい。この場合，最終的にはシリンダーヘッドがコンパクトに仕上がり，きちんとバルブが作動することが大切なのである。だから，私は構造が単純な直動式が好きだ。

　さて，直動式で話を進めよう。バルブステム長が定まり，リフター中央部の厚

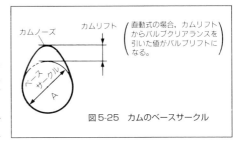

図5-25　カムのベースサークル

さとかシムの厚さ，バルブクリアランス，カムシャフトのベースサークル寸法(カムとして凸にならない部分の直径で図5-25のA)が決まると，カムシャフトの位置が決まる。

　バルブクリアランスは，想定される使用温度と材質などから必要なものが計算できる。バルブクリアランス調整用のシムは，標準的な寸法をここではあてがう。

　ベースサークルは，これを小さくすれば確かにエンジンは若干でもコンパクトにできる。しかしこれが小さいほど，接触部の面圧が高くなって摩耗が問題になる。それに，小さくしたところでかせげる寸法は知れたもの。この寸法ではとくに無理をしない。

　ちなみにこのカムの面圧は，市販車のエンジンが6000rpmで回っているときと，レーシングエンジンが12000rpmで回っているときが同じくらいである。それだけレーシングエンジンの動弁系が軽くできているからだ。

5-7　カムシャフト及び補機類の設計

　カムシャフトからクランクシャフトまでのレイアウトが決まると，ほぼエンジンの形は決まったようなものだ。機械類では一般に，各種の軸配置が決まるまでが肝心なところである。

●カムシャフト駆動はギア方式がベスト

　ここでクランクシャフトからどうやってカムシャフトを駆動するかを定めなければならない。その方式には，以下の5つの代表的な例がある。

①いくつかのギアを連ねて駆動する。

②タイミングベルトで駆動する。

③チェーンにより駆動する。

④ギアとタイミングベルトを併用し駆動する。

⑤両端にベベルギアを持つシャフトで駆動する。

　これらにはそれぞれ得失がある。ここからひとつの方式を選ぶ場合には，いったいどんな性能機能を重視して選ぶのかをきっちりと定めておかなければならない。その評価項目を列記してみると，以下のようになるだろう。

（a）バルブ駆動の正確さ

（b）耐久性の高さ

（c）コンパクトさ

（d）軽さ

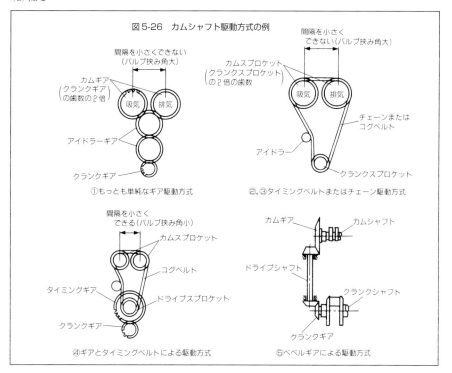

図5-26　カムシャフト駆動方式の例

(e) 補機類の駆動への影響

(f) シリンダーヘッドの設計変更の容易性

(g) コスト

(h) 騒音の少なさ

　一般市販車の場合には(f)以下もかなり重要な項目となるだろう。コストと騒音はすぐに理解できると思う。一般にベルト駆動は静かであり，その次がチェーン駆動ということになっているが，チェーンにも一般的なローラーチェーンや，プレートを重ねたサイレントチェーンなどいろいろある。これらの方式はコストも安くできる。これらに対し，ギア駆動は間違いなく騒音が大きく，コストも高い。

　(f)のシリンダーヘッドの設計変更というのは，たとえば圧縮比を変更したためにヘッドが高くなったり低くなったりで，クランク軸とカム軸の軸間距離が変わってしまった場合への対応のしやすさだ。そこでは①のギア駆動はまったく不都合である。対応しやすいのは②〜⑤で，とくにベルトやチェーンを使っていると楽だ。

　ただし，この本で述べているのはレーシングエンジンである。多少のコストなど二の次だし，ましてや快適性のための騒音は関係ない。そして，圧縮比の変更などを想定して，その理由から②〜⑤の駆動方式を選ぶのなど，まったく邪道である。ビシッと最良の圧縮比を，綿密な理詰めのもとに最初から決めてしまうべきである。

　レーシングエンジンは性能を出すのが使命である。大切なのは，バルブを正確に駆動することだ。いろいろな性能が大切と考えるのではなく，何が一番大切かと，右か左かのデジタルチックな視点に立てば，答は明快になる。

　コッグドベルトやチェーンによる方式では，高回転時にはそれがたわんだりバタついたりする。オートバイが走っている写真をみれば，その後輪を駆動しているチェーンが遠心力で大きく弧を描いて，しかも波うっているのがわかると思うが，クランクシャフトはもっと高速で回るのだ。カム駆動に使う場合には，もちろんバタつきやタワミを抑えるように工夫されるが，本質的に持っている短所は消せない。これではクランク軸の回転にぴたりとシンクロした正確なカム軸の駆動は難しい。つまりバルブタイミングが不安定になる。

　⑤のベベルギアが付いたシャフトによる駆動は，一見正確にバルブを作動させてくれそうだ。ところがじつは，ベベルギアはそこに駆動力がかかると，回転軸方向へ移動しようとするスラスト力が発生する。これがシャフトを動かすので，バルブタイミングが狂うところが問題である。それにエンジンの全長が長くなるのも欠点だ。

　答は①のギア駆動だ。そして連続高速回転で酷使されても壊れない耐久性がないとレースには負けてしまうが，この耐久性の面でもギア駆動方式は非常に優れている。高速で回ってもバタついたりしない。ただし，エンジンは加減速を繰り返して使うので，そこ

での駆動トルク変化が起こる。また，カムシャフトはカム山がバルブを押す力がかかったり抜けたりを高速で繰り返しているので，単に加速状態であっても駆動トルクは変化を繰り返している。そういう変化，ショックに対してはベルトやチェーンの方が有利なように思われがちだが，そんなこともないようだ。ギアの材質や歯形，噛み合い方をきちんと計算してやれば，壊れることはない。

　コンパクトさについても不利にはならない。ギアはかなり薄くできるから，幅の広いコッグドベル

図5-27　VRHエンジンのタイミングギア

VRHではカムシャフトや補機をギアで駆動している。下の左右端のギアでウォーターポンプを，上部中央の薄いギアでクランク角センサーを，その左右のギアでヘッドのカムシャフトを駆動する

ト（30mm前後から広いのは40mm）よりもエンジン長を短くできる。ギアの厚さは，8mmくらいまで薄くできるはずだ。

　重量についてはベルト駆動の方が有利だが，正確な駆動を筆頭に，耐久性やコンパクトさで優れているギア駆動方式をまず選び，そのあとで重量の軽減を図るのが最良の道であると，私は信じる。

　補機類（オルタネーターや各ポンプ類など）の駆動は，ベルト方式ならクランク軸からカム軸にかかる途中で，寄り道させて一緒に駆動することも考えられる。しかし量産車じゃあるまいし，バルブを正確に駆動することから較べれば，オマケみたいな要素である。必要とあれば，ほかにベルトでもギアでも組み込んで駆動すればいい。

　ところで，カム軸は正確にクランク軸の半分の回転数で回さなければならない。すると，単純にクランクとカムを連結しただけでは，クランク側の2倍の径のカム側ギア（あるいはプーリー）を与えなければならない。ギア駆動の場合も，いくつギアを連ねようが，平面的に噛み合わせる限り，そのギア比は最初のギアと最後のギアだけで決まるから，カム軸の端にはかなり大きなギアが付くことになる。これはDOHCの場合，その2本のカム軸の間隔を狭くしたいときにはけっこう邪魔になる。バルブを直動式で作動させ，しかもバルブ挟み角が小さいとなると，間隔は小さくなる理屈だ。

　そんな場合に，第1段階ではクランク側から吸排気どちらかだけのカム軸を駆動する方法がある。その後に吸気と排気のカム軸を，ギアなりチェーンなりで連結するのだ。この方式なら，クランク側から直接駆動される大きなカムギアはひとつで済む。ただし，

吸気側と排気側を連結するもうひとつの機構が必要になるので，ヘッドまわりが複雑になるとも言える。

　もっとベーシックな方法として，クランク軸からカム軸への駆動の途中で，回転数を半分に減速してしまう方法がある。これをギア駆動式で説明すれば，連ねるギアのうちのひとつを図5-28のようにするのだ。ひとつのシャフトへ，片方のギアに対して歯数(径)が半分のギアをもう1枚重ねて2枚合わせにする。その歯数の多い方のギアはクランク側へ，少ない方はカム側へつながる。これを「リダクションギア」という。VRHはこの方式を採用している。

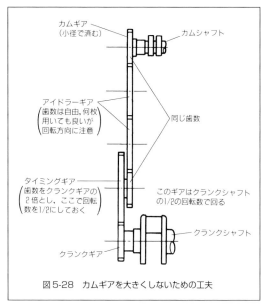

カムギア
(小径で済む)

カムシャフト

アイドラーギア
歯数は自由，何枚
用いても良いが
回転方向に注意

同じ歯数

タイミングギア
歯数をクランクギアの
2倍とし，ここで回転
数を1/2にしておく

このギアはクランクシャフト
の1/2の回転数で回る

クランクギア

クランクシャフト

図5-28　カムギアを大きくしないための工夫

●補機類を効果的にレイアウトする

　ここで言う補機類とは，ウォーターポンプ，オイルプレッシャーポンプ，オイルスキャベンジングポンプ，オルタネーター，点火信号ジェネレーター，点火信号を気筒ごとに振り分ける信号分配機，それに燃料ポンプなどである。

　燃料ポンプは，機械式よりも電動式を採用する方が，クランク軸が回る以前から燃圧をかけられるので始動性がいい。またエンジンからの熱が伝わりにくいとか，燃料パイプの配管の自由度が大きいなどのメリットもある。そこで我々は電動式の燃料ポンプを採用している。これはエンジンで駆動するものではないから，エンジンパーツとしての補機からは除外することになり，シャシーパーツとなる。

　多くの補機類を馬力を出しコンパクトに仕上げるエンジンの本業を損なわない「地価の安い場所」で，しかもそれらの機能を十分に引き出せるようなところへ配置する必要がある。補機は適当にくっつければいいというものではない。たとえばスキャベンジングポンプは，オイルを吸いやすいようになるべく低い位置に取り付けたい。潤滑をドライサンプ方式としているレーシングエンジンでは，このスキャベンジングポンプの仕事量はかなり大きい。小川の流れを総ざらい的に吸い上げてしまうような仕事をしているのだ。

　スキャベンジングポンプに限らず，高い油圧をつくるオイルプレッシャーポンプも，

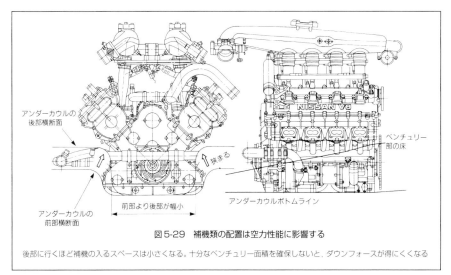

アンダーカウルの
後部横断面

NISSAN V8

ベンチュリー
部の床

アンダーカウルの
前部横断面

前部より後部が幅小

狭まる

アンダーカウルボトムライン

図5-29　補機類の配置は空力性能に影響する

後部に行くほど補機の入るスペースは小さくなる。十分なベンチュリー面積を確保しないと，ダウンフォースが得にくくなる

　また毎分600リッターの冷却水を循環させているウォーターポンプも，仕事量が多いだけに大きな駆動力が必要だ。だから，その駆動はクランクシャフトから直接，ギアかベルトで行う方がいい。この意味からも補機類はエンジン下方にあったほうが都合がいいのである。

　同時に，エンジン本来の機能，そしてシャシーやボディ側の要素も考えていく。すでに述べたように，空力的要求との兼ね合いがあり，VRHでは補機類を，大きいものほどエンジン下方の前方にまとめて配置している。これは重量物を車体中心近くにまとめるという車両の重量配分の面でも多少の貢献をしている。

　ただしオルタネーターは整備性の面と，それ以上に大量の冷却空気を必要とするために，エンジン上部に配置した方が得策である。そこでVRHではこれをカム軸で駆動している。高いところに配置するならば，クランクから駆動するよりもこの方が，耐久信頼性でも整備性でも有利だ。それにもうひとつのメリットがある。

　カム軸は，真円の面が接触しながら回転するのと違って負荷が大きく変動している。だから滑らかに等速回転しているのではなく，キコキコキコッと不等速に回っている。その回転変動はクランク軸よりもはるかに大きい。これは現状の4ストロークエンジンの構造上，ある程度はしかたないことだが，なるべく等速運動に近づけるに越したことはない。キコキコ運動が激しいほど，バルブスプリングなどに余分な負担がかかる。それに耐えるだけの耐久機能を与えるのは，バルブ駆動系の強化などの荷物を背負い込むことになる。

　これが，カム軸でオルタネーターを駆動すると，それが一種の"はずみ車"の役目をして

くれる。マスダンパーになって，カム軸の回転を滑らかにしてくれるのだ。どうせ取り付けなければならない補機類ならば，それを利用するほうが得策である。これは実際にやってみて，効果絶大であった。補機の機能を活かすことを，エンジン本体にとってのプラス要素にも利用できた例である。

　オルタネーターが付いているのは右バンクの吸気カム軸1本だけで，VRHはV型8気筒のDOHCだからカム軸は4本あるが，すべてのカム軸はギアでつながっている。マスダンパーが付くのが1ヶ所だけでも効果は十分にある。ただし，ギアのバックラッシュ分があるし，片側だけではちょっと不公平だろう，ということで，左バンクの吸気側カム軸には，鉄の円盤を取り付けてある。これはもう単純なフライホイールだ。

　これは機能としては成功だったが，ただの円盤ではカッコ悪いので，意味ありげに角度の目盛りを刻んでおいた。それを他のチームの人たちがのぞき込んで「あーでもない，こーでもない」と首を傾げているのを眺めて，愉快な思いをしたものである。

第6章　本体構造系の設計

　本体構造系は，エンジンの殻となる部分で，シリンダーヘッド，シリンダーブロック（主軸受けとライナーを含む），オイルパン，ヘッドカバー，そしてフロントカバーから成っている。これらの部品によってエンジン全体の強度や剛性，形状や寸法が定まってしまう。なお，説明の都合上からヘッドガスケットもこの本体構造系に含めて述べる。

6-1　シリンダーヘッド

　エンジンの構造や設計に関する書籍の中ではシリンダーブロックから解説しているものもあるが，本書では最初にシリンダーヘッドをとり上げたい。エンジンの中で最も複雑であり，その性能の善し悪しや特性を大きく決定づける部品だからである。

　設計するにも，シリンダーヘッドから始めるべきである。シリンダーヘッドを設計すれば，シリンダーブロックに関する構想は必然的に浮かび上がってくるはずだ。

　もちろん，設計に入る前のレイアウトの段階で十分に検討しておく。それでも実際に設計を進めていくと，ヘッドボルトとシリンダーライナーとの位置関係によるガスシール性能とか，ヘッドボルト／ウォータージャケット／吸排気ポートのスペースの取り合いなどにより，レイアウト段階での構想に若干の変更を加える必要が生じることもある。ここでは，かなりシビアな場所取り合戦が展開されるのだ。また，こうした構造はシリンダーブロックと関係してくるのだが，基本的にはシリンダーヘッド側の要求が優先される。

●燃焼室はピストン頭部と同時に設計
　ピストン式の内燃機関では，圧縮された混合ガスが燃焼することにより，その封じ込

められたガスに熱が加わり，ガスの圧力が上昇してピストンを押し下げる力が発生する。ところが，せっかく加えられた熱が冷却系や潤滑油に多く逃げてしまうと，その分だけピストンを押し下げる力が減少する。ガソリンばかり食って馬力が出ないことになる。

その熱をまったく逃がさないのは不可能だが，できるだけ逃がさないようにする。それには熱の逃げ道を少なくする。つまり，燃焼室の容積(V)に対するその表面積(S)の比率，S/V(cm^{-1})の値を小さくするのだ。

そしてこのS/V比の値を小さく保ちつつ，点火点から離れるにしたがって先細りとなる燃焼室形状，前章までに述べた90ページの図5-16のような形状としていく。設定された圧縮比を得る燃焼室容積にする必要もある。前にも述べたように，燃焼室はピストン頭部とシリンダーヘッドで形作られるものだから，ピストンを同時に設計していくべきである。ピストン頭部とシリンダーヘッド側の形をきちんとした図面に仕上げていく。

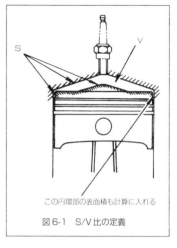

この円環部の表面積も計算に入れる

図6-1　S/V比の定義

このとき，単にCADのモニターの中だけで考察するのではなく，実際にモノをつくって検討してみることが重要だと思う。アルミやプラスチックの塊をNCマシン(コンピューター制御の加工機)で削って，シリンダーヘッド側の燃焼室部分と，ピストン頭部の部分だけをつくってみる。バルブなどが組み込まれているわけではなく，閉じた状態でのバルブやバルブシートの形が刻み込まれているだけである。こんな加工ならば，夕方に図面を出しておけば朝にはできあがっている。

このふたつのダミーの部品を突き合わせ，あるいはカットして，現物を眺め手で触り

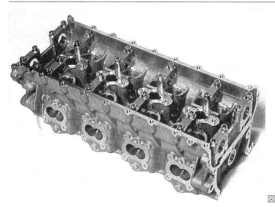

手前に見える4つの穴が排気ポート。カムブラケットは既に取り付けられている

図6-2　シリンダーヘッド（排気側上方より見る）

図6-3　シリンダーヘッド（吸気側下方より見る）

4つ並んだ吸気ポートフランジの下に見える長い
出っ張りはウォーターアウトレットギャラリー

ながら検討する。CADによる立体的な表現とはいえ，線図でしかないものより，形にしたものを目で見て，手で触ってみるのが一番である。

　点火プラグの位置やそのサイズ，バルブサイズや吸排気バルブの挟み角度などは，当然この段階で決定されている。

●吸排気ポートの設計

　燃焼室の次には，吸排気ポートを設計する。とくに吸気ポートはインテークマニホールド（あるいはブランチ）部分と一緒に考え，十分にツメた考察をするべきだ。排気マニホールドは，シャシー側の要求やその後のチューニング要素として大きく変更されることもあるけれど，吸気側の変更は，あったとしてもかなり小さい。だからこそ，効率のいい燃焼の視点からベストを狙って設計する必要がある。ちょっとした形状の違いが性能に与える影響も排気側より大きいので，入念に設計されるべきなのだ。

　吸気ポートの設計でポイントになるのは，ポートをなるべく曲げずにストレートな形で配置することと，その断面積を急激に変化させないことである。

　まっすぐなポートの方が通気抵抗が少ない上に，慣性過給効果も利用しやすくなる。ブランチの入口から覗いたときに燃焼室が見えるくらいが望ましい。もちろん，バルブやバルブスプリング，カムシャフト，ヘッドボルトの配置との関連を考慮しながら進めなければならず，単純にまっすぐ通せるわけではない。それでもポートを曲げずに済む周辺の構造を考えて設計していく。

　ポートの断面積については，それが広いほどいいというのは間違いだ。局部的に見てしまうと広い穴の方が吸気が通りやすいと考えがちだが，吸気系全体の管を空気が高速で流れることを考えなければならない。ブランチの入口からバルブスロート部に至るま

で，滑らかなテーパー形状で次第に断面積を小さくしていくべきである。

　中間部分で，スペースに余裕があるからと断面積を急に拡大すると，吸気はそこでポート内壁から剥離し，渦を発生させやすい。こうなると極端に通気が悪くなる。

　また，慣性過給効果を活かすためには，ポート内の吸気の流速を上げ，吸気の密度を高くして，吸気の慣性力を大きなものとしておく方がいい。吸気密度を高くすることができれば，同じ体積の新気を燃焼室に導入したとしても，その質量は多くなる。こうするためには，ポート断面積は一定より，通気方向に向かって一定の比率で若干減少していくテーパー形状がいい。テーパーの傾斜角度は6度以下がいいようだ。

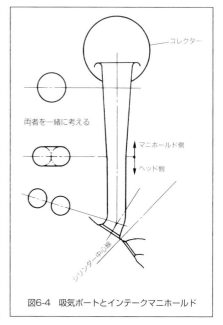

図6-4　吸気ポートとインテークマニホールド

　図6-4に示した吸気ポートの設計例では，バルブスロート部付近が太くなっているように見えるかもしれない。しかし，ブランチ中間部までの断面形状が真円なのに対し，ポートではそれを次第にふたつの吸気バルブ(4バルブ方式だから)に振り分ける形となっていることを考えなければならない。またバルブスロート部では，ポートの中にバルブが存在していて，ポート自体の断面からその分だけ通気断面積が削られているのである。

●ヘッドボルトの配置

　ヘッドボルトは，不必要なシリンダーヘッドの変形を避けながら，シリンダーブロックと剛結合させ，同時に燃焼ガス，水，オイル，ブローバイガスなどのシーリングを確実に行うように，その配置と使用本数を決める。ボルトの数は多いほどいい。各気筒あたり4本とするよりも，6本，8本と増やしていった方が応力を分散できて有利だ。それらのボルトは，最も圧力の上昇する燃焼室を等間隔で取り囲むようにする。VRH35の場合は，1気筒あたり8本のヘッドボルトとしている。隣合う気筒との間にある2本のヘッドボルトは，その気筒と共有しているが，ひとつの気筒から見れば，ほぼ等間隔で燃焼室(あるいはシリンダー)の周囲を8本のヘッドボルトが囲む配置となる。

　このヘッドボルトの配置には，動弁系やウォータージャケット，吸排気ポートの関係があり，ピッタリ等間隔に配置することは，現実にはまずできない。それでも，一般の

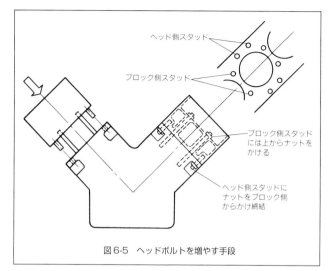

ヘッド側スタッド

ブロック側スタッド

ブロック側スタッドには上からナットをかける

ヘッド側スタッドにナットをブロック側からかけ締結

図6-5　ヘッドボルトを増やす手段

市販車用エンジンのように多軸レンチで一度に全ボルトを締結するなどといった，量産性を考える必要はない。鋳造や加工，組立に多少とも手間がかかっても，可能な限り理想に近い配置にしていくべきである。

　問題になるのが吸排気ポートの存在だ。ポート内部にヘッドボルトを貫通させるわけにはいかないし，ヘッドボルトのためにポートを湾曲させるわけにはいかない。VRHの場合，図6-5のような構造をとっている。

　つまり1気筒あたり8本のヘッドボルトのうち，ポートと重なる4ヶ所はシリンダーヘッド側にスタッドボルトを立て，シリンダーブロック側の穴に貫通させてナット締めしている。エンジンの前後方向に位置する4ヶ所は通常どおりブロック側にスタッドボルトを立ててヘッド側でナットにより締結しているが，残りの4ヶ所はこのように下からナットで締結している。

　このシリンダーヘッドにスタッドボルトを埋め込む構造は，意外な副次的メリットも生んだ。整備するときに，シリンダーヘッドを外して机の上などに置いても，スタッドボルトがあるのでヘッド面を傷つけないのである。

　なお，1気筒あたりのヘッドボルトの使用数は，ボアサイズによって異なるのはいうまでもない。VRHのようにϕ85mmのボアサイズだと8本ほしいところだが，小さなボア径のものや，自然吸気で燃焼圧力も小さいエンジンであれば，6本か4本でいい。ある

図6-6　ヘッド側のサイドボルト

ブロック側からナットをかませるヘッド側スタッドが各シリンダー4本ずつ見える。この他にボア間を2ヶ所ずつブロック側のスタッドで締結する

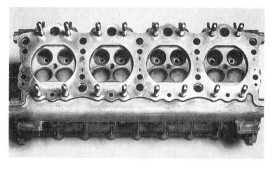

いは小さいボルトにして本数を多くした方が分布荷重の点からは有利であり，このあたりは整備性や重量，コスト，その他周辺の構造などの兼ね合いで検討する必要がある。

●ウォータージャケットの考え方

　点火プラグのボス部分やポートのスペースをとって，あとに残った空間でウォータージャケットをつくるという考え方もあるが，それは間違いである。

　点火プラグのボス部，排気ポート，燃焼室の表面は，その裏側に冷却水を流すことで，なるべく均一な温度となるように冷却する必要がある。とくに排気バルブシートまわりは高温になりやすいので，重点的に冷却する。ラジエターで温度を下げた冷却水は，ここに真っ先に，大量に送り込まなければならない。

　一方で吸気ポートまわりなどは，とくに積極的に冷却する必要はない。吸気ポート付近にやってくる冷却水はすでに温度が上がっているので，逆に暖めすぎてしまわないように，吸気ポートの一部はウォータージャケットで囲まない方がいいくらいだ。バルブシートまわりだけを冷却すれば十分である。

　冷却水は，高温の部分に触れると沸騰し，気化して水蒸気となった泡が，ウォータージャケットのどこかに引っかかると，冷却性は極端に悪くなる。とくに排気バルブシートまわりは泡が発生しやすいが，VRHでは1気筒あたり2本の排気バルブの間にも3mm幅ほどの細い冷却水通路が通っている。もし，ここに泡が引っかかって冷却水が流れなくなると，エンジンが破損しかねない。細かい通路もすべて，上に昇ろうとする泡がスムーズに流れていく形状にする必要がある。

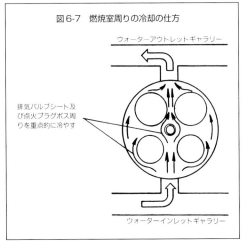

図6-7　燃焼室周りの冷却の仕方

ウォーターアウトレットギャラリー

排気バルブシート及び点火プラグボス周りを重点的に冷やす

ウォーターインレットギャラリー

　泡は上に昇るものだし，また水の流速が遅いと溜りやすくなるものだから，上方へ向かって流速を落とさず，水の流れとともにスムーズに排出口へ導いていくウォータージャケット形状にする。VRHでは，ジャケットのアッパーデッキをアウトレットギャラリーへの排出口に向けて適度に傾斜させている。

　こういう構造にすれば，エンジンを組んだときにジャケット内部にエアが残らない。エア抜きが悪いと，トラブルが起きやすいのは言うまでもない。

　点火プラグやポートの隙間はすべて水で満たしておけばいいとか，ウォータージャケッ

トは広いに越したことはないというものではない。むしろ，大きすぎて冷却水の流速が
下がると冷却性能を低下させることになる。

　冷却というのは，冷却されるべき高温部分と，そこから熱を奪っていく冷媒である冷
却水との温度差が大きいほど熱が大量に移動しやすい。流速が遅いと，相手側からある
程度の熱を奪って温度が上がった冷媒が，なかなかそこを去らずにウロウロして，効率
が悪い。熱の交換量は，だいたい流速の1/2〜1/3乗に比例する。

●ヘッドは箱型にする

　私は「シリンダーヘッドは箱型」という考え方をとっている。シリンダーヘッドは，ロア
デッキとアッパーデッキ，それに周囲の壁で囲まれた「箱」である。そこに取り付けられる
点火プラグのボス部や吸排気ポートといった管状のものも，その管の壁が本体の箱を補
強するリブとなる。

　こういう考え方に沿った設計をすれば，シリンダーヘッドは剛性が高くて丈夫で，し
かも軽量に仕上げられる。ムダな肉はいっさい与えない。つまりモノコック構造という
わけだ。金属の無垢の塊にポートなどの穴を開けていく感覚とは違う。燃焼室とかポー
トとかいった部分を積み上げていったらヘッドができた，という感覚でもない。最初か
ら「ヘッドはひとつの箱」という意識を持って，部分を設計していくのだ。

　シリンダーヘッドの母材はアルミ合金鋳物（AC4A−T6など）である。これがコスト，重
量，製品の安定性から都合がいい。とくに変わった材質ではないが，量産用に使われる
AC2A−T6材よりはシリコン含有量が多く，鋳造は多少しにくいけれども高温での強度が
高い。複雑な形状のシリンダーヘッドは，鋳造で製作するのが普通だ。

　アルミより軽量なマグネシウム合金を使うのは難しい。マグネシウムはアルミよりも
剛性と強度が低く，重量比強度でいくと同程度となる。それに酸化腐食しやすいので，
水（冷却水）に触れるところに使うのはまず無理である。高温にさらされる燃焼室部分で
は，高温での酸化と耐熱強度が問題になる。

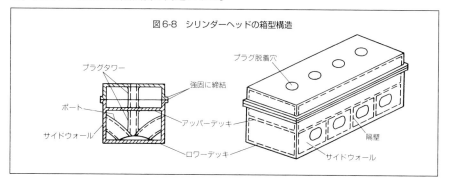

図6-8　シリンダーヘッドの箱型構造

吸排気のバルブシートやバルブガイドは，このアルミ合金製のシリンダーヘッド本体に「焼きばめ」する。ヘッドを炉で140℃くらいに暖め膨張させておいて，一方でバルブシートやバルブガイドはドライアイス（あるいはアルコールにドライアイスを入れたもの）で−70℃ほどに冷却して収縮させておく。この双方を素早くフィットさせる。双方が同じ温度になれば外れることはない。

　バルブシートやバルブガイドが，ピッタリとヘッドに密着していないと，冷却性能が低下する。熱の通り道が減少するからだ。密着するようにヘッドの加工精度を上げ，注意深く焼きばめ作業を行う。

　ところで，シリンダーヘッドの燃焼室部分は4本のバルブの傘とバルブシート，点火プラグのボス部分といったものが配置されるので，かなり混み合っている。その周囲には冷却水の通路もあり，非常に厳しいスペースの取り合いだ。こうなると，市販エンジンに使用される φ14mmサイズより点火プラグのボス部分（ネジの径）の細いものにしたい。現在の技術レベルをもってすれば，ターボエンジンでも φ12mm以下，自然吸気エンジンでは φ10mm以下でよいと考えられる。ちなみにVRH35では，点火プラグの座金に相当する部分に組み込むノックセンサーの大きさを確保する意味から， φ10mmではなく φ12mmサイズを使用している。

6-2　ヘッドカバー

　ヘッドカバーも「ヘッドは箱型」の思想の，その箱の壁の一部と考えることで，ヘッドやエンジン全体の軽量高剛性化を促進できる。VRH35の場合は，シャシーのセンターモノコックへマウントされるのでより剛性は必要だ。加えて，そのマウントボスがヘッドカバーに取り付けられる。

　こうなると，オイルをシーリングすること以外に，ヘッド本体と確実に剛結合して，剛性と強度を高いレベルで確保する必要がある。

　そこで締結用のボルトにはネジ径が8mmのM8サイズを使用した。ストレスマウントしない場合ならM6サイズで十分だろう。さらに，図6-9のようにヘッド周囲に数多くのボルトを配置し，またプラグタワー部分でも締結するようにしている。こうして応力を分

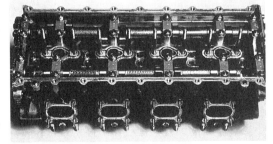

図6-9　ヘッドカバーとの締結面
ヘッドカバー取付面。中央のプラグタワーの前後に植え込まれたスタッドボルトでヘッドカバーの中心線上を固定する

ヘッドカバーは周囲22ヶ所, 中心線上8個をヘッドに締結される。右端に見えるフランジにマウンティングプレートを取り付けストレスマウントされる。左端のパイプはブローバイコネクター

図6-10 ヘッドカバーのストレスマウントボス

散させ, 分布荷重を追求した外皮応力構造, つまりモノコックを構成, ヘッドカバーがクルマの車体でいえばルーフに相当するわけだ。

ヘッドカバーの材質は, シリコンやニッケルを少量添加したマグネシウム合金である。確かにマグネシウムはアルミよりも剛性が低い(正確にはヤング率が小さい)が, ヘッドカバーの大きさと形状で, 十分に強度部材として使用できる。水が直接触れることもない。

ヘッドカバー上部には, シャシーへのマウント用プレートを取り付けるボスがある。このボス部は, あえてカバーの前端ではなく, 図6-10のように少し内部に入ったところに設けてある。しかも, ボス部分には分厚いリブが周囲を囲むように設けてある。こうすることで, マウントプレートを取り付けるボルト部分にかかった力は, マウントプレートとの接触面全体にも分散して伝わるし, ヘッドカバー全体に分散していく。こうした構造だから, マグネシウム材が使えるのだ。

ちなみに, シャシーへのマウントプレートを取り付けるボルトは, 大きな力がかかるのでスチールのM10である。チタンのボルトは軽いけれども, 強度が鉄の1/1.6〜1/1.8くらいしかない。ヘッドカバーをシリンダーヘッドに締結するボルトは数が多く, ひとつずつが担当する応力が少ないので, こちらはチタン製である。何でもチタンとかマグネシウムとかの軽い材料を使えばよいというものではない。適材適所である。

ヘッドカバーとシリンダーヘッドのフランジ面との間には, ガスケットを使うべきではない。ヘッドカバー側のフランジ面にアリ溝を切り, 液体パッキンを塗ってオイルをシーリングする。

ガスケットを使うと, 応力がかかったときにヘッドとの間で滑りが生じて締結剛性が低下してしまう。オイルのシーリングには, 液体パッキンを塗布するだけで十分である。

このヘッドカバーのアリ溝の中にOリング状のゴムを入れ, そのゴムでオイルをシーリングしながら, 金属面同士の接触によって締結剛性を確保する方法もある。確かにそれはシーリング性能を確保する意味での設計は楽だ。しかしコストと整備性で不利である。わざわざ別個のパーツを使用することになり, 組立時にOリングがちょっとずれてしまっ

たために，オイル漏れが起こったりしやすい。

やはりシンプルに液体パッキンでシーリングするのが，最良の方法であろう。

6-3　シリンダーブロック

シリンダーブロックも他の部品同様に，可能な限りの重量軽減をねらう。しかし，その役割の本質は，あくまでエンジンの土台としての強度と剛性を十分に確保することである。これができた上での軽量化だ。

とくにクランクシャフトの主軸受け部の剛性を高く保つこと，それに組立や各種の応力によりシリンダーライナーが変形しないことだ。ウェットタイプのライナーでは，変形しにくいようにブロック全体の剛性も含めた配慮が必要である。

●Vアングルの決定

軽量コンパクト化のため，6気筒でもシリンダー配置をV型にするのが，レーシングエンジンでは今や普通である。8気筒以上ともなれば，エンジンサイズからもクランクシャフトの剛性からも直列は成立しない。

8気筒エンジンの場合，Vアングルは90度が最適である。各気筒の燃焼が等間隔である意味でも，慣性力のバランスでも効率がいい。

ピストンなどが上下動する慣性力により，振動が発生する。この振動を消すことは不可能だが，耐久レース用マシンでは振動を小さくすることが重要である。90度Vではそれぞれの気筒の慣性力が，互いに打ち消し合ってくれる部分がある(現実には完全には消えないが)ので，振動が少ない。8つの気筒の燃焼はもちろん等間隔の方が，クランクシャフトの剛性や振動，パワー特性で有利である。

また車載を考えても，90度というVアングルは都合がよい。エンジンとしての効率を追求した排気ポートにすなおに排気管を接続すると，その排気管はほぼ水平に出せる。これがちょうど

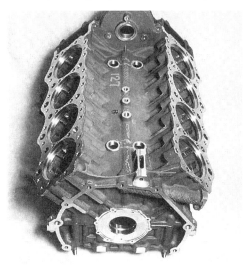

図6-11　ラダービーム付きシリンダーブロック
（クランク軸穴の中心より下がラダービーム）

114

図6-12　70度VのV型12気筒
の日産VRT35エンジン

アンダーウイングの上部を通過する形になる。Vアングルがもっと大きいと排気管がアンダーカウルに干渉するので，これを避けようとすれば出力の面から好ましくない角度になる。

Vアングルを180度，つまりフラットとしても，向かい合う気筒のクランクピンを180度位相とした水平対向とすれば，振動面と燃焼間隔のバランスはとれる。しかし，それではクランクシャフト，つまりエンジンが長くなる。また排気管のとりまわしやサスペンションのレイアウト，ボディのアンダーカウル形状との関係などからいって，現実的ではない。また，シリンダーヘッドに圧送した潤滑油の回収も難しい。やはりV8は90度がベストである。もちろん，特に重心を下げようとした場合はもっと広げてもよいが，120度あたりが限度であろう。

V12では各気筒の等間隔燃焼の意味でも，振動の少なさでも，理論的には60度と120度と180度でバランスがとれる。しかし，120度や180度といった大きなVアングルが，シャシーやボディとの関係から現実的ではなく，60度Vがベストとなる。

本質的に直列6気筒というのが，燃焼間隔でも振動でも非常にバランスがいいエンジンである。V型12気筒はそれを2基連結したと考えていい。だからVアングルが多少違っても，振動などは60度とほとんど変わらない。燃焼間隔も，これだけ気筒数が多いと少々ずれていても問題にならない。

V12を60度にした場合には，そのVの谷間に収める吸気系のスペースが厳しいという問題がある。とくにスロットルバルブの配置が難しくなる。一方，エンジン幅でいえばVアングルが狭い方がいい。高さは，多少Vアングルを開いたところでそれほど低くはならず，かえって吸気側のヘッドカバーが持ち上がる。排気管のとりまわしでは90度が有利だが，狭角である分にはアンダーウイングと接触しないところからVアングルを70〜80度あたりでまとめたエンジンが多いようだ。

●シリンダーライナー

シリンダー部分をドライライナー方式とすると，ライナーに接するブロック側のシリンダー肉厚が厚くなりがちであり，冷却性能が落ちる。別個にライナーを挿入しないモノブロック方式では，シリンダーブロックの材質がそのままライナー部分となるので，ブロックの材質に制約を受ける。アルミ製のブロックでモノブロック方式にすると，ライナー部分のメッキ処理などの加工とか，薄いライナーや狭いウォータージャケットを

鋳造製作するのが難しい。こういう理由から，VRHエンジンではウェットライナー方式を採用している。

シリンダーライナーは鋳鉄製が無難であるが，重量が重く，熱の伝導率が低く冷却性能も落ちる。シリンダー部分を全般的に見れば，冷却性能への要求は厳しくないものの，その上部の数mmに限っては十分な冷却が必要である。ここの冷却が十分でないとノッキングが起こりやすくなる。それを避けるために圧縮比や過給圧を下げたり点火時期を遅らせたのでは，馬力が出ない。

図6-13　アルミ合金製
シリンダーライナー

シリンダーライナーはアルミ製が良いが，そのままでは，ピストンやピストンリングとの摺動に耐えられない。そこで，ライナーの内面にはニカジルなどのメッキ処理を施す。ニカジルというのは，ニッケルやシリコンの化合物などを混合状態にして，アルミ材の表面に電流溶着する加工である。ライナー部分がアルミ製のレーシングエンジンではポピュラーな処理だ。ニカジルという名称で規定されるメッキは，硬度は高いが割れる危険性もあり，添加物を調整することで信頼性の高いものにしている。

このメッキは，表面が滑らかでツルツルであると，潤滑油の保持能力が低下してしまう。ライナー表面には，常に適度にオイルがへばりついている状態が良い。そのため，微小な数多くの穴がある状態にメッキするポーラスメッキという技術と，通常のメッキを厚めに施しておいて後から加工する方法がある。前者は表面粗度や寸法精度の正確さに疑問があると判断し，VRHの場合は後者を採用している。仕上がったメッキをホーニングするときに，適度にホーニングの削り跡，切削の目を残しておくのである。

なお，通常のメッキの厚さは10〜20ミクロンだが，メッキ層自体の剛性を考えてVRHではそれより厚くしている。我々の使ったメッキの対摩耗性能は非常に高く，1万kmくらいのレーシング走行は十分に保証されている。

ル・マン24時間レースで5000km走るのは一般のクルマの40〜50万kmに相当する。それから計算すれば，このメッキライナーを一般車に使えば100万km走れることになる。アルミライナーは熱はけがいいので，熱変形からくる偏摩耗が少ない。メッキさえしっかりしていれば，非常に耐久性が高いものである。

じつは我々も，最初からこのアルミ製ライナーがうまくいったわけではない。日本でアルミにメッキしたライナーを多用しているのはモーターサイクルくらいであり，クルマの世界では実績もデータも不足していた。アルミにしたいと考えていたが，開発当初

は外国製のものを組んでみても品質が不安定だった。結局，先に述べたようなメッキが剥離しないような対策が開発されて解決できたのである。

このライナーをブロックに挿入するときには，ライナーを氷水で冷やしておき，一方のブロックは70～80℃に暖めておく。アルミは熱膨脹係数が大きいので，これだけで簡単に挿入できる。

ところでウェットライナー方式では，シリンダーブロックとライナーでウォータージャケットを構成するので，冷却水のシーリングを確実に行う必要がある。上部のシーリングについては，ライナーが段付きになっているツバの部分（フランジ部）を直接ブロックに圧着して行うのが，最もシンプルでよい方法だ。ライナーの上下方向の位置決めはフランジのツバ部で行い，そのツバのすぐ下の胴部でシリンダーセンターの位置決めを行う。

ライナー上端はシリンダーブロックの上面からほんの少し出っ張っていて，これが締め代になっている。この上にシリンダーヘッドを載せて締結すれば，ライナーとブロックがしっかりと密着する。双方が柔らかいアルミだから，これだけで水は漏れない。鋳鉄製のライナーでは無理だろう。

このシーリング方法は，ライナーやブロックの加工精度が高いことが条件である。加工精度に自信がないとOリングを入れたくなるが，それでは熱の逃げが悪くなる。燃焼により高温にさらされる重要なライナー上端部分に，熱伝導の悪いゴムのOリングを入れるべきではない。

1気筒あたり8本のヘッドボルトにより，ライナーが均一に強く確実に圧着されることで，ライナーの真円度は非常に高いレベルになる。このライナー上端のフランジ部の圧着を確実にするため，各気筒間のウォータージャケット部分には，厚さは4mm程度と薄いけれども，クランクの主軸受けから立ち上がる「壁」が設けてある。フランジを受ける部分を変形させずにしっかりと支えるためだ。この壁は，エンジン全体の剛性をモノコック構造的にして高める一種のリブとしての役割も持っている。

シリンダーライナーの下部はボルトなどで締結できないので，上部のような水のシーリング方法はとれない。ここはOリングで行う。VRHでは2本のOリングをブロック側にはめ込む形でシーリングしている。Oリング溝をライナー側に設けると，ライナーを厚くしなければならない。加工が少々面倒だが，溝はブロック側に設けるべきである。これにより，VRHではライナーの厚みを5mmにしている。ここの厚みを小さくすることは重要だ。これはボアピッチに関わってくるし，ライナー上部付近の寸法設定に影響してくるからだ。下部だけ厚くしたライナーなどブロックに挿入できない。

ライナー上部を拡大すると図6-14のようになっている。フランジ部のツバとそのすぐ下の胴部は，ブロックに接触してライナーの位置決めをする。さらに下の方はブロックに簡単に挿入されてほしいが，位置決め部はキッチリとはまり込まないといけない。そこ

でライナー下部に必要な厚みから，図に示す計算例のようにライナー上部の寸法が定まり，ライナーまわりから求められるボアピッチの最小値も算出することができる。

図に示した数字はひとつの例であるが，現実的にもライナー上部付近の寸法はこのようにツメられる。VRHでは，クランク軸まわりの構造から要求されるボアピッチがこれより大きいので，その分だけスリーブに挟まれたブロック部分やスリーブのフランジ部の厚みに余裕を持たせてある。

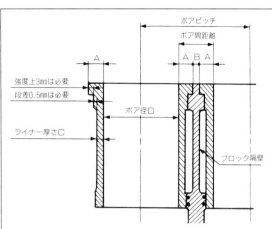

図6-14 最小ボアピッチはこうして決まる

BやCは材質やDに影響されるが，仮にB，Cの最小値をそれぞれ2mm，5mm，ボア径を85mmとすると，
・ボア間距離＝2A＋B＝19mm
・ボアピッチ＝D＋19＝104mm

ライナー上部のツバを少し削り，隣り合った部分を密着させることもあるが，この場合はBがマイナスとなる。これによりボアピッチを短縮できる

●主軸受けの剛性確保

クランクシャフトのメインジャーナル部を支える主軸受けまわりは，十分に高い剛性が必要である。この部分の剛性が低いとクランクシャフトが変形し，メインメタルの当たりが悪くなったり，大きな振動が発生してエンジンの破壊につながりかねない。

クランク軸そのものの剛性も大切だが，ブロック側の剛性が低いと，高速回転しているクランク軸はまるでウナギのように暴れまわる。量産車の4気筒エンジンでも，55ミクロンくらいの幅で振れているのが普通だ。ちなみに，一般に言われる「エンジン音」の90％はこの振動が元になって，ブロックなどエンジン各部が振動して生まれるものだ。ブロック剛性が高いと各部が勝手に振動しにくいので「いい音」になる。

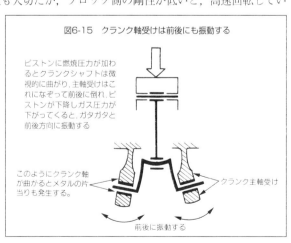

図6-15 クランク軸受けは前後にも振動する

ピストンに燃焼圧力が加わるとクランクシャフトは微視的に曲がり，主軸受けはこれになぞって前後に倒れ，ピストンが下降しガス圧力が下がってくると，ガタガタと前後方向に振動する

このようにクランク軸が曲がるとメタルの片当りも発生する。

クランク主軸受け

前後に振動する

118

　ここで発生する振動は，軸受けに対して直角な上下振動よりも，クランク軸方向の前後振動の方がはるかに大きい。正確に言えば振動の加速度が大きい。その差は10倍くらいである。これはピストンの上下動による力が，図6-15のようにクランク軸が曲がることに起因している。つまり，主軸受け部分がエンジンの前後方向にこじられて変形しているのだ。この変形の繰り返し，及び主軸受け部分自身の固有振動により発生する振動が問題となる。

　主軸受け部がクランク軸方向に傾くと，メインメタルはその端の部分だけでクランク軸を支えている。これではメタル幅を少々広くしても，耐久性に問題が出る。逆に言えば，主軸受け部の変形を少なくすれば，狭いメタル幅でもよく，それだけボアピッチを小さくできる。これがブロック全体の軽量高剛性化につながるのは当然である。

　この主軸受け部分に要求される剛性は，前後方向への変形のしにくさだ。その対策として簡単なのは，主軸受け部分の端とブロック側壁が交差する隅に，三角形の補強を入れる構造である。しかしレーシングエンジンでは，それぞれの主軸受け間には目一杯にクランクウエブが収まっていて，補強が入るスペースがない。

　それに，一番大きく変形しているのは主軸受けの中心部分である。こちらをなんらかの形で抑えた方が，はるかに効果的だ。それならば，それぞれの主軸受けのベアリングキャップを前後に連結してしまうといい。この発想を推し進めていったのが，次に説明する「ラダービーム」方式の採用である。

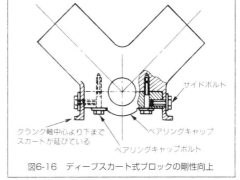

クランク軸中心より下までスカートが延びている

サイドボルト
ベアリングキャップ
ベアリングキャップボルト

図6-16　ディープスカート式ブロックの剛性向上

●ラダービーム方式で高剛性化

　シリンダーブロック下方のスカート部構造には，大きく分けてハーフ式とディープ式がある。スカート部がクランク軸の中心までしかないものをハーフ式，それより下まであるものをディープ式と呼んでいて，一般にはディープ式の方がブロック剛性が高いといわれている。レーシングエンジンはハーフ式では成立しないという人もかつては多かった。

　しかしディープスカート式でも，スカート下部が開放状態であることに変わりはない。確かにディープ式ならば，図6-16のようにスカート部から主軸受けのベアリングキャップにボルトを通して締めつけることができる。ところが，これは主軸受けのクランク軸方向の剛性アップにはほとんど寄与せず，単にスカート部が開くのを押さえているだけである。締めすぎれば，ブロックの変形も招きかねない。

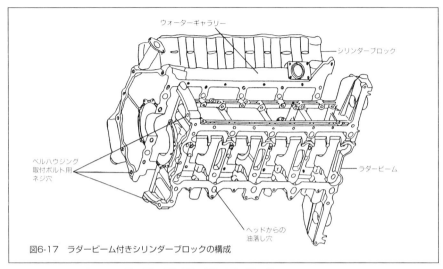

図6-17　ラダービーム付きシリンダーブロックの構成

ウォーターギャラリー

シリンダーブロック

ベルハウジング
取付ボルト用
ネジ穴

ラダービーム

ヘッドからの
油落し穴

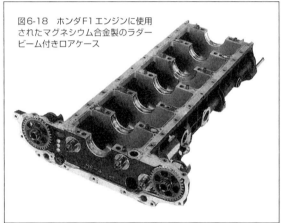

図6-18　ホンダF1エンジンに使用されたマグネシウム合金製のラダービーム付きロアケース

VRH35の場合はハーフスカート式を採用している。ただしその下部は，いきなり単純なオイル受けがあるのではない。

5つのベアリングキャップをすべて連結し，さらにそれを発展させた図6-17のようなものが，このハーフスカート式ブロックの下部に剛結合される。梯子のような形をしているので，私はこれを「ラダービーム」と名づけた。シリンダーブロックとラダービームをそれぞれ鋳造製作しておいて，双方の合わせ面を加工して締結し，ボウラーの刃を通してメタル受け部分を成型し仕上げる。

これにより，シリンダーブロックがクランク軸をフルに取り囲むことになり，それをクランク軸の中心部分で水平に2分割した形である。ハーフスカート式とは言うものの，量産エンジンのそれとは内容がまったく異なる。この方式を採用することにより，主軸受け部もエンジン全体も剛性を高くしながら，軽量化することに成功している。

なお，ここで「剛性」の意味を確認しておけば，それは「変形しにくさの度合」である。割

120

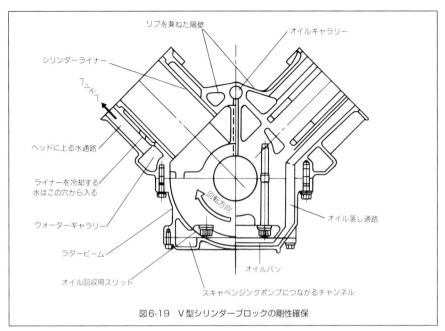

図6-19　V型シリンダーブロックの剛性確保

れたり折れたり永久変形したりしにくい度合を表現する「強度」とは意味が違う。イメージ
としては，ゴムは剛性が低いけれど強度はあり，ガラスは剛性が高いが強度は低い，と
いう感じで把握してもらえればいい。

●冷却水通路とVブロックの剛性確保

　冷却水を送るべき量はヘッド8に対しシリンダー2の割合である。その要求に見合うよう
に冷却水を配分する通路を，VRHでは図6-19のようにシリンダーブロックに設けている。
　ウォーターポンプから吐出される冷却水は1分間に600リッターほどである。これがまず
シリンダー下部の外側（排気側）に位置する太いウォーターギャラリーに入る。このギャラ
リーはエンジンの前後方向に通っている。このギャラリーからは，ヘッドに向けて立ち
上がる大きな冷却水通路が，各気筒ごとに1本あり，そこに流れ込んだ冷却水の80％は，
そのままヘッドへと向かう。一方，このヘッドに向かう通路とシリンダーブロックの
ウォータージャケットの間の壁には小さな穴があり，ギャラリーから入ってきた冷却水
の20％が，この穴からブロックのジャケットへ流れ，ライナーを冷却する。
　シリンダーブロックにウォーターギャラリーを設ければ，当然ながら外部に冷却水用
のパイピングをしなくて済むから，水漏れの心配がなく，信頼性が向上する。煩わしい
パイピングがないことはシャシー側にとっても有利だし，整備性も向上する。

この冷却システムのための構造を，VRH35ではエンジンの剛性向上にも使っている。V型エンジンでは，前から見たときのVの字が開いたり閉じたりする音叉のような振動が起こりやすい。これはライナーを変形させ，スロットルリンケージの作動を悪化させたりもする。ブロックにクラックが入ることもある。

この振動を抑制するのに，先のウォーターギャラリーからヘッドに向けて立ち上がる冷却水通路が効果を発揮する。この通路はエンジンを外からみると図6-19のようにパイプ状に膨らんでいるが，そのパイプが音叉振動を抑える。これにより，新たに補強リブなどを設けることなく，高い剛性を確保できる。

ところでブロック上部の剛性は，シリンダーもウォーターギャラリー部も開口しているので，この部分の剛性確保はヘッドをアテにしている。ヘッドカバーからオイルパンまでの，本体構造部分すべてで全体の剛性を確保し，遊んでいる部分はないようにすべきである。

図6-20　シリンダーブロックの側面は複雑だ

●オイル通路の確保

V型ブロックの音叉振動を抑制するために，VRHでは図6-19のようにVの谷間部分にも左右のバンクをつなぐリブを設けている。このリブで囲まれた空間を，潤滑用オイルのメインギャラリーとブローバイガスの通路に使っている。

このメインギャラリーには，オイルポンプからフィルターを通ったオイルがブロック後端から流れ込む。その量は最大で1分間に140リッターにもなり，ギャラリーは ϕ 20mmと思いきって太くしてある。ちなみに量産車では，多くても1分間に50リッターくらいのものだ。

ところで，クランクケース内に潤滑用オイルが溜ると，クランクシャフトがこれを撹拌して抵抗となるし，オイルに気泡が生じる。だからこそレーシングエンジンではオイルパンにオイルを溜めないドライサンプ方式を採用している。当然ながら，シリンダーヘッドで動弁系を潤滑したオイルを量産車のように，そのままクランクケースに落下させるわけにはいかない。VRHでは，ヘッドまわりを潤滑したオイルを，クランクケース内をまったく通さずに，2重構造のオイルパンの下部へ導く「オイル落とし通路」を設けている。ここを我々は「ドブ池通り」と呼んでいる。

●クランクケースの材質

　VRHのシリンダーブロックはアルミ合金製である。鉄だと重いのは言うまでもないが，これも，単に比重の小さい材料を使えばいいというものではない。

　代表的な材質のヤング率とその比重は下記のとおりである。

	ヤング率(kg/mm²)	比重
鉄	21000	7.8
アルミ	7400	2.7
マグネシウム	4500	1.84
チタン	11600	4.4

　ヤング率とは「素材そのものの剛さ」を示す数値だ。その素材が一定の形状を持ったものとなったときの「変形しにくさ」を表すのが剛性である。ヤング率の数値をそのまま剛性の度合と判断することはできない。それでも同じ形状なら，ヤング率が大きいほど剛性は高くなる。つまり，単純に軽い材質に置き換えただけでは剛性が低下してしまうことになる。

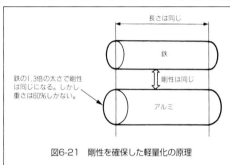

　鉄とアルミで考えてみよう。アルミの比重は鉄の約1/3ほどだが，ヤング率も1/

長さは同じ

鉄

剛性は同じ

アルミ

鉄の1.3倍の太さで剛性は同じになる。しかし重さは60%しかない。

図6-21　剛性を確保した軽量化の原理

3である。図6-21のように無垢の棒のようなもので考えれば，鉄製と同じ剛性をもたせるためには，アルミ製では1.3倍の太さになり，重さは60%である。これが，直径が大きくて肉厚の薄いパイプだったらどうか。アルミでそのパイプを製作し，たとえばその肉厚が3mmだったとする。これに相当する剛性を鉄パイプで肉厚を1mmにしてしまうと，薄すぎてペカペカですぐに変形してしまう。ボルトなどで他のものと締結するのも難しい。

　シリンダーブロックもこのパイプのように，さらにはその中にリブを設けて，モノコック的な構造にしたときに初めてアルミ材の価値が活きる。そういう構造でなければ，シャシーストレスメンバーに使う場合には，鉄製の方が有利な場合もある。

　VRHエンジンのシリンダーブロックは，アルミ合金の鋳造製である。ここで肉厚の急激な変化があるような設計では，鋳造時に溶けたアルミが均質に固まらず，鬆と呼ばれる空間部分ができやすい。また試鋳きの結果を見て，冷やし金(流し込まれた溶けたアルミを速やかにさまし部分的に強度を向上させるように当て，固まるのを促進する鉄塊)を当てたり，鋳砂を選んだりして，母材が均質なシリンダーブロックをつくるように工夫する。このあたりはシリンダーヘッドも同様だ。地味なことだが，こうした積み重ねが理論的な設計を具現化し，戦闘力の高いエンジンを生む。

6-4　オイルパン及びヘッドガスケットなど

●オイルパン

　VRH35エンジンのオイルパンはマグネシウム製だが，その底が二重にしてある。前項で述べたシリンダーブロックのオイル落とし通路でヘッドから導かれたオイルは，この底の空間部分に導かれる。高速で回転するクランクシャフトによって巻き上げられないように，またコーナリング時に大きな横Gがかかっても飛び出さないようにするためだ。

　このオイルパンの底は，なるべくクランク軸に近づけたい。エンジンのクランク軸から下の寸法を小さくすれば，エンジンは車体の低い位置にマウントできて重心を下げられ，アンダーウイング形状の設計の自由度が高くなり，空力性能の面で有利になる。

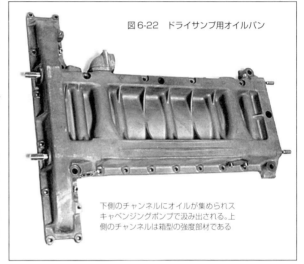

図6-22　ドライサンプ用オイルパン

下側のチャンネルにオイルが集められスキャベンジングポンプで汲み出される。上側のチャンネルは箱型の強度部材である

　しかし，クランク軸のカウンターウェイトとオイルパンがあまりに接近しすぎると，クランクにまとわりつこうとする空気が，オイルパンとの間に挟み込まれて空気抵抗になる。したがって，クランク軸とオイルパンとのクリアランスは，オイルがなかったとしても6〜7mm必要だ。現実には必ずオイルが存在するので，一般的には20mm程度を確保することになる。

　一方で，このクランク軸の巻き起こす風を利用して，クランクケース内のオイルを回収する構造もVRHでは備えている。クランク軸の回転の下手方向のオイルパンには，飛んできたオイルを捕まえるように溝状のスリットが設けてある。ここで徹底してオイルを集めることが，オイルパンとクランク軸を近づけることにつながる。

　ヘッドからのオイル落とし通路やこのスリットによって二重底の中に導かれたオイルは，その下にあるギャラリー状のチャンネルに入り，スキャベンジングポンプにより吸い出される。とにかく，一度捕まえたオイルは二度と逃がさない。

　オイルパンは，ヘッドカバーと同じく，エンジン全体の剛性を生み出す部材のひとつとして働く。さらに，シャシーストレスメンバーとしての取り付け部分でもある。前端

にはメインモノコックとの締結用ボスがある。変速機のベルハウジングも，シリンダーブロックとラダービームもこのオイルパンの後端に締結される。ヘッドカバーと同じ考え方だ。

　こうした剛性要求に対応するのに，二重底やオイルの回収通路などもモノコック構造として役に立っている。ラダービームとの合わせ面にはガスケットの類やゴムのオイルシールなどは使わず，ヘッドカバー同様に，オイルパンにアリ溝を切って，液体パッキンでオイルのシーリングをしている。これはラダービームとブロック間のシーリングも同じである。

●フロントカバー

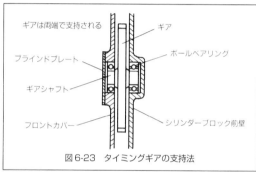

図6-23　タイミングギアの支持法

図6-24　フロントカバー

ギアを支持する穴が見える。この穴はシリンダーブロック側の穴と一体に加工されている。また，その周囲と中央2ヶ所でシリンダーブロックとラダービームに強固に固定されるようになっている

　ラダービームと結合されたシリンダーブロックの前端部分に取り付けられるカバーが，フロントカバーである。量産車の場合，単なるカバーであって，タイミングベルトなどを覆っているだけで，樹脂製のものも多い。

　しかしVRHでは，エンジンの機構の一部を成す部品としてマグネシウム合金で鋳造製作されている。このカバーとブロック側とでハウジングを形成することにより，カムシャフトや補機類の駆動用ギアを支持する役目を受け持つ。

　こうしないと，ギアの支持剛性が低くなり，ギアの偏摩耗や破損にもつながりかねない。それを防ぐためにギアを厚くしたり支持部の肉厚を増していけば，エンジンが重くなり全長も長くなるし，結局のところ根本的な支持剛性はさほど高くならない。ギアのシャフトの支持をブロック側だけで行う

「片持ち方式」はデメリットが多いのだ。シャフトの両端で支える「両持ち方式」にすれば，シャフトの安定性は格段に向上する。

　手法としては，まずフロントカバーとシリンダーブロックを結合した状態にしておいて，ギアシャフトの支持穴を共加工する。こうしてギア支持のアライメント精度を高くする。一方で，タイミングギアと一体になっているシャフトの両側に，ボールベアリングを圧入しておく。このベアリング付きのギアを組立時にはめ込むのだ。ここは圧入というほどの力は加えず，はめ込む程度である。

　フロントカバーの剛性が低いと，ギアの支持が不正確になる。主運動系に起因する振動によりカバーが振動する部分もあるが，何よりもタイミングギアでコジられる力が大きい。そこでフロントカバーは，その周囲をブロックとラダービームにボルトで締結するだけではなく，中央部の2ヶ所でもボルト締結している。

　また一方で，カバー自体の剛性を必要十分に高めることも重要だ。単に肉厚を増すのではない。中央部2ヶ所のボルト締結位置からカバー周囲に向かって放射状に，カバー内側にリブを設けてある。母材のボリュームよりも形状で剛性を上げていくのは，ごく基本的だが重要な技術である。

●ヘッドガスケット

　ヘッドガスケットは，潤滑オイルや冷却水，そしてシリンダー内のガスなどをシーリングするためのものである。量産車の場合，以前は各種の複合材料が使われていた。VRHではいち早くスチール板のメタルガスケットを使用したが最近では実用車にも普及し出している。

　ガスケットを，各種のシーリング機能だけで考えていると，重要なことが欠落してしまう。それは冷却だ。

　前に述べたように，シリンダーブロックで積極的な冷却が必要なのは，シリンダーライナーの上端部分の20mmほどである。とくに重要なのは上方の数mmだ。ところが，ライナー最上端部まで冷却水を巡らすのは，ライナーがブロックにはまり込む構造から無理である。別体のライナーを使用しないモノブロック方式にして，かつブロックのトッ

図6-25　スチール製ヘッドガスケット

プデッキ面とシリンダー部に隙間があるオープンデッキ方式にすれば冷却できそうだ。が，量産車ならともかく，高いブロック剛性が要求されるレーシングエンジンでは，オープンデッキのブロックは使えない。

では，ライナー上端部分で受けた熱はどうなるのか。一部は下方に伝わって，ブロックのウォータージャケットから冷却水に伝わる。しかし，これだけでは足りない。一部がシリンダーヘッド側へ多く伝われば，もっと効果的に冷却できる。メタルガスケットの最大の利点は，熱伝導率の高さだ。

また，熱伝導率がいいと局部的に高温にならないので，ガスケットの吹き抜けが起こりにくい。またメタルガスケットは強度が高いこともあって，簡単に吹き抜けることが

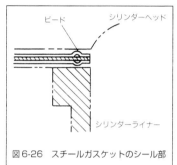

図6-26　スチールガスケットのシール部

ないのも利点である。もうひとつ，ヘッドとブロックの結合剛性を高くできるメリットがある。

ガスケットはスチール板(正確に言えばステンレススチールの板)を3枚重ねた構造となっている。上下の2枚には図6-26のように，各種のシーリングをするべきところへ，ビードが設けてある。ブロックとヘッドを締結すると，このビードが押しつぶされながらも反発して，そこでシーリング機能が発揮されるのである。

中間に1枚のスチール板が入っているのは，上下のスチール板が適度に滑るようにするためで，レールの役目をしている。ヘッドとブロックを強固に締結するとは言ったが，しかし双方がまったくズレないようにしてしまうのは無理だ。それぞれの熱膨脹による変形などもあり，にじるようにズレる許容度を与えておく必要がある。

このメタルガスケットはVRHエンジンを成功させた大きな要素になっている。燃焼室形状そのものの工夫に，この部分での熱伝導の良さが加わり，基本的にノッキングが起きにくいエンジンとなった。そこで点火時期を進められ，出力と燃費の両方を向上させられた，というわけである。

第7章　主運動系の設計と構造

　主運動系は，動力を発生させるために直接的に運動する部分である。クランクシャフト，ピストン(ピストンリングとピストンピンを含む)，コネクティングロッド，及びフライホイールで，いずれも強大な力を受けながら激しく動く部品であり，エンジンの破壊はこれらから発生することが多い。軽くしながらも剛性と強度を確保するように注意深く設計する。

　主運動系の各部品の相互関係と諸元の決め方は図7-1のとおりである。全体レイアウトの段階で総排気量や気筒数，さらにボア・ストロークを決めていくと，ピストンの径やピストンピンとリングの仕様が決まっていく。

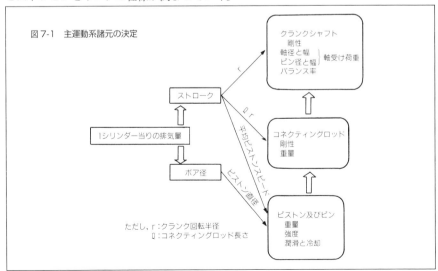

図7-1　主運動系諸元の決定

　ピストンとクランク軸を連結するコネクティングロッド（略してコンロッド）は軽くして，かつ高い剛性と強度を確保することが重要である。コンロッドが受ける力は，まず第1に強大な燃焼圧力によるガス力だ。それにピストンやピストンピンの重量，エンジン回転数，ストローク寸法によって，ここにかかる力は左右される。また ℓ /r，つまりコンロッドの長さ ℓ とクランクアームの長さ r との比率は振動などに影響するので，これを考察してコンロッドの長さを決める。

　クランク軸のクランクアーム寸法は，ストローク寸法の半分になる。そしてピストンやコンロッドなどの往復運動による荷重や，燃焼圧力による荷重からクランク軸のジャーナル部の径と幅，及びクランクピン部の径と幅が決まる。またクランク軸では，そのバランス率や剛性も考察される。

　フライホイールはレーシングエンジンの場合，こうしたエンジンとしての運動機構というよりも，クラッチ機構を取り付け，そしてセルモーターと接続するための部品と考えていい。しかし，クランク軸に直結されるので，一般エンジンと同様に主運動系の部品として取り扱う。

　少しでもパワーを絞り出したいレーシングエンジンは，高速化に伴ういろいろな問題とも闘わなければならない。ここで総論的に主運動系について触れておく。

7-1　クランクシャフト

　レーシングエンジンに使われるクランクシャフトは，スチールの鍛造である。量産用では製作のしやすさから鋳造のものも少なくない。しかし，コストはかかるものの，強度と剛性の高さでは鍛造の方が確実に有利だ。高回転になると，まず問題になるのはクランクシャフトの不整運動である。

●クランクシャフトの曲げとねじれ

　クランクシャフトはゴツイ格好をしているので，一見剛性が高そうに見えるかもしれない。しかし，エンジンが回転しているときには曲げとねじれの力が同時に働くので，まるで「ウナギが泳いでいる」ような状況となっている。ベアリングに70ミクロンほどクリアランスをとっていても，そのクリアランスいっぱいに振れ回っている状態になるので，曲げやねじれによる変形は，極力押さえ込む必要がある。

　この静的な変形の他に振動による変形がある。前者に影響する剛性を「静剛性」，後者のそれを「動剛性」という。クランクシャフトは，この静剛性，動剛性とも大きくしておく必要がある。

　ガス力や慣性力による変形を少なくするためには，高い静剛性が必要である。また，

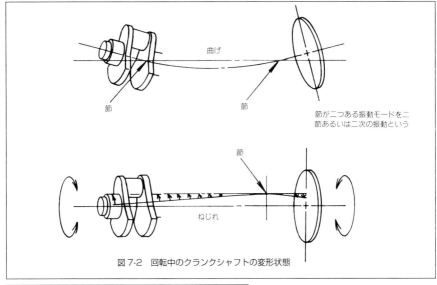

図7-2　回転中のクランクシャフトの変形状態

節が二つある振動モードを二
節あるいは二次の振動という

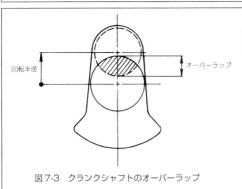

図7-3　クランクシャフトのオーバーラップ

静的な変形に続いて振動が発生する
が，共振点での変形はきわめて大き
く，不整運動や破壊につながる。振
動によるダメージを避けるために
は，動剛性を高く保つようにする。
クランクジャーナルやピン径をとも
に増大させ，図7-3のようなオーバー
ラップを大きく設定することによ
り，静剛性，動剛性ともに大きくな
り，静変化や，振動による変形を小
さくすることができる。

　例えば，ピストンストロークを50mmとし，メインジャーナル径を φ45mm，ピン径を
φ40mmとした場合，そのオーバーラップは，

　(45＋40−50)÷2＝17.5mm

となる。

　丸棒で考えた場合，剛性は径の4乗で増えるので，オーバーラップを増やすことのでき
るショートストロークエンジンは，クランクシャフトの剛性の面でも有利である。

　ねじれ振動は，メインベアリングの軸受けの強化だけで抑えることはできない。また，
曲げやねじれの振動は，慣性力やガス力によって変形され，その起振力が与えられる。

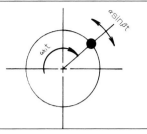

図7-4　クランクシャフトのねじれ振動モデル

αをねじれ振動の最大振幅，βを振動の角速度（rad/s）とすると，時間tにおけるねじれ振動の振幅は$\alpha \sin \beta t$で表される。ω_0で回転している質点がその軌道上を前後$\alpha \sin \beta t$で振動しているので，実際の回転角ωtは次式となる。

$$\omega t = \omega_0 t + \alpha \sin \beta t$$
（低速回転分）＋（ねじれ振動分）

そうした力が解放された直後，クランクシャフトの固有振動数に応じて振動を起こす。具体的には，膨張行程でクランクが90度程度回ったところで押さえ付けた力が抜け出すため，そこで固有振動によってガタガタと振動を起こすのである。

　ねじれ振動の様子は，$\omega_0 t$で回転しているクランクシャフトのピンの軌跡上でクランクピンが回転の前後に片振幅α，角速度βで振動していたとすると，ねじれ振動角度は$\alpha \sin \beta t$となる。これが一定の角速度ω_0で回転しているクランクピンの回転角に加わるため，その実際の回転角ωtは，

$$\omega t = \omega_0 t + \alpha \sin \beta t$$

という式で与えられる。

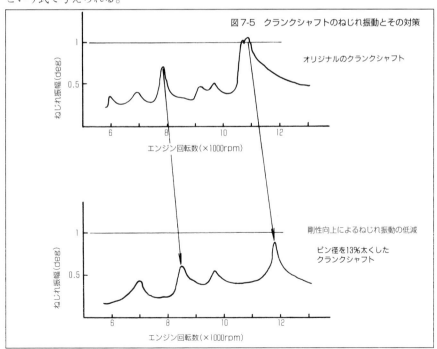

図7-5　クランクシャフトのねじれ振動とその対策

エンジンが高速回転すると，その回転域の中に必ず固有振動数が入り，回転による加振力の入力回数が固有振動数と一致もしくは次数成分が合うと，図7-5のように激しくクランクシャフトを共振させる。10000rpm以下で使うエンジンであれば共振点をうまく避けることができるため，ねじれ振動による破損の心配は少ないが，それ以上回すエンジンでは危険である。

ねじれ振動は，シャフトのねじれ剛性を上げれば高周波側に移動し，その振動振幅は小さくなる。丸棒の場合であれば，その直径の4乗に比例して剛性は上がるから，クランクシャフトのピン径やジャーナル径を太くし，またオーバーラップを大きく取るなどすれば，エンジン回転の共振点は高くなる。図7-5の下図は，ピン径を13%太くした際のねじれ振動低減の効果を示している。ねじれ振動の振幅を1度まで許容できるとすると，その限界値より小さければ問題はなくなる。

一方，ピン径やジャーナル径を太くすることはフリクションが大きくなるだけでなく重量増を伴い，回転の慣性モーメントが大きくなる。したがって，エンジンの吹き上がりを鈍重にする。エンジンの耐久性向上という面ではピン径やメインジャーナル径の増大が簡単な対策であるが，吹き上がりが命であるレース用NAエンジンでは好ましいことではない。逆に吹き上がりやフリクションの低減を追求するあまり，クランクシャフトを細く軽くしようとしてねじれ振動の危険領域を侵しやすくもなる。軽くすることと剛性や強度を上げることを高いレベルで両立させるのは容易でないが，どこまでそれができるかがレース用エンジン開発に課せられた問題である。

こうした難関を切り抜けるためには，緻密な解析に基づく理論的なアプローチが必要である。振動問題は理論式により，かなり精度よく予測することができる。

クランクシャフトのねじれ振動は，コネクティングロッドメタルを叩き，耐久性を損なう。また，その反作用によってメインベアリングに力がかかり，これがシリンダーブロックの振動を増加させる。NAエンジンでも，ねじれ振動の振幅がクランクシャフト先端で大きくなるので，エンジンの前端部で動弁系を駆動している場合は，カムシャフトの回転運動にまで影響を及ぼすことになる。

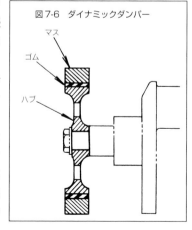

図7-6　ダイナミックダンパー

マス

ゴム

ハブ

クランクシャフトのねじれ振動を低減するため，図7-6のようなダイナミックダンパーを装着する場合がある。しかし，ダイナミックダンパーは全回転領域で効果を発揮するわけでなく，ある限られた回転の振動を吸収する機能しかない。図7-7

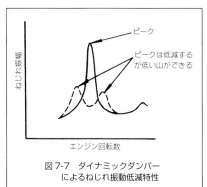

**図7-7　ダイナミックダンパー
によるねじれ振動低減特性**

のような，ある振動のピークに同調させることで，図7-6のマスの部分が共振してエネルギーを吸収する。その結果，ピーク時の振動は収まるが，一般にその上下の回転域に，振幅は小さいが二分された振動が現れる。

レース用NAエンジンでは，図7-5のように小さな振動の山がいくつも使用回転域に入ってくるため限りがなく，ダイナミックダンパーを同調させることは意味がないといえる。ダイナミックダンパーは，バネ・マスの共振によって振動エネルギーを吸収するものであり，当然，重い質量が必要となる。したがって，軽量化の面からもダイナミックダンパーはなしで済ませたほうがよい。

そのためには，高い設計技術が必要になる。また，レース用NAエンジンではとくに高い周波数の振動を吸収しなければならず，その分ダイナミックダンパーに使われるゴムの変形の繰り返しが激しく，ゴムだれを起こすことがある。そうなるともう役には立たない。ゴムの代わりにシリコンオイルを入れたビスカス式を使うことも考えられるが，万が一スティックしたら，エンジンの前側にもフライホイールが付いているのと同じになってしまう。

クランクシャフトの前端にダイナミックダンパーを装着するとエンジン全長が長くなり，エンジンの車載が難しくなる。そのうえゴムの部分の冷却にも気をつかわなければならなくなる。私はレース用NAエンジンでダイナミックダンパーを使うことには反対である。クランクシャフトの固有振動数を上げるなど，設計技術で対処すべきである。

例えば，クランクシャフトの固有振動数が500Hzだとする。エンジンが12000rpmで回っているとき，1秒間に200回転するので，200Hzの振動を回転の一次振動ということにする。この一次振動の2.5倍が500Hzだから，このクランクシャフトでは12000rpmで回っているときに回転の2.5次が同調し，ねじれ振動の振幅を大きくする。したがって，クランクシャフトの径を太くして固有振動数を550Hzとすれば，12000rpm時のねじれ振動を抑えることができる。この場合，回転の2.5次が550Hzとなるのは，エンジン回転数で13200rpmとなり，ここで共振が起こるはずであるが，ここまで回さないエンジンであれば，対策はこれで完了となる。

振動のいやらしさは，高速エンジンになるほど次から次へと共振点が入ってくることであり，ダイナミックダンパーなどの小手先の対策では解決できないことである。したがって，本質的な対策を根気よく行わなければならない。

そのためにも，まずエンジン全長をできるだけ短くして，かつ回転部分のイナーシャ

を小さくしておくなど，全体的にポテンシャルを上げておくことが前提である。動剛性の解析技術は，高回転化にとってきわめて重要な武器となる。

●シングルプレーンとダブルプレーンの燃焼間隔

　それでは，実際のクランクシャフトの設計について，V型8気筒エンジンの場合を例に取ってみてみよう。この場合，クランクシャフトの形式にはふたつのタイプが存在する。図7-8に示した，シングルプレーンとダブルプレーンがそれである。

　シングルプレーンのクランク軸は，直列4気筒と同様の形をしている。1番と2番気筒用，及び7番と8番気筒用のクランクピンがそれぞれ同位相で，それに対して3/4番と5/6番のクランクピンは180度位相である。これは，ひとつの平面上にすべてのクランクピンが位置している形なので，シングルプレーンまたは1プレーンという。

　一方のダブルプレーン方式は，それぞれのクランクピンの位相が90度ずつ，すべてズレている。クランクピンの位置はふたつの平面上に位置している。2プレーン，十字プレーン，クロスプレーンなどともいう。

　このふたつのクランク軸形式には，ファイアリングオーダーと振動特性の違いがある。まずファイアリングオーダーについて説明しよう。8つの気筒がどういう順序で燃焼行程を行うかについて示したのが図7-9である。

　なおV型エンジンでは，左右のバンク(気筒列)がオフセットしているわけだが，どちらが前方になるかによって気筒の番号づけが違ってくる。しかしそれは，根本的な機能に

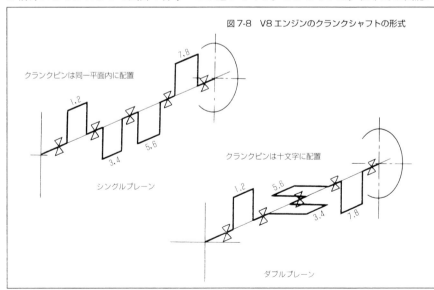

図 7-8　V8 エンジンのクランクシャフトの形式

クランクピンは同一平面内に配置

7.8

1.2

3.4　5.6

シングルプレーン

クランクピンは十字に配置

1.2　5.6

3.4　7.8

ダブルプレーン

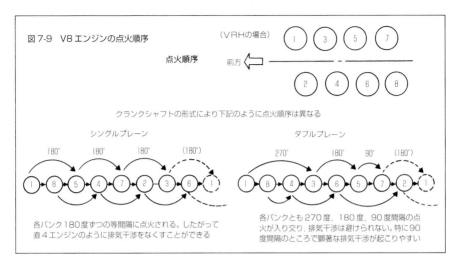

図7-9　V8エンジンの点火順序

（VRHの場合）

点火順序　前方

クランクシャフトの形式により下記のように点火順序は異なる

シングルプレーン

各バンク180度ずつの等間隔に点火される。したがって直4エンジンのように排気干渉をなくすことができる

ダブルプレーン

各バンクとも270度，180度，90度間隔の点火が入り交り，排気干渉は避けられない。特に90度間隔のところで顕著な排気干渉が起こりやすい

は影響しない。好みの問題で，私は「左前はよろしくない」という感覚から図のように右バンクを前にしている。またクランク軸がどちら向きに回転するかによっても燃焼順序が違ってくるが，これまたエンジンの機能としては変わるところがない。図ではエンジン前方からみて，クランク軸が時計方向の右回りとしている。

　さてこのエンジンで，クランク軸がシングルプレーン方式であった場合，燃焼順序は1→8→5→4→7→2→3→6となる。これを，たとえば右バンクの気筒列だけでみると1→5→7→3で，クランク軸の回転角度でピッタリ180度の等間隔に燃焼することになる。直4エンジンの1→3→4→2と同じだ。

　これなら，それぞれの気筒の吸排気の流れが他の気筒のそれを邪魔しない。とくにここで問題となるのは，高圧でバッと吐き出される排気ガスの方だが，ひとつの気筒の排圧が他の気筒の排気ガス流を抑え込まないように，排気管をレイアウトすることができる。つまり「排気干渉」がなく，さらに「慣性排気」の効果をうまく引き出すことができる。

　そしてVバンク角が90度であれば，片側の気筒列で進行する180度等間隔燃焼と同じことが，反対側では90度ずれて起こる。全体としては90度等間隔の燃焼となる。

　次に，このエンジンのクランク軸がダブルプレーン方式の場合，燃焼順序は1→8→4→3→6→5→7→2となる。これを，片バンクだけで見ると1→3→5→7になる。直4で言えば1→2→3→4に相当し，燃焼順序が前後に交互に振り分けられていないが，反対側のバンクでの燃焼があるので問題はない。問題となるのは燃焼間隔である。1→3では270度，3→5では180度，5→7では90度と不等間隔なので，排気干渉が起こってしまう。とくに5→7では90度と燃焼間隔が近いので，顕著な排気干渉が起こりやすい。

　ダブルプレーン方式では，ここに示した以外にも2種ほどのファイアリングオーダーが

あるが，不等間隔になることは避けられない。不揃いな燃焼間隔に対して「中間をとって180度間隔に合わせて排気管の長さを決めよう」としても，270度や90度のところでうまくいかず，効率のいい慣性排気はできない。

8気筒全体で見れば，このダブルプレーン方式でも90度ごとの等間隔燃焼になる。しかし排気系のレイアウトを考えると，片バンクだけで整然と等間隔燃焼をすることが重要だ。

左右のバンクをまたぐように，双方の気筒の排気管をレイアウトすれば排気干渉が避けられそうだが，長い排気管にしないとできず，燃焼効率を上げるべきエンジン回転数から求められる最適の排気管の長さは，そんなに長くない。排気抵抗も増え，非現実的だ。また，ターボユニットとの接続や，シャシーレイアウトの面からも，無理がある。一部の量産車にはそんな例も見られるが，レーシングエンジンでは，片側のバンクだけで最良の排気系レイアウトをするという原則は，絶対に守らなければならない。

こうしてみると，パワーを出すには明らかにシングルプレーン方式のクランク軸の方が有利である。実際にVRHではシングルプレーンだが，ダブルプレーン方式が存在するのは，振動面でのメリットがあるからだ。

●V型エンジンの振動

レーシングマシンであっても，振動は少ない方がいいのは前述したとおりだ。さてV型エンジンでは，直列エンジンとは違った振動特性がある。しかもクランク軸がシングルプレーンかダブルプレーンかによって振動特性が変わる。

Vバンク角を90度として，まずはシングルプレーン方式のクランク軸の場合から見てみよう。図7-10である。

ピストンなど往復運動部分が上下動すれば，その慣性力により上下振動が出る。ひとつの気筒で考えるなら，クランク軸が1回転するごとにエンジン全体が1度ガタンと揺すられるわけで，これを1次振動と呼ぶ。この1次振動は，クランク軸のカウンターウエイトや他の気筒で発生する逆方向の慣性力により，偶数気筒エンジンでは，理論的にはキャンセルされる。実際に発生する振動は理論どおりのきれいな波形ではないので完璧に消えるわけではないが，まずは「理論的に」キャンセルされるのだ。

ところがエンジン振動というのは，1次振動が一回起こるときには，必ずその整数倍の振動成分も発生している。現実には，いろんな波形のもの（さらに言えばいろんな方向のもの）が合わさった複雑な形態であり，その実際の振動を理論的に分類していくうえで先の1次振動があり，それに対応する別の振動成分もあるのである。

で，1周期のガタンという振動が起こるところには，その間にガタガタと2周期する振動成分もあり，これを2次振動と呼ぶ。さらに，偶数気筒エンジンでいえば，4次とか6次とかの振動成分もあるが，次数が増すごとに，加振力は急激に小さくなる。問題になるの

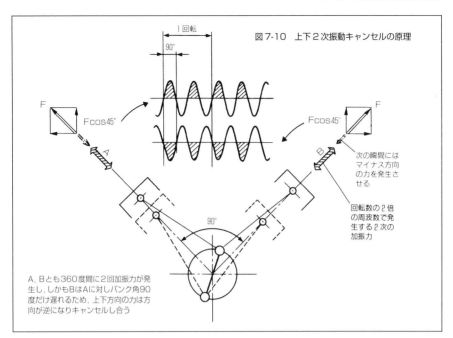

図7-10　上下2次振動キャンセルの原理

A、Bとも360度間に2回加振力が発生し、しかもBはAに対しバンク角90度だけ遅れるため、上下方向の力は方向が逆になりキャンセルし合う

次の瞬間にはマイナス方向の力を発生させる

回転数の2倍の周波数で発生する2次の加振力

は2次までだ。

　直列4気筒エンジンの場合、1次振動は理論的にキャンセルされるが、この2次振動は消えない。

　ここで話をV8エンジンに戻す。それぞれの気筒列のシリンダー方向に発生した加振力をベクトル分解し、左右気筒列の垂直方向のベクトルを合成したものが、エンジン全体の上下振動となる。シングルプレーン方式のクランク軸を見ればその形は直4と同じであり、直4同様に1次振動がキャンセルされる。

　またダブルプレーンのV8エンジンでは、Vバンク角が90度であれば、左右それぞれの気筒列の2次振動が互いを打ち消す。それぞれの気筒列は直4と同じように2次振動成分を生む要因は持っているけれども、そのタイミングが左右の気筒列で90度ずれていて、2次振動の1周期は180度だから、理論的にはゼロとなる。2次バランサー付きの直4エンジンと同等の振動の少なさと思ってもらえればいい。

　燃焼が等間隔になることと、この振動面から、V8では必然的に90度Vとなるわけだ。

　ただし、ここまでに述べた振動は上下方向のものである。カウンターウエイトの付いたクランク軸は回転運動をする。一方でピストンは直線運動だし、コンロッドは傾きながら動いているので、左右方向の振動が発生する。その左右方向の1次振動は、理論的には他の気筒との間でキャンセルされているのだが、2次成分についてはシングルプレーン

図7-11　シングルプレーン
のクランクシャフト

方式のクランク軸だとV8でも消えずに残る。

　これがダブルプレーン方式のクランク軸だと，すべてのクランクピンが90度位相でずれ
ていることから，左右方向の2次振動もキャンセルされる。もちろん，上下方向の1次と2
次，それに左右方向の1次もキャンセルされる。

　回転のスムーズさと振動に関してはダブルプレーン方式が優れていると言われている。
実際，アイドリングや低回転での走行ではとくにダブルプレーンの方が静かで，一般の
量産車用エンジンでは，フェラーリなど一部を除いてほとんどが採用している。

　レーシングエンジンの場合は，普通なら「パワー優先」だから，単純に排気干渉を避けら
れるシングルプレーン方式にするのかもしれない。しかし何度も述べているように振動
は少ない方がいい。ここのところの考察は入念に行う必要がある。

　確かにダブルプレーン方式では左右方向の2次振動も理論的にはキャンセルできるが，
左右方向の加振力に対しては，シャシーがしっかり抑えてくれるし，上下方向のような
サスペンションへの影響も少ない。またダブルプレーン方式のクランク軸では，1/2番用
と7/8番用のクランクピンが，あるいは3/4と5/6とが互いに逆位相で，これではエンジン全
体を回転させる方向の偶力振動が発生する。ダブルプレーンの方が静粛性に優れている
と「言われている」と記したのは，このあたりの問題があるからだ。カウンターウエイトで
のバランス率のとり方などはまだ研究の余地があるし，量産エンジンでも必ずしもダブ
ルプレーンが万能ではない，と私は考えている。

　総合的な振動としては，現状ではシングルプレーンの方が多いが，それでもなんとか
許せる範囲に収められるという結論に達し，VRHでは排気干渉を受けないシングルプレー
ン方式を採用した。

　その上で，クランク軸のカウンターウエイトでのバランス率を非常に大きくとるなど
で，振動低減とメインベアリングメタルの荷重低減の努力をしている。バランス率につ
いてはクランクウエブのところで説明するが，重要なのは上下方向の加振力を減らすと
いう考え方である。その他の振動は，各気筒の往復運動部分の重さを高い精度で揃える
などで低減する努力をすればいい。

●クランクジャーナル＆クランクピンの径と幅

　クランクジャーナルとクランクピンにかかる荷重を算出する。一方で，使用するベアリングメタルには，そこで受けられる最大許容荷重がある。ここから，かかってくる荷重を受けるべきベアリングメタルの面積が定まり，ジャーナルやピンの径と幅が決まっていく。

　メタル軸受けは，ボールベアリングやローラーベアリングなどのように金属接触しているわけではない。メタルと軸の間の油膜で，理屈の上ではフローティング状態である。しかし，荷重を受けても油膜が切れないためには，やはり一定の面積が必要だ。

　繰り返し発生する強大な燃焼圧力や慣性力で，メタルはドカンドカンと叩かれていて，微細に見れば金属接触している部分もある。だからこそクランク軸とは硬度の違う材質をメタルに使うのだ。このあたりの性能は，メタルによって当然違ってくる。油圧の設定など潤滑系の仕様にもよる。

　メタルの最大許容荷重を，たとえばピン部では$850kg/cm^2$が，ジャーナル部では$630kg/cm^2$というように算出する。現実にこのくらいが限度だろう。そこから，それぞれの必要なメタル面積が得られる。あとはそれを径と幅でどう分担するかを考える。

　もちろん，一定のマージンが必要である。耐久レース用エンジンの方がスプリント用より多くのマージンを必要とするのは言うまでもない。また，そのエンジンの潤滑状況が悪いほど，クランク軸やシリンダーブロックの剛性が低いほど，多くのマージンを設定しなければならない。

　さて，メタル受圧面積の確保は，ジャーナルやピンの軸径を細くしながら，軸長(メタル幅)を長くして面積をかせぐこともできるが，軸径を細くするほどクランク軸の剛性が低下する。ここで軸部に曲がりが生じると，図7-12のようにメタルが片当りとなってしまう。想定した受圧面積よりずっと少ない面積で荷重を受けることになり，極端な場合はほとんど線で当たる。これでは，いくらスタティックな状態でのメタルの面積を計算していても意味がなくなる。

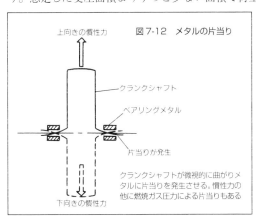

図7-12　メタルの片当り

上向きの慣性力

クランクシャフト

ベアリングメタル

片当りが発生

下向きの慣性力

クランクシャフトが微視的に曲がりメタルに片当りを発生させる。慣性力の他に燃焼ガス圧力による片当りもある

　ここで，クランク軸の変形による当たり幅減少への対応としてメタル幅のマージンを多くしていくのは，エンジンの長さなどにムダを生むだけでなく，マージンを理論で計算できない。理論的にきちんとツメていくには，一定の剛性が必要である。

軸長を長くしてメタル面積をかせぐ考え方は，高性能エンジンには向かないとはいえ，径を大きくし軸長を短くしすぎるのも問題だ。軸径を大きくすれば，クランク軸の剛性は上がるが，一定以上にメタル幅が狭くなり，潤滑油が逃げやすくなってしまう。これが問題となるのはクランクピンである。ピンの径が大きくなればその周長が長くなり，ピンの油穴から吐出された潤滑油が摺動方向に向かって1周する前に，脇から吹き出てしまうのだ。潤滑油を抱え込んで直接的な金属接触を避けるには，ある程度の幅が必要である。

　ジャーナル部の方は，メタルの使用状況がコンロッド大端部ほど厳しくないので，径を大きくしてもピン部ほどには油膜保持の難しさがない。この部分には，メインギャラリーからクランク軸内部の通路へオイルを送り込む仕事もあるので，ベアリングの中央に全周にわたって溝が切られているからだ。しかし，あまり径を大きくすると，別の問題が起こる。同じ回転数でもジャーナルの径が大きいほど，その外周部に働く遠心力が大きくなり，シリンダーブロックのメインギャラリーからこのジャーナル部にある油穴へ潤滑油が流れ込むのを，遠心力が邪魔してしまうのだ。

　ジャーナル部にしろピン部にしろ，軸径が大きいほど，その周速，表面を摺動するメタルの速度が速くなる。すると潤滑油を引きずる抵抗が増し，それが回転中心からより遠いところに働くから，フリクションが増大する。油膜切れも起こしやすくなる。

　径と軸長のバランスが重要というわけだ。それでも，考え方としては径を大きくする方向である。とくにクランクピンは，可能なだけ大きなサイズになる。

　同時に，荷重をなるべく小さい受圧面積でまかなえるように，最大許容荷重の大きいメタルを採用する。VRHのメタルでは，裏金(バックスチール)を厚めにし，ここにケルメットを焼結させたものを使った。ケルメットとはいっても，量産用とは銅と鉛の配合比率が違う。馴染み性能などは低いが，厚い裏金と一体になって剛性が非常に高く，瞬間的に大荷重がかかっても変形しにくいメタルである。そして，その機能をギリギリのところまで効率よく使いきるようにしていく。量産エンジンではメタルの最大許容荷重の10分の1くらいのところで使っているが，各部品の製作精度を高くとれて，使用状況を厳密に管理できるレーシングエンジンでは，そんなムダはしない。

図7-13　メインメタル
　　　とコンロッドメタル

左2枚がメインメタル。中央に油溝と油穴が見える。右2枚がコンロッドメタル

●クランクシャフトの剛性

　同じ速度で動いた場合，そのモノの質量が小さいほど剛性や強度の面では有利だ。だからといって，クランクシャフトの肉厚や軸径を減らせば剛性や強度が下がる。また，フライホイールの重さを加減したりして，クランク軸のねじれ振動のストレスの集中点を強度的に余裕のある部位へもっていけば，同じねじれによる力がかかっても強度の高いものとなる。しかし，こうしたバランスを考察するのは，複雑な形状をしたクランク軸では非常に難しい。そこで過去には，経験と勘にたよって設計していたのである。

　しかしそれではムダが多く，リスクも大きい。必要な剛性と強度を確保しながらゼイ肉を徹底排除するには，有限要素法などを用いたシミュレーション解析が不可欠だ。

　有限要素法とは，加えられた力に対して応力がいかに分散していくか，どのようにモノが変形していくかなどを，微細な三角形の単位で計算しながら連続させて全体の計算値を出す方法である。有限要素法自体は，1945年にボーイングのエンジニアたちが発明した手法で，当時は手動計算機でやったが，現在ではもちろんコンピューターの力をフルに使って行う。

　クランク軸の各部のサイズが，その剛性にどう響くかについて考えてみよう。

　一般的に言って，クランク軸のねじれ剛性は，前にみたようにクランクジャーナルやクランクピンの径の4乗に比例して高くなる。少し径を太くするだけで，大幅に剛性が向上するわけで，軸径を大きくすることの重要さがここにある。反対に，この軸部の長さが長くなるほど剛性が低下する。

　次に，オーバーラップの寸法が大きいと，クランク軸の剛性と強度は著しく向上する。量産エンジンでは一般にピストンストロークが大きく，ジャーナルやピンの径も細いので，オーバーラップは少ないが，しかしレーシングエンジンではオーバーラップがきわめて大きく，この部分でかなりの剛性をかせいでいる。

　もっとも，軸径が大きくなるほどフリクションで損をするので，そのあたりの兼ね合いがノウハウとなる。とは言え，ひとつのエンジンで得られたバランス値がほかのエンジンにも通用するとは限らない。たとえば，使用回転域が高くなるほど，フリクションが大きくなる。新しいエンジンでは新たなるバランシングポイントの考察が必要だが，それも広い意味でのノウハウをもとに理論解析すれば，解決への道は早い。

　クランクアームの角部分の削ぎ落としは，図

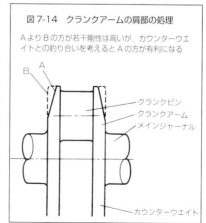

図7-14　クランクアームの肩部の処理

AよりBの方が若干剛性は高いが，カウンターウエイトとの釣り合いを考えるとAの方が有利になる

クランクピン
クランクアーム
メインジャーナル

カウンターウエイト

7-14のAよりBの方が剛性的に有利なのは，見た感じでもわかると思う。ただし，ここの削ぎ落とし方を工夫して得られる剛性の向上度合は小さく，せいぜい10％程度。オーバーラップ部などでしっかり剛性を確保している場合はその比率がもっと小さく，ほんの数％でしかない。重量削減のために思いきりよく削ぎ落とす方がいいと思う。

このほかクランクウエブの厚さと幅も，剛性に影響する。しかしウエブを厚くすれば，エンジン長が長くなるしクランク軸も重くなる。やはり基本は，ピンやジャーナル部分と，そのオーバーラップ部分で剛性をかせぐ考え方であろう。

剛性面からのピンやジャーナルのサイズは，先に述べたベアリングメタルの幅×径の問題と，相互に循環するようにして考察を繰り返すことになる。

なお，曲げやねじれの剛性を高くするために，クランク軸でもクランク軸中央から動力を取り出す方式もある。こうすればクランク軸は中央で2分割され，半分の長さでの剛性を考察すればいい。直4やV8はともかく，クランク軸が長くなりがちな多気筒エンジンではこうした実例もあるが，シリンダーブロックを2分割するので，複雑なものとなるし，その剛性確保も困難だ。またクランク軸中央にギアを設けるので，クランクジャーナルの数もひとつ増し，エンジン長も長くなる。FFの横置きエンジンならメリットもあるが，レーシングエンジンでは総合的に見てマイナス要素の方が多いと思う。

●クランクウエブ

クランクウエブの厚さは剛性面のみならず，バランスウエイトの慣性質量にも影響する。ウエブの，クランクシャフト中心からクランクピンと反対側の部分は，カウンターウエイトとなる。

カウンターウエイトは回転運動しながら，往復運動部分の慣性力を打ち消すように作動する。左右方向はそうはいかないが，往復運動系の慣性力にちょうど見合うだけの力を発生するようにカウンターウエイトを設定した状態を100％としたのが，バランス率である。

しかし現実には，100％のバランス率にすることはない。カウンターウエイトを重くすればクランク軸も重くなり，左右方向の加振力が増す。その加振力は，エンジン全体としては他の気筒の逆相の加振力でキャンセルされるが，メインメタルの横方向(上下の合わせ面があって弱い部分)に力をかけてしまう。一般的な量産の直4シングルプ

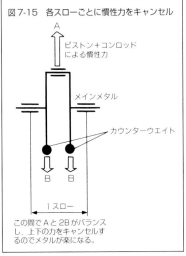

図7-15 各スローごとに慣性力をキャンセル

ピストン＋コンロッドによる慣性力

メインメタル

カウンターウエイト

1スロー

この間でAと2Bがバランスし，上下の力をキャンセルするのでメタルが楽になる。

レーンクランクのエンジンでいえば，50〜70％ほどのバランス率である。不足分は，他の気筒の慣性力を利用しエンジン全体として帳じりを合わせている。

量産エンジンでのカウンターウエイトの主な役目は，低周波の加振力を低減して静粛性を向上させることだ。レーシングエンジンでは各スロー（ジャーナルとジャーナルの間）ごとの中で，慣性力を打ち消して軸受け荷重を減らし，クランクを曲げようとする力を少なくするねらいがある。往復運動部分が生む加振力への対処を，他のスローに頼るのではなく，スローごとに解決していこうという考えである。

これによって，スタティックに設定したメタルの受圧面積をフルに活用する。つまり，メタルの負担を低減するのだ。耐久レース用エンジンではとくにここが重要である。バランス率を70％くらいにすると，メインメタルが破損することがある。

メインメタルは燃焼圧力によるガス力そのものなど，本来の荷重を支えなければならないが，それ以外の加振力などをまかなう余裕がない。そこまで限界を追求しなければならないのだ。VRHでは，90％程度のバランス率に設定して，メインメタルに余計な負担をかけないようにしている。こうすることが，振動を低減することにもなる。

ウエイトを重くするのだから，メインメタルの横方向にかかる力は増す。しかしレーシングエンジンのメタルは，クランクが曲がったりせずにまともに荷重がかかる分にはヘコタレない性能を有している。強大な燃焼ガス力が発生しているのであり，それに耐えるだけのメタル性能からすれば，ここでウエイトを重くしたために増す分の荷重など，平気なのだ。

もちろん，単にカウンターウエイトの肉を増すのではなく，クランクピンと正反対の位置に近いところを重くすることが，往復運動部分の慣性力を打ち消すには有効だ。また，ウエイトがクランク軸の中心から遠いほど，その距離の2乗に比例して効果は大きくなる。もっとも，スペース的にウエブの形状には制約があるので，効率を追求した結果は図7-16のような扇型になる。さらに効率を上げるために，カウンターウエイトの端のところに穴を開け，タングステンなどの比重の大きいものを別に埋め込む手法もあるが，加工技術の問題や，遠心力による付加ウエイトの脱落に対する信頼性などから，現在のところ採用しにくい。

さらにウエイトの効率を上げ，カウンターウエイトの効果を維持

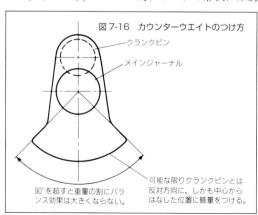

図7-16　カウンターウエイトのつけ方

クランクピン

メインジャーナル

90°を超すと重量の割にバランス効果は大きくならない。

可能な限りクランクピンとは反対方向に，しかも中心からはなした位置に質量をつける。

しながら，クランク軸の重量を軽くする努力をすべきだ。フライホイール効果はどのみち同じで，これはバランス率を上げれば大きくなってしまうが，それよりもメタルの負担と振動の低減を優先する。しかしこれも，往復運動部分の慣性質量を減らすことができれば，必要なウエイトを少なくすることは可能である。

7-2　ピストン

レーシングエンジンでは，徹底して吸入＆燃焼効率を追求しているので，一般量産エンジンより燃焼ガスの温度も圧力も高くなる。これがターボエンジンとなると，なおのことだ。VRH35の場合，予選時などは燃焼ガスの圧力が200kg/cm²くらい，温度は2500℃くらいにもなる。

ピストンは高温高圧に耐える強度を備える一方で，往復運動を繰り返す部品だから，可能な限り軽くしなければならない。ここに働く加速度は，比較的低い回転域で使用するターボエンジンでも3500Gくらい。NAエンジンでは6000Gにも達するものもある。ピストン重量の1gの差が何千倍にもなって，コンロッドやクランクシャフトに影響を及ぼすことになる。

レーシングエンジンのピストンに対する要求は非常に厳しいので，量産エンジンによくあるような鋳造品では通用しない。やはりアルミ合金の鍛造品である。新素材ということでは，ピストン冠部にセラミックを溶着する手法もあり，確かに耐熱性は高いが熱はけが悪いのでノッキングを起こしやすい。

また，ピストン材そのものを強度の高いFRM(カーボンやセラミックの繊維を混ぜ込んだアルミ等の金属)にする方法もあるが，これも繊維材とアルミの熱膨張率が違うとか，繊維材の熱伝導率の低さとかの問題から，使う気になれない。今のところは奇をてらうよりも，ストレートな手法がいい。

鍛造製作では，鋳造ほど肉厚の薄い部分をつくりにくいので重くなる傾向がある。しかし，あとの加工でひとつずつムダ肉を削り取る作業をすれば済むことだ。

ピストンのスカート部は，量産エンジンと較べれば2割ほど短い。長くすればピストン打音が減少するが，強度的に問題はないので，短くして重量を軽減する。側圧がかからないピストンピンボス方向は，リング溝付近までバッサリとスカートを排除する。そうし

図7-17　VRH35用ピストン

た結果，VRHはターボエンジンなので自然吸気エンジンのピストンほど軽くはないが，ピストンピンとサークリップを含め1個で400g程度というレベルになっている。これが1個あたり100馬力以上を負担するピストンの重量である。そして，各シリンダーごとのピストンの重量を1g以内の差に収めている。クランク軸の運動バランスを向上させるためだ。

　こうして軽く強度の高いものにすると同時に，いかにして高い冷却性能を与えるかが重要なポイントとなる。

●クーリングチャンネル

　燃焼ガスの温度が2500℃くらいになるといっても，そのままピストンに接する温度になるわけではない。アルミの溶解点は600℃ほどであり，それでは溶けてしまう。ピストン冠部（ピストンクラウン）の表面にごく近いところには境界層があり，高温の燃焼ガスが直接に触れるわけではない。入念に冷却への配慮をしたVRHでも，ピストン冠部は300℃にもなってしまう。

　アルミ材の溶解点以下でも，400℃とか500℃にまで温度が上がれば，急速に強度が低下してしまう。しかも，その温度が上がりやすい状況こそが，強大な力を受けるときなのである。

　ところがピストンは，シリンダーヘッドやシリンダーライナーのように，冷却水で直接冷やすわけにはいかない。ピストンからの熱の逃げ道は基本的に3とおりある。ピストンリングからシリンダーライナーへと伝わる分，潤滑油，それに吸入混合気だ。これだけで，なんとか一定温度以下に保たなくてはならない。

　吸入混合気での冷却には，単純に吸気とピストンの温度差で熱が移動する部分と，吸気中のガソリンの滴が気化するときの気化潜熱による部分がある。

　吸気ブランチ内に噴射されたガソリンは，そこですぐに気化するわけではない。気体

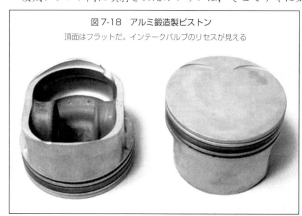

図7-18　アルミ鍛造製ピストン
頂面はフラットだ。インテークバルブのリセスが見える

ではなく，液体のまま燃焼室に入ってしまうものが70％くらいあり，その滴が高温のピストン冠部に当たって，気化する。このときに気化潜熱として，ピストン冠部から熱を吸収する。これによる冷却効果は大きく，また特別な機構もいらない。そこで量産車のターボエ

ンジンなどでは，燃焼のために必要な量よりも多いガソリンを供給し，この気化潜熱による冷却性能を向上させているものも見られた。

　ただしレーシングエンジンでは，そんな余分なガソリンを供給することはできない。つまり，気化潜熱による冷却は確かにあるけれど，燃焼効率を追求する過程で，結果的に冷却される以上に依存するわけにはいかない。

　となれば，残る冷却手段は潤滑油に頼るしかない。クランクケース内に飛び回っているオイル粒子による冷却や，コンロッド大端部に油穴を開けて，そこから吹き出すオイルをピストンの裏側に当てて冷却する手法だけでは不足だ。ここに積極的にオイルを流し込んでやる手法が必要となる。そのシステムを説明しよう。

　ピストンで積極的な冷却が必要なのは冠部付近で，せいぜいコンプレッションリングのあたりまでだ。そこでピストン冠部直下の，コンプレッションリング用の溝の裏あたりに，ぐるりと全周にわたって空洞を設けている。これがクーリングチャンネルだ（図7-19参照）。

　クーリングチャンネルは，鋳造品なら砂の中子を使って一体製作する方法もあろう。しかし鍛造ピストンでは，中空部分の型抜きなどできない。そこで図のように，まずピストンをふたつの部品に分けて鍛造で製作し，その双方を電子ビーム溶接で一体化するという手法をとっている。

　電子ビーム溶接というのは一種の電気溶接みたいなもので，細く絞った電子ビームを対象物に当てる。鋭い電子ビームが母材を深く溶かし込みながらも，その局部だけの温度を上げる。溶接するモノの広い範囲を高温にしないから，母材を歪ませたり強度を下げたりなどの影響が少ない。作業は真空状態の箱の中で行う。もともとはロケットの胴体部分を製作するのに開発された技術である。

　仕上がったピストンは，切断してみても，よく見なければ溶接部分がわからないほど

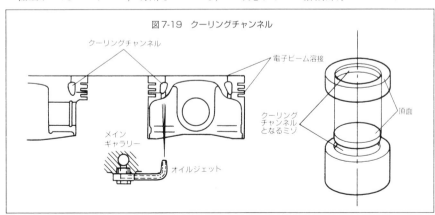

図7-19　クーリングチャンネル

クーリングチャンネル

電子ビーム溶接

クーリング
チャンネル
となるミゾ

頂面

メイン
ギャラリー

オイルジェット

接合部が一体になっている。だから、ここに応力が集中することはなく、強度的な問題がない。

　クーリングチャンネルには、吸気側と排気側にひとつずつ、計2ヶ所の穴が下向きに開いている。オイルは吸気側から吹き込まれ、ピストンの上下動でシェイカーのように揺すられながらクーリングチャンネルを通り、反対側の穴から排出される仕組みだ。

　その穴にオイルを吹き込むのが、図7-19にあるオイルジェットノズルである。これは、エンジン各部にオイルを供給する大動脈、メインギャラリーに

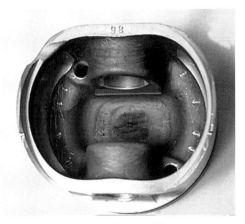

図7-20　ピストンの裏側
オイルジェットが噴入する穴が左上に、クーリングチャンネルを通りピストンを冷却した後オイルを排出する若干小さな穴が右下に見える

直接つながっている。メインギャラリーはシリンダーブロックのVの谷間に通っていて、ここにノズルを付ける関係から吸気側の穴に吹き込むわけだ。

　メインギャラリーの油圧は8kg/cm²という高圧で、オイルがノズルの先端から吹き出される。その噴流がピタリと目的の穴に命中するように、ノズル先端の穴の大きさを工夫してある。穴を大きくしても噴射されたオイルが霧のように飛び散ってしまえば、結局チャンネル内に飛び込む量が少なくなる。オイルを受ける穴の方も、ノズル方向に向けて高い精度で加工してある。

　またノズルの先端からクーリングチャンネルの穴までの距離が近ければ、オイルはうまく穴に入りやすいので、ピストンが下死点のときにはギリギリまで近づいてピストンスカートが被るくらいの位置に、ノズルを設置する。ここからピストンが離れる距離は、最大でもストローク分の77mmでしかない。このくらいの寸法であれば、100％とまでは言わないが、噴射されたオイルの大半がチャンネル内に吹き込まれる。なお、ノズルはメインギャラリーに直結しているから、オイルは常に吹きっぱなしだ。

　絞られているノズルの先からオイルは、高圧で吹き出される。その噴射量は、1気筒あたり毎分1.8リッターにもなる。大量にオイルを噴射するにはオイルポンプの容量を大きくする必要があるが、それだけ冷却が重要だということだ。

　ピストンにしても、クーリングチャンネルを設ければ10％ほど重くなるけれど、それを負担してでも、とくにターボエンジンでは冷やしたい。それでも、ピストン冠部は300℃くらいになるのである。

　自然吸気エンジンでは燃焼ガスが生む熱の量がターボエンジンより少ない上に、高回

転まで回すのでピストンの軽量化は大問題である。クーリングチャンネルを設けずに，単にオイルジェットノズルから吹き付けるだけでいい場合もあろう。

7-3　ピストンリング及びピストンピン

●リングのフラッタリング

　高速化をしていくことにより主運動系の慣性力が増大し，ピストンリングのフラッタリングが心配になってくる。

　フラッタリングは，ピストンの上下動によりピストンリングがリング溝のクリアランスの中間位置に浮き上がり，結果としてガス漏れを起こすことである。正常時にはピストンリングは溝の上か下に密着しているが，フラッタリングが発生すると，図7-21の右側のように宙ぶらりんの状態となる。

　フラッタリングについては，まだ完璧に解析されているわけではない。現象として，とくに圧縮行程の中頃からピストンが減速に入ると，ピストンリングが浮き上がり，ガス圧が抜け，ブローバイが急激に増え，エンジンパワーが落ちることが分かっているだけだ。各行程でどの程度のフラッタリングが起きており，その影響がどのように出ているのかについては，まだよく分かっていないのが現状であるが，フラッタリング現象がなぜ発生するかを，もう少し突っ込んで見てみることにする。

　ピストンリングのフラッタリングはブローバイを増大させ，エンジンオイルを稀釈させ，潤滑に支障をきたす。もちろん，これが起こると出力も不安定になる。実用エンジンでは，一般に圧縮時の圧力が低い部分負荷時に発生しやすいが，高速エンジンではピストンリングの慣性力が大きくなるため，負荷とは無関係に起こることを覚悟しなければならない。

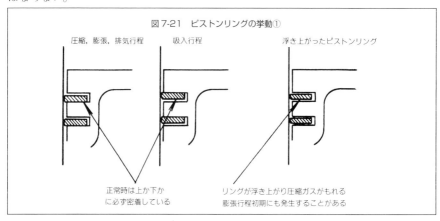

図7-21　ピストンリングの挙動①

圧縮，膨張，排気行程　　　吸入行程　　　　　　浮き上がったピストンリング

正常時は上か下か
に必ず密着している

リングが浮き上がり圧縮ガスがもれる
膨張行程初期にも発生することがある

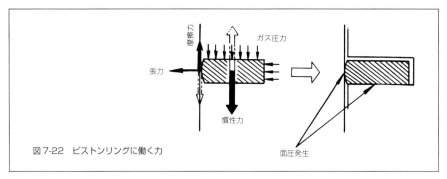

図7-22　ピストンリングに働く力

（図中ラベル：摩擦力、ガス圧力、張力、慣性力、面圧発生）

　図7-22のように，膨脹行程と圧縮行程では，ピストンリングには下向きのガス圧力が加わるが，排気行程でもわずかなガス圧が残っている。吸入行程中は負圧が発生してガス圧は上向きに働く。摩擦力は，ピストンの運動方向と逆に働く。また，慣性力は加速度と逆方向に作用する。このガス圧，摩擦力，慣性力の3つの力の総和が，ピストンリングをリング溝の上か下のどちらかに押し付け，ピストンリングとリング溝との隙間を通って逃げるガスをシールしている。一方，ピストンリングとシリンダーとの間のガスシールは，ピストンリングの張力と，その背面に働くガス圧によって行われている。

　正常な状態では，図7-23の上側のように，ピストンリングはリング溝のどちらかに押し付けられている。しかし，パタンパタンときっちり上下動をしているのではなく，微視的には，二点鎖線部の⒜や⒝のようにリング溝の中間位置にピストンリングが存在する箇所がある。吸入負圧（負荷）や回転数により，⒜や⒝部の点線の勾配は異なるようだ。また，ピストンリングの上下面にはエンジンオイルが塗られたように付いているため，オイルの付着力（剪断力）によっても動き方が違ってくる。このオイルの付着力がフラッタリングを起こしにくくもしている。

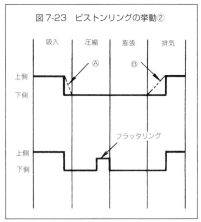

図7-23　ピストンリングの挙動②

（図中ラベル：吸入、圧縮、膨張、排気、上側、下側、⒜、⒝、フラッタリング）

　図7-23の下側のように，回転数が高くなると，圧縮行程中の終わり近くなって，ピストンの動きに急激なブレーキがかかるため，慣性力がガス圧と摩擦力に打ち勝ってピストンリングは宙ぶらりんの状態となる。高速になるほどフラッタリングの始まりが早くなり，また，アクセルのパーシャル時には圧縮圧力が低いため，さらに起こりやすくなる。

　フラッタリングが起こることによって，ブローバイが約3倍に増えることもある。また，ボアの変形があるとピストンリングの追従性を

損ない，ブローバイ量を増大させる。上下方向に変形があると，リングがこれになぞって動けないことがある。

　フラッタリングを防ぐには，まずピストンリングをできるだけ軽くすることだ。現在はスチールにメッキを施したものを使用し，そのピストンリングの厚み(本当は幅と呼ぶ)はわずか1〜1.2mmであるが，さらに小さくすることも可能であろう。鋳物のピストンリングの場合は張力を確保するために2mmほどの厚さが必要であった。さらに軽くて耐摩耗性にすぐれた材料がピストンリングに使えるようになれば，さらにフラッタリングを防ぐことができる。

　フラッタリングによるガス抜けを防ぐには，量産エンジンと同じ3本リングが無難である。図7-24に示すように，トップリングがガスシールをしている最中，セカンドリングにはあまりガス圧がかからず浮いた状態となっているが，トップリングがガスを遮っているので問題はない。もし，トップリングにフラッタリングが発生してガス漏れを起こすと，そのガス圧がセカンドリングの上面にかかって©部を下へ押し

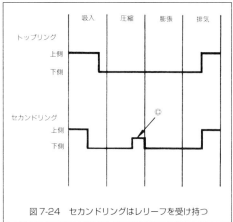

図7-24　セカンドリングはレリーフを受け持つ

下げ，リング溝にセカンドリングが密着してガス漏れを防ぐのである。

●ピストンリングの設計

　ターボエンジンでは燃焼ガスの圧力が高いので，3本リング方式となるのが普通である。つまり，コンプレッションリングが2本，オイルリングが1本の計3本であり，一般乗用車のエンジンと同じだ。

　しかし自然吸気エンジンでは，これほど燃焼ガスの圧力が高くないから，コンプレッションリングを1本にする2本リング方式も考えられる。リングが1本減れば，フリクションを少なくでき，ピストンピン中心から上の高さ(コンプレッションハイト)を小さくできるので，その分ピストンを軽くでき，エンジン高も多少は低くなる。少ない財源(吸入できる混合気の質量)を極限まで有効に使わなければならない自然吸気のレーシングエンジンでは，2本リング方式が有利である。さらには，コンプレッションリングとオイルリングを1本で共用する1本リング方式も可能だと私は思う。

　なおVRHのピストンでは，トップリングの上部に細い溝を設けてある。これはリングを入れるのではなく，単なる溝だ。しかし，その溝部がガスを抱え込む作用があるので，

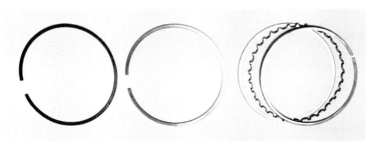

図7-25　ピストンリング
左からトップリング，セカンドリング，組立式のオイルリング

ここでも多少のガスシーリング効果がある。いわゆるラビリンス効果だ。

トップリング付近のピストン温度は220℃以上にもなる。ここの部分でリングからシリンダーライナーへ熱をうまく伝えてやることが重要だ。ピストンの側面は，リング付近ではライナーから若干浮いた状態であり，熱はリングを通って逃げていくしかない。この熱はけへの考慮から，リングはとくに薄くしない。薄くすればフリクションが低減されるが，そこで得られるメリットより熱はけの方が重要である。

VRHのコンプレッションリングは1.2mm厚だ。トップリングとセカンドリングは，スチール製である。オイルリングはスチール製の組立式でも一体式でも成立する。このあたりは一般市販車のエンジンと同じだ。

問題なのは，デリケートなアルミ製シリンダーライナーとの馴染みやすさ，相性である。金属同士が摺動し合う部分では相性が悪いと，互いに相手を攻撃し合ってしまう。ライナーと喧嘩しないように，リングの摺動面にはメッキを施すのが普通だ。市販車ではニッケルやクロームのメッキを施す(何もメッキしていない場合もある)が，鉄製ライナーとの相性を考えてのものだ。

アルミライナーに同様のメッキ処理をしたリングを使ったのでは焼き付きやすくなる。ライナー側にはニカジルメッキが施されていて，ニッケルなどは同系の素材だから喧嘩しやすいのは当然だ。クロームではアルミライナーに対して硬すぎる。結局，どんなメッキを施すかはライナーとその摺動面の材質次第なのだが，窒化金属のようなメッキが効果的なようである。

●ピストンピン

ピストンピンの材質は鉄系の特殊鋼である。この特殊鋼はスチールをベースに，ニッケルやクローム，モリブデンなどを少量添加したものであるが，ピストンピンの素材としてはとくに変わったものではない。ただ，その素材の不純物の混入度合を，量産エンジンに比較してずっと低いレベルに抑え込んでいる。

図7-26　VRH35用ピストンピン

　素材自体は一般的でも，その形状を工夫することで可能な限り軽量化している。ピストン同様に完全な往復運動部分だから，1gでも軽くしたい。しかし，ピストンが受けた燃焼ガスの強大な力をそのまま受けるので，十分な強度を確保する必要がある。ピストンピンにかかる応力は50kg/mm²を超える。軽量かつ高い強度を得るため，形状は短く，太く，そして中心に開ける穴の径は大きく，ということになる。その肉厚をあまり薄くすると大荷重により座屈してしまうので，大径化にも限度がある。

　ピストンピンの素材を，鉄系ではなく別のものにすれば，もっと軽くできる可能性がある。しかしチタンでは，確かに比重は小さいがヤング率も小さいので，結果的にはあまり軽量化にならない。注目すべきは軽くて強いセラミックだ。理論的には鉄系よりも20％以上軽くできる。

　しかもピストンピンに連結するコンロッド小端部は，大端部と同様の大きな荷重を受けているのに，大端部のように直接油圧をかけて潤滑できない。飛散するオイル粒子で潤滑されているだけであり，焼き付かないのが不思議なくらいだ。焼き付かなくても厳しい条件下にあることは確かで，ピストンのピンボスや小端部に嵌合する部分に焼き付きの兆候が見られることはよくある。これがセラミックだと，ぐっと楽になる。耐熱性よりも，それが自己潤滑能力を持った素材であるからだ。

　セラミックを使用する場合には，ピストンの素材であるアルミ合金への攻撃性が問題となる。セラミックの硬度は高いので，アルミが負けてピンボス部分が摩耗してしまうのだ。現状の技術でもスプリントレースなら十分に使えるが，耐久レースでは少々不安が残る。それでも，アルミへの適合性や潤滑性能などの改良は進んでいるので，セラミック製ピストンピンを使用する日が，近い将来に必ずやってくるだろう。

7-4　コネクティングロッド

　コンロッドには，強大な圧縮と引っ張りの両方の応力が働く。まず燃焼ガス力で強烈に圧縮され，ピストンの激しい往復運動による大きな加速度が生じて，これが強い引っ張り応力を生む。

●ピストンに加わる力とクローズイン対策

　ピストンに加わる往復方向の加速度を，ストロークが46mm，50mm，54mmの場合について求めると，図7-27のようになる。慣性力は，これに質量をかければ求めることができ

る。加速度は，回転の2乗に比例して増えるため，12000rpmに比べ，その半分の6000rpmで加速度は1/4に，逆に14400rpmでは12000rpm時の44％増しとなる。

　ストロークを50mmとすれば，12000rpmで加速度は約4000Gとなる。4000Gというのは，1グラムの質量が4kgfの力を発生させることだ。これが慣性力である。14400rpmまで回転が上がると，加速度は4000G×1.44＝5760Gとなり，先ほどの慣性力はおよそ5.8kgfとなる。

　ここで，ピストンの重さ（ピストンピンを含む）を300g，コネクティングロッドの重さ（ボルトとブッシュを含む）を400gとすれば，14400rpmでの慣性力は4t（トン）f以上にもなる。

　ピストンやロッド部の往復慣性力により，コネクティングロッドの大端部は変形し，コネクティングロッドボルトの折損や，クローズインによるメタルの局部当りが起き，焼き付きを起こす。この慣性力はエンジンのオーバーランによって過荷重となり，瞬間的に破壊するなど，エンジン

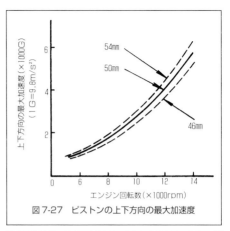

図7-27　ピストンの上下方向の最大加速度

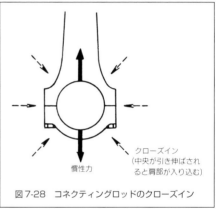

図7-28　コネクティングロッドのクローズイン

にとって致命的なトラブルに至る危険性を常に含んでいる。

　コネクティングロッドのピストンピン側は往復運動をしている。その往復質量は，コネクティングロッドの質量の1/3～1/4である。一方，残りの質量はクランクピンで拘束され，大端部の中心は図7-29のような円運動をしている。この部分の質量が遠心力を発生させる。

　またピストンに加わるガス圧は，各行程，クランク角によって変化している。圧縮行程と燃焼・膨脹行程では，ピストンにガス圧がかかるが，排気行程ではほとんどガス圧はかからない。また，吸入行程では空気を引っ張り込むため，力は逆向きに作用する。コネクティングロッドが揺動するため，上下方向の力だけでなく横方向や斜め方向へ力が振り分けられる。当然，これにコネクティングロッド大端部の遠心力が加わる。

　図7-29は，クランクピンに働く力の大きさとその方向の変化を示したものである。この

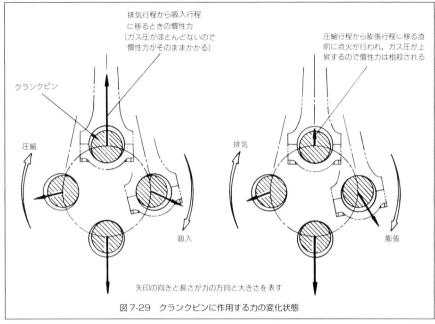

図7-29　クランクピンに作用する力の変化状態

ように，コネクティングロッド大端部のメタルとクランクピンの当たる箇所は，エンジンの回転にしたがってゴリゴリと移動している。

　普通，ガス圧がかかっているときには慣性力と相殺されトラブルは起きにくい。負荷がかかっているときの圧縮行程終わりでは，図7-30のように力が相殺されるので，コネクティングロッドメタルに加わる力はその分，低減する。上死点近くにおいて2回に1回は力が軽減されるので，ベアリングメタルには休む機会が与えられるのである。

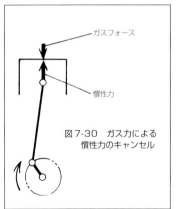

図7-30　ガス力による慣性力のキャンセル

　危険なのは，アクセルを戻してエンジンブレーキをかけた際，オーバーランを起こし，コネクティングロッドを強引に引っ張ろうとする力が働いたときで，コネクティングロッドメタルの焼き付きや，コネクティングロッドボルトの折損を起こすなどのトラブルが発生しやすい。

　吸入行程が始まる直前の排気行程終了時の上死点では，ピストンにガス圧がかかっていないので，ガス圧による力の相殺はなく，上向きに強大な慣性力が発生する。コネクティングロッドのキャップはまともにこの力を受ける。そのため，クローズインが

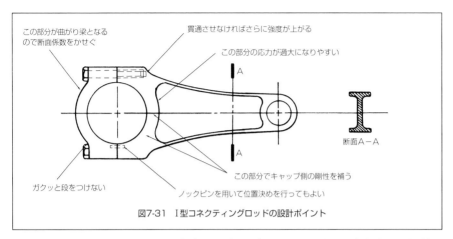

この部分が曲がり梁となる
ので断面係数をかせぐ

貫通させなければさらに強度が上がる

この部分の応力が過大になりやすい

A

断面A-A

この部分でキャップ側の剛性を補う

ガクッと段をつけない

ノックピンを用いて位置決めを行ってもよい

A

図7-31　I型コネクティングロッドの設計ポイント

起こるのだ。これを防ぐためには大端部の剛性を高める必要がある。慣性力は回転数の2乗に比例するので、高速エンジンの設計ではとくに慣性力の対策が重要な問題となる。

　クローズインの対策を考える場合、キャップ側の強度を上げるには限界があるため、ロッド側の大端部の剛性を利用するようにする。図7-31のようにロッド側の剛性を確保して、これにベアリングキャップボルトで強固に締結する。コネクティングロッドボルトには、金属の繊維の流れを切らずに済む転造ネジを使うとよい。位置決めに用いるノックピンは、バネ鋼で作ったスプリングピンが私は好きだ。ソリッド状のノックピンを用いると、剪断力が働いたときに割れを発生させることがあるからである。ノックピンには位置決めだけの役割をもたせ、キャップを止めるのはコネクティングロッドボルトに任せるべきである。

●コネクティングロッドの材料

　これらの大きな力に対抗するために、コンロッドはチタン製を用いる。正確に言えばチタンが90％、アルミが6％、バナジウムが4％のチタン合金の鍛造品である。キャップやボルト＆ナットも含めたVRHのコンロッド1本の重量は、一般的な量産1.8リッター4気筒エンジンのものと同等である。

　ただしチタン合金を使用するには、それなりの配慮が必要だ。コンロッドに使用されているチタン合金の熱膨脹係数は、クランクシャフトの鉄にニッケルやモリブデンなどを加えた鉄系の素材の半分以下（鉄系の20×10^{-6}/℃に対して8.8×10^{-6}/℃）である。双方でこれだけ熱膨脹係数が違うことを考慮して、大端部のメタルクリアランスを設定しなければならない。

　一般的な鉄系のクランク軸と鉄系のコンロッドであれば、クランクピンの軸径の1000分

の1ほどのクリアランスを設定すればいいというのが常識になっている。しかし，その常識をそのままチタン合金のコンロッドの場合に持ち込むと，走行中に温度が上がったときにはクランクピンの方が大きく膨張して，クリアランスが不足し焼き付いてしまう。常識的なクリアランスよりも20～30%大きくする必要がある。常温ではガタガタに大きなクリアランスだが，走行状態ではちょうどよくなるのだ。

　なお，ここでコンロッドの長さについて触れておけば，一定のピストンストロークに対して長いほど，ピストンにかかる側圧は少なくなり，また角度変化(角速度)が小さくなるので振動が低減する。しかし長くするとエンジンの全高は高くなるし，コンロッドの質量が大きくなる。レーシングエンジンでは，ピストン側圧によるフリクションなどとのバランスを考察しながら短くする方向になる。ただV型エンジンでは，向かい合う気筒のピストンの干渉から限界があるので，それほど短くはできない。これが結果的に，左右方向の振動を少なめにしている。

図7-32　チタン製コネクティングロッド

大端部に円環状をしたモリブデン熔射の跡が見える

●コネクティングロッドの形状

　コンロッドの設計のポイントを重要な順番に挙げれば，第1に大端部の剛性，次に小端部の剛性，それにロッド部の座屈強度である。

　大端部の剛性が不足して作動中に変形すると，メタルハウジングがいびつになってメタルが均一に当たらなくなり，焼き付きを起こす。とくに引っ張り荷重を受けたときが問題で，縦長の楕円状に変形(クローズイン)しやすい。したがって，キャップ側とで形成する大端部分の形状を，有限要素法などを用いたシミュレーション計算でしっかりと考察し，高い剛性を確保しておかなければならない。結果としては，ロッド部と大端部のつながるところが滑らかな形，つまり「なで肩」になるが，この大端部がコンロッドの設計で一番難しい。

　シミュレーションに使われる有限要素法が決して最良の方法であるとは思わない。「生長変形法」が実用化されれば，はるかに素早く理想的なコンロッド形状が求められるようになるはずだ。生長変形法というのは，生物の理屈に学ぼうという発想から生まれている。たとえば人間の大腿骨は，図7-33のように基本的には骨盤からの圧縮荷重をL型の縦棒で支えている構造だ。しかし，実際に形はL型ではない。これは，大腿骨の各部にかか

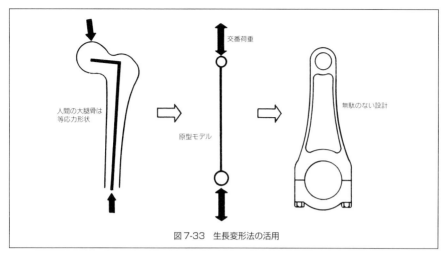

図7-33　生長変形法の活用

る応力の大きい部分に，自然にカルシウムがついて生長するのである。必要なだけ生長
をすると，そこでストップする。すべての部分が同じ応力になるように全体の形ができ
あがっていく。全体が生長しながら，等応力構造になるのだ。

　この生長過程を思想とした計算システムを完成させれば，自然の理にかなったコンロッ
ド形状を素早く設計できるというわけだ。たとえば，圧縮と引っ張りの最大荷重を定め，
一方で使用する素材の応力設定値を50kg/mm²とする。すべての部位が50kg/mm²の応力を
受け持つように，コンロッドを生長させていく。もちろんこの方法は，他の部品にも使
える。いつまでも有限要素法に頼っているべきではないだろう。

　小端部分も，大端部と同様に変形しようとするのでやはり剛性が必要だ。ただし，こ
ちらは一体構造である。それに引っ張り荷重に関しても，コンロッド側の往復運動系質
量のほとんどは，ここには作用しないので，
大端部よりは楽だが，手抜きをすると痛いめ
にあう。

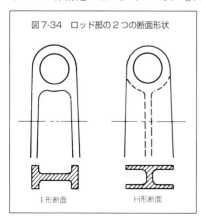

図7-34　ロッド部の2つの断面形状

I形断面　　　H形断面

　ロッド部の座屈強度については，普通のセオ
リーを経て設計されたコンロッドが，そのロッド
部の座屈強度不足により折損することは，まずな
い。確かにロッドが折れるトラブルはよく見かけ
るが，その原因の多くは大端部分の剛性不足だ。
引っ張り荷重により大端部が変形してメタルが焼
き付く。その抵抗によって，コンロッドの大端近
くの肩の部分にクラックが入る。このブラブラに

なった状態のコンロッドの傷口が成長して，最後にロッド部が折れる……というプロセスが一瞬のうちに起こるのである。

　もちろん，強大な力で圧縮されるのだから，それなりの強度が必要である。ロッド状のものは，同じ力でも引っ張りより圧縮の方に弱いものだ。高い座屈強度を持ちながら軽量にするためには，ロッド部は通常，図7-34のようなH型とI型の断面形状の，どちらかを採用することになる。

　レース用にはH型の方が軽量化できるので有利であるという考え方があるが，私はI型がベストだと考えている。

　図7-35に，ワイヤーモデルでH型とI型の違いを示す。H型では大端部の中央に力が集中するが，I型では力を分散させることができる。H型はわずかに軽量化のメリットはあるが，実は荷重が中央部に集まりやすく，メタル中央部の当たりが強くなるばかりか，クローズインが大きくなり，前に述べたように油膜切れによる焼き付きを起こす心配がある。ロッド部に曲げモーメントが働く場合，中立軸から遠い部分が薄いH型の

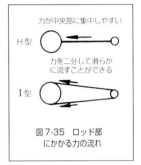

図7-35　ロッド部にかかる力の流れ

方が応力が集中しやすい。H型は斬新な感じがするが，使いこなすのが難しいのである。

　実際に，私もI型とH型の両方を試したのだが，奇をてらわず，I型のコネクティングロッドを使った方がトラブルを発生しなかった。したがって，現在では迷うことなくI型を選択する。

　また，コネクティングロッド表面に凹凸があると，そこから疲労破壊を起こすので，表面をきれいに仕上げておくことが大切である。疲労破壊を防ぐためにバフ研磨したり，ショットピーニングを施すが，研磨は手間がかかるので，ショットピーニングがよいだろう。

●大端部の構造とコンロッドボルト

　組立式のクランクシャフトならともかく，鍛造や鋳造など一体成型のクランクシャフトを使用する限りは，コンロッドの大端部は，ロッド側に対してキャップをボルトで締結する構造になる。しかしここには，大きな力がかかるから，コンロッドボルトはエンジンに使用されている多くのボルトのなかでも，最も厳しい条件にある。

　強烈な引っ張り応力に耐えるため，コンロッドボルトの材質は，ピストンピンなどと同様の特殊鋼である。スチールをベースにニッケルやクローム・モリブデンなどが添加されたものだ。鉄砲の銃身のような材質である。工具鋼(SK材)を使うこともある。高い強度が要求されるだけに，ここにはチタンボルトは使わない。使用するボルトの太さは，VRHで φ10mmである。

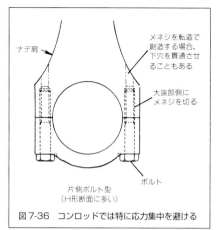

ナデ肩

メネジを転造で
創造する場合、
下穴を貫通させ
ることもある

大端部側に
メネジを切る

ボルト

片側ボルト型
（H形断面に多い）

図7-36　コンロッドでは特に応力集中を避ける

このボルトの締結には，ロッド側とキャップの間にボルトを貫通させ，ナットで締結するものと，ロッド側のボルト穴にメネジを切り，ここにキャップ側からボルトをねじ込んで締結するものとふたつの方式がある。

ナットで締結する場合には，レーシングマシンではネジ部を転造で製作したボルトを使用する。普通のボルトはバイトでネジの形状を切り出すものが多いが，転造では型の上に母材を押し付けながら転がしてネジ形状を製作する。この転造ボルトは，言ってみれば鍛造成型したようなもので，高い精度の転造なので，ネジ部の表面はバイトで切ったものよりはるかに荒れが少なくて応力が集中しにくく，強度が高い。ナットの方のメネジも転造加工される。

ロッド側にメネジを切ってボルトをねじ込む方式は，ナット不要であるし，ボルトも短くできるので，軽量化できる。また，メネジ部を袋状としたものでは，図7-36のようにコンロッドで強度的に一番厳しい型の部分に急激な形状変化がないことも利点になる。この方式を採用するからには，できれば袋状にしたいところだ。

かつては，メネジ部を袋状にした場合には，そこに転造でネジ山をつくることが難しく，バイトでネジを切ると，ネジ部の強度が低下するというデメリットが生じたが，現在では比較的容易にできるようになり，この方式にするほうがよい。

●小端部の構造

ピストンピンが揺動する小端部には，当然ブッシュを圧入する。このブッシュは，銅系の焼結合金などを使用するが，特別な素材ではない。ただ，量産車よりは良質なものを選んでいる。ここにオイルを導き入れる方法が問題である。

大きな荷重がかかっている部分だけに，大端部と同様に積極的に油圧をかけて潤滑したいところだが，そうはいかない。ロッド部に細い穴を通して大端部からオイルを送り込む方法もある。しかしそれは，ロッド部に穴を開けることでロッド部の疲労強度が低下するので，少なくとも加えられる荷重が大きいターボエンジンでは適切ではない。また大端部にしても，ギリギリの状態でメタルを使用しており，ロッド側へオイルを逃がしたくない。

そこで原始的ではあるが，小端部の上方に図7-37のような穴を開ける。ストレートな穴ではなく，入口がテーパー形状になった受け皿型だ。飛散しているオイルの滴がここに

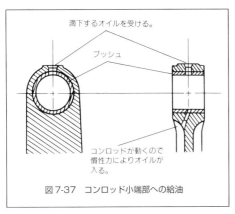

図7-37　コンロッド小端部への給油

図7-38　コンロッド小端部への下側からの給油穴

落ちてくるというよりも，圧縮行程や排気行程でコンロッドが上昇するときに，ここでオイルの滴を捕まえる感じである。平均ピストンスピードを20m/secとして計算すれば時速72km/h（ストローク中間付近ではもっと速い）で小端部は上昇しているのであり，この穴の前にオイルの滴があれば，ビシャッと内部にたたき込まれる。このとき，加速度でピストンピンは下方へ押し付けられており，穴の方には大きめのクリアランスがあるので，けっこうオイルを取り込めるものである。

　さらにVRHでは，小端部の下方にも図のような細い穴を開けている。ここも同様の理由で，しかしこちらは小端部が下降する膨張行程や吸入行程で，オイルを取り込む。この穴はドリル加工で開ける。そのときに，大きな荷重がかかるので，加工傷が残らないようにしないと，応力が集中して破壊される可能性がある。細心の注意をはらって加工する必要がある。

7-5　フライホイール

　フライホイールは，日本語で言えば「はずみ車」である。一般市販車用エンジンのフライホイールの役目のひとつは，まさにそのはずみ車だ。低回転での走行やアイドリング時に回転変動を少なくして，不快な振動や騒音を低減する役目がある。大きな慣性モーメントが必要で，鋳鉄製の円盤を使用する。

　この円盤は，始動時にエンジンをクランキングするための部品でもある。外周部にはギアが切られたタガ状のリングを焼きばめしてあり，始動時はここにピニオンギアが噛んで，セルモーターからの回転力をクランクシャフトに伝える。

図 7-39　鍛造製フライホイール
内側の10個の穴にボルトを通し
クランクシャフトに固定される。
また周囲のリングギアは一体型だ

さらに，この円盤はクランク軸の回転力をトランスミッションに伝え，あるいは絶つための，クラッチ機構のひとつでもある。プレッシャープレートと対になって，クラッチディスクのフェーシング材と接触するフリクションプレートなのだ。

レーシングエンジンの場合，これらの役目のうち「はずみ車」の部分はほとんど不要である。レーシングエンジンとしては低いと言われているVRH35でも，アイドリング回転数は1700rpmほどだ。2000〜3000rpmでの走行のスムーズさとか振動や騒音も関係ない。回転慣性力は小さい方がレスポンスがよく，加速性能もいいので，むしろはずみ車の要素は排除したい。したがって，フライホイールに要求される役割は，クラッチ機構の一部を成すことと，セルモーターの回転力を受けることの2点だけだ。そこで，単にスチールの円盤の外周にリングギアを切り，その中央をクランク軸の後端へ強固に締結する。クラッチディスクの当たり面を形成するとともに，クラッチカバー取り付け用のスタッドボルトを植え込むだけでいい。

そのうえで，クラッチディスクとの摩擦面とリングギアの間には，多数の穴を開けて徹底的に軽量化する。強度的にリングギアを保持できればよく，フライホイールが軽すぎて困ることは，レーシングエンジンではあり得ない。スチールより軽い材質を使うこともあり，F1ではチタン製である。VRHでは，ターボエンジンなのでトルクが強大であることと，そのトルクで長時間走行にわたって酷使したときの耐久強度に不安があることから，鍛造スチールとした。

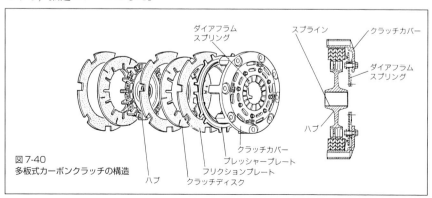

図 7-40
多板式カーボンクラッチの構造

ダイアフラム
スプリング

スプライン

クラッチカバー

ダイアフラム
スプリング

ハブ

クラッチカバー
プレッシャープレート

フリクションプレート

クラッチディスク

ハブ

ところで，エンジンを低い位置にマウントするためには，クランク軸中心から路面までの距離を小さくする必要があるので，フライホイールの外径も小さいほうが好ましい。とはいえ，強大な駆動力を伝達するにはそれなりのクラッチの摩擦面積が必要である。そこで一般エンジンのほとんどはクラッチディスクが1枚であるのに対し，レーシングエンジンでは図7-40のような多板クラッチを使うのが普通である。

　これは，小径のクラッチディスクとフリクションプレートを交互に数枚重ねる構造で，外径を小さくしながらも，摩擦面積を確保している。それぞれのリング状のクラッチディスク中央にはスリットがあり，ミッションのメインドライブシャフトのスプラインに噛んでいるハブの突起にはまる。クラッチディスクと交互に組まれるフリクションプレート外周の凹部が，フライホイールに締結されるクラッチカバーに噛む。モーターサイクルのクラッチと同様の理屈だ。

　VRHでは7.25インチサイズのクラッチディスクを3枚使用する機構となっている。クラッチディスクは，高温でも高い摩擦力を発生できる焼結合金製を使用する場合もあるが，VRHではさらに熱に強く，軽量なカーボン材を使用している。

　クラッチの径を小さくすれば，フライホイールはそれにつれて小径化できる。実際，5.5インチ径のクラッチディスクでも，自然吸気エンジンならば2枚構成でも十分にトルクを伝達できる。もっとも，径を小さくし枚数を増やすと前後長が長くなる上に，その中間の放熱が悪くて摩耗しやすい。耐久レース用では3枚構成までが妥当なところだろう。

　フライホイールの小径化を進めていくには，リングギアの構成方法を工夫した方が有

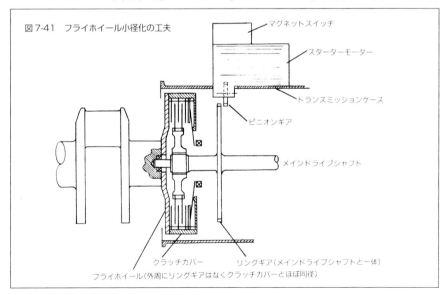

図7-41　フライホイール小径化の工夫

マグネットスイッチ

スターターモーター

トランスミッションケース

ピニオンギア

メインドライブシャフト

クラッチカバー　　　リングギア（メインドライブシャフトと一体）
フライホイール（外周にリングギアはなくクラッチカバーとほぼ同径）

効だ。セルモーターを接続するために，リングギアはクラッチディスクの摩擦面からそれなりの間隔が必要であり，このためにフライホイール外径はかなり大きくなっている。そこで，摩擦面に隣接してリングギアを設け，セルモーターとの間にアイドラーギアを入れる方法もある。

　また，図7-41のようにリングギアを取り去ってしまうと，フライホイールはコンパクトになる。単純にクラッチ機構としての役割だけを持たせ，リングギアに相当するギアはメインドライブシャフトに設け，アイドラーギアを介してセルモーターと接続させる方法だ。この構造では，ミッション側から回すことになるからクラッチをつないだままということになり，ギアがニュートラルでないと始動できない。それでも，クランクシャフトの径やオイルパンの構造に対して，通常のフライホイールだとエンジン下部へ出っ張ってしまう場合には，こういう手法も考察してみる価値があるはずだ。

第8章　動弁系の設計と構造

　カム軸駆動から吸排気バルブに至るまでの一連の構造が動弁系である。

　このうち，クランク軸からカム軸を駆動するのは，レーシングエンジンならばギア駆動方式がベストである。すでに5章で述べたように，何よりもまず高回転時のバルブ作動が正確であり，コンパクトで，信頼性も高いからだ。カム軸によるバルブの開閉は，VRHでは「直動式」を採用しているのは，正確なバルブ作動を狙うためであり，シンプル・イズ・ベストを信条とする思想からである。

8-1　動弁系の作動の基本

●バルブの加速度

　まず吸排気バルブが開閉するときのバルブの動きを考えてみよう。

　バルブシートに密着して停止しているバルブが動き始め，スピードがつく。このバルブが加速している時を「プラスの加速度」としておく。次にはそのスピードが落ちて，最大リフト位置で理論的には一瞬停止する。この間は減速するから「マイナスの加速度」が働いている。そして今度はバルブが閉じ始め，開く方向とは逆向きのスピードを上げていく。開く方向のスピードをプラスとすれば，ここはマイナスのスピードを増している。だからここでも加速度はマイナスだ。開く方向のスピードが落ちるときと，閉じる方向のスピードが増すときは，加速度としては同じマイナス方向であるところに注意してほしい。

　バルブが閉じていったら，最後にはバルブシートに当たったところで停止しなければならない。そこではマイナス方向のスピードにググッとブレーキがかかる。マイナスのスピードに対してのマイナスの加速度がかかるわけだから，ここでの加速度はバルブを開くときと同じ「プラスの加速度」である。

164

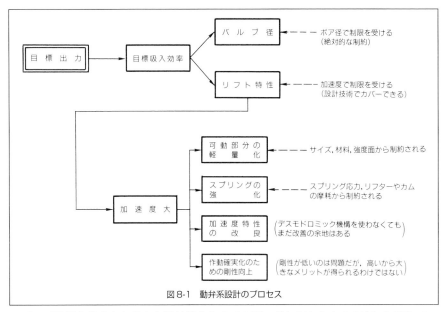

図8-1　動弁系設計のプロセス

　バルブは開き始めたときから閉じ終えるまでの間，常にどちらかの方向に加速している。一定のスピードで動いているとか，一定の開度で停止している時間など存在しない。素早く最大リフト位置まで開いて，そこで停止させておけばいいのだが，そんな余裕はない。とくにリフト量を多くし，しかも高回転させるレーシングエンジンでは難しい。

　加速度のうちプラス方向のものは，カム面がリフターを押す力で生み出されるから，この部分だけをとれば加速度を大きくすることは可能であるが，マイナス方向の加速度はそんなに大きくできない。この加速度を支配しているのは，バルブの質量と，バルブスプリングに使用されているバネの反力である。

　質量については，正確に言えばバルブスプリングの一部やリフターなども含めたバルブの往復運動系ということになるが，同じバルブスプリングの反力であれば，その質量が小さいほど大きな加速度が得られる。だが，質量を小さくするには限度がある。また，バネの反力が大きいほど大きな加速度が得られるが，高速で作動するバネは，次の項で述べるようにやたらと太くできない。

　現実のエンジンでは，かなり努力しても，マイナス方向の加速度の大きさはプラス方向の3分の1くらいにしかできない。確保できるマイナスの加速度を前提にしたプラスの加速度しか与えられないのである。手の平にボールを載せ，スッと手を持ち上げるときのことを想像してみよう。手の持ち上げ方が悪いと，手を止めたときにボールは浮き上がり，手からボールが離れて勝手に上昇してしまう。手を持ち上げるとき，その持ち上げ

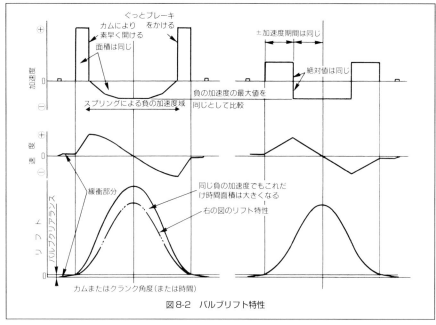

図8-2　バルブリフト特性

る距離が大きいほど，また短い時間で行うほど，プラス方向と同時にマイナス方向にも大きな加速度が存在する。

　手をカム面に，手を持ち上げる距離をリフト量に，ボールをバルブに置き換えればいい。手で生み出すプラスの加速度は相当に大きくできるが，ボールに働くマイナスの加速度は，重力加速度（9.8m/sec^2）を超えることはできない。バルブの開閉タイミングは限定されたものが要求され，そこにバルブのリフト量とエンジン回転数を重ねてみれば，加速度の意味の大きさがわかるだろう。

　これをグラフにしたのが図8-2だ。一番上のグラフはバルブに働いている加速度を表している。バルブが動くスピードではない。あくまで「加速度」であることに注意してほしい。中央はその加速度を積分して得られるバルブの運動速度の変化の様子である。一番下が，運動速度をさらに積分して得られるバルブの位置の変化，つまりバルブがどのくらいリフトしているかを表している。

　今まで述べてきた内容から想像できるのは，プラス方向とマイナス方向の加速度を同じにしてしまうのが無難だということ。それに従って描いたグラフが右側のものである。実際にこれは設計しやすく，十数年も前のエンジンはこんなものだった。しかしここでは，バルブが最大リフト付近にある時間がかなり短くなる。バルブリフト量のグラフで見れば，グラフ線に囲まれた面積，つまりバルブが開いている時間面積が少ないのであ

166

る。一方で，バルブ開度が小さくて損をしている時間がやたらと多い。また，設定されるプラスの加速度が小さいから，バルブのリフト量をかせぐには，バルブ作動角を非常に大きくしていかなければならない。これでは不具合が多すぎる。

　バルブが開閉する一定時間のうち，バルブが大きく開いている時間が多ければ多いほど有利である。そこで，左側のグラフのような特性にする。

　まずプラス方向の加速度を大きくとる。すると，より短い時間でバルブを大きく開けられる。プラスの加速度は大きいので，それが働いている時間は短くできる。同じバルブタイミングであれば，マイナスの加速度を働かせる時間を長くとれる。だから，先の例のように，手からボールが離れて勝手に飛び上がってしまうことはない。パッと素早く手を持ち上げ始め，その勢いは強いけれども，いきなりパッと止めずに，じんわりと停止させられる。手を下げるときもじんわりと行える。

　許容されるマイナスの加速度の最大値(ボールの場合は重力加速度)を超えない範囲で，手の動きにマイナスの加速度を与えれば，ボールは常に手に密着している。ボールを下げる場合も，絶対に野放しに落としてはならないのだ。一度でも手から離してしまえば，次に手の平に戻ったときにボールが弾んでしまう。

　マイナスの加速度に頼る時間を多くとったのだから，下げる手の動きを止めるときは素早く止める。下がってくるボールの動きに対し，ブレーキをかける。バルブの作動では，バネの力でスピードを増しながら閉じてきたバルブに対し，それがバルブシートに当たってしまう直前に，カムで強くブレーキをかけてやる。ここで適切なブレーキングをしてやらないと，バルブは高速のままバルブシートに当たって跳ね返ってしまう。

　このように，短い時間ではあるが大きなプラス方向の加速度を与える考え方をすれば，そのバルブリフト量の変化は図8-2の下のグラフのようになる。ここに，右側のタイプの場合のグラフを一点破線で重ねてみると，それよりもバルブの開いている時間面積が大きくなっていることがわかるだろう。

　右側のような損失の大きいバルブ作動特性の場合，それを行っているカムの断面は先のとがった卵型になる。加速度の大きい左側の場合のカムは，もっと太ったプロフィールになる。

　ちなみに，こうした加速度に合わせることから，カムのプロフィールはほぼ左右対称になる。ただしそれは，バルブ作動機構が直動式の場合である。ロッカーアームがある場合には，そのカム面との接点がロッカーアーム回転軸に対して移動していくので，テコ比が変化するから，バルブの加速度の変化は直動式と同じでもカムの断面は非対称になる。

　プラス方向の加速度を瞬間的に大きくしてやり，バルブが最大リフト付近にある時間を長くとることが高性能の秘訣だ。最近では量産用エンジンでもこれに近い考え方になっ

てきているが，私はとくにこれを徹底的に追求することにしている。この結果，プラスの加速度を働かせる時間は，ちょっと前のエンジンの半分ほどになっている。さらに，10000rpmを越えて回るとなると，コンピューターによる解析が進んだ結果，こういう方向性を正確に大きく進めることができるようになった。さらに進化したバルブ加速度特性は，後述する図8-25のようなポリノミアル（多項式）で，図8-2の多段折れを曲線にしたものである。

　プラス方向に大きな加速度を与えれば，マイナス方向の加速度が働く時間をそれだけ長くとれ，その分だけ小さいマイナスの加速度でも間に合うという考え方もできる。それならば，バルブスプリングの負担を軽減することもでき，それだけフリクションを減らすのも可能である。

　ここでの犠牲は，カム面やリフターなどの面圧が大きくなることである。それに耐えるだけの材質や構造を工夫すると同時に，加速度のつくり方にも，実際にはちょっとした味付けが加わる。たとえば加速度のグラフは，プラス方向に垂直に立ち上がって垂直に下降するのではなく，わずかに2次曲線的に変化することになる。

　このあたりの味付け加減は，設計者の思想や個性の表れるところだ。

8-2　バルブスプリング

　バルブにマイナスの加速度を発生させる力のすべては，バルブスプリングというバネの反発力である。その反発力はVRH35の1バージョンで言うと，セット荷重（取り付け時にすでに与えられている反発力でイニシャルとも呼ぶ）が25kg程度，最大リフト時は80kg程度である。一般量産車では，最大リフト時の値が大きくても55kg前後であり，約1.5倍ほど強いことになる。

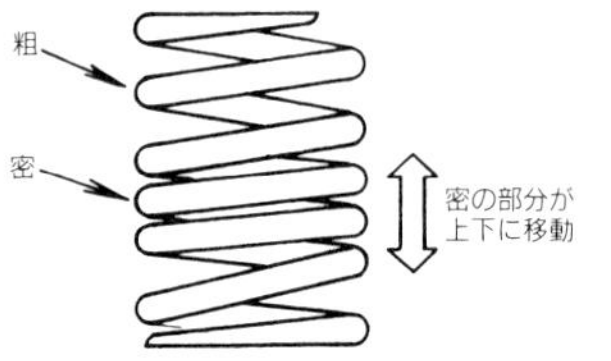

●スプリングのサージ対策
　バルブの不整運動は，バルブ開閉中にタペットがカムの表面にしっかりと押さえ付けられていないことでも発生する。本来ならば，バルブスプリングの反撥力はバルブやタペットなどの慣性力に打ち勝ち，タペットをカムの表面に押し付け，カムをな

図8-3　バルブスプリングの固有振動

粗

密

密の部分が
上下に移動

ぞってカムプロフィールどおりのバルブ運動を繰り返すはずだ。

　ところが，バルブスプリングはグイッグイッと素早く圧縮と解放が繰り返されると，動的なバネ定数が低くなることがある。スプリングには質量があるので，その素線が振動を起こし，図8-3のように巻きの密の部分ができ，それが上下に移動するからである。

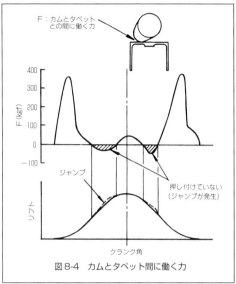

図8-4　カムとタペット間に働く力

これがスプリングのサージングで，バルブを閉じ側へ押すための力がスプリング内で消費され，肝心のバルブやタペットを押し戻すためのバネ定数が落ちてしまう。それにより動弁系の慣性力がスプリングに打ち勝ち，タペットがカム面に押さえ付けられなくなって，バルブがコントロール不能となる。サージングによるバルブの不整運動は，こうして発生する。

　タペットがカムに押さえ付けられ，バルブがカムプロフィールどおり正常に運動しているときには，タペットとカムの間に働く図の縦軸の力は正である。理論的には負の力は発生しないは

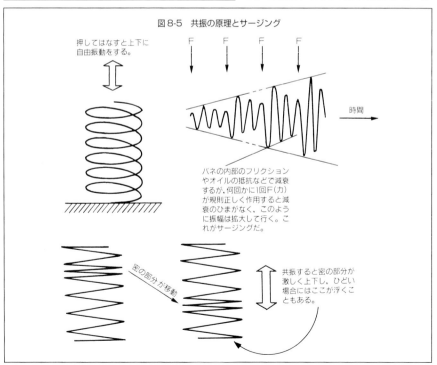

図8-5　共振の原理とサージング

ずだが，ジャンプなどが起きた際にスプリングが伸びたと想定すれば，負の力を計算で求めることができる。図8-4のハッチングを施した部分で，スプリングがあたかも引き伸ばされているかのような状態になって，スプリングがバルブを押し戻す力を発揮していない。

　サージングが起こることによる実質上のバネ定数低下を抑えるには，バルブスプリングをダブルとし，アウターとインナーのスプリングの固有振動数を10%程度ずらしておくことによって，かなり改善できる。これがあえてダブルスプリングを使うメリットである。

　しかし，これでは各スプリングの総和として，ある一定の反撥力を保持しているに過ぎず，サージングがなくなるわけではない。アウタースプリングがサージングを起こしても，このとき，インナースプリングが正常に働いているだけのことで，バルブスプリングの折損という危険性は残されている。それでも，このふたつのバルブスプリングの固有振動数を少しはなしておくことは重要なポイントである。

　図8-6で示すように，バルブのフルリフト時にバルブスプリングがほとんど密着するような設定にしておけば，スプリングの素線がお互いに接触することによって，自励振動であるサージングをその瞬間に収めることができる。ただし，バルブのフルリフト時にスプリングを完全に密着させてしまうわけにはいかない。

　理論的にはフルリフト時に完全に密着するのが望ましいが，わずかな寸法の狂いでスプリングがあたかもスペーサーのようになって，ガツンとカムの回転を止めてしまうと，エンジンの破壊に直結する。通常は2～3mmあるスプリングの密着時とバルブのフルリフト時のスプリング高さの差を1mm以内とすることで，サージングは約30%軽減できる。

　バルブスプリングを，ダブルスプリングとしてアウターとインナーの固有振動数を10%くらいずらしておくこと，さらに，バルブのフルリフト時のスプリング高さを密着時の1mmプラス以内に抑えておくことの二点により，バルブの戻しは，スプリング式でも14000rpmくらいまでは十分に対応可能であると私は考えている。

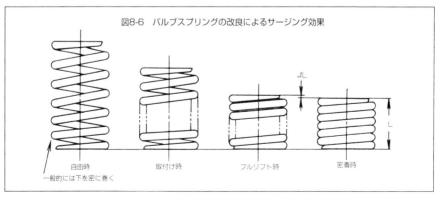

図8-6　バルブスプリングの改良によるサージング効果

自由時　　　　取付け時　　　　フルリフト時　　　　密着時
一般的には下を密に巻く

　さらに高速回転化させるのであれば，コイルスプリングではなく空気バネをスプリングとして用いれば，サージングの心配は一掃される。

●動弁系のクラッシュ速度

　もうひとつ，バルブの不整運動をさせるものにジャンプとバウンスがある。

　バルブがリフトしていくときの状況を考えてみよう。カムが与える加速度がプラスからマイナスに切り替わったところで，バルブの方が，そのマイナスの加速度に追従できず，勝手にリフトしていってしまう現象が起こることがある。前項のボールを手で持ち上げる例で言えば，手を持ち上げるスピードを落としたところでボールが手からはなれてしまう状態だ。あるいはカムシャフトを太鼓橋，バルブ（リフター）をクルマにたとえれば，猛スピードで太鼓橋に突入したら，太鼓橋の頂上の手前でクルマが宙に浮いてしまった状態を想像してもいい。

　こうなると，バルブは勝手にリフトしてしまう。そして，やがてはバルブスプリングの力で戻ってくるが，いつ戻るかは勝手にリフトしたときの勢い次第である。戻ったところで，今度はバルブステムの端がリフターなどを介してカム面に激突するから，そのまま収まらずに，また多少とも跳ね返る場合がある。さらに，激突と跳ね返りを重ねることもある。こうした現象がバルブの「ジャンプ」である。

　次に，バルブが閉じている状況を考えてみよう。カムに従ってバルブが閉じていき，バルブフェイス（傘のバルブシートと当たる面）がバルブシートに接触する。ここで，バルブがそのままバルブシートに密着せず，バルブシートに当たったショックで跳ね返ることがある。勝手に跳ね上がり，戻ってきてバルブシートに当たるが，これはカムで制御

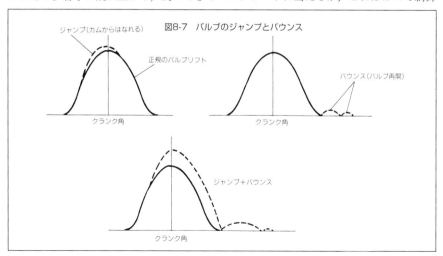

図8-7　バルブのジャンプとバウンス

していない戻り方なので激突であり，しかもジャンプのときよりひどい。たいていの場合は，再度跳ね上がり，これを何回か繰り返す。この現象が「バウンス」である。

　ジャンプもバウンスも，もちろん好ましくない現象である。パワーロスになるという程度の問題では済まされない。カムやバルブシートに激突するショックでバルブが破損することもあるし，バルブとピストンが接触してしまうことも少なくない。

　実際のレースでは，ここ一発で思いきりエンジン回転を引っ張ったときのオーバーラン状態とか，シフトミスをしたときなどに，これに近い現象が起こっているが，ジャンプやバウンスがあるレベルに達するエンジン回転数を「動弁系のクラッシュ速度」と呼び，これがエンジン回転の限界とみなされる。

　ジャンプもバウンスも，正規のバルブの運動位置からずれる量がおよそ0.5mmあたりが限界である。これは量産エンジンでも同じくらいだ。その理由は，量産用は回転数は低いけれどもバルブの質量が大きいので，激突したときのダメージが大きい。一方のレース用は，回転数が高くてもバルブの質量が小さく，比較的ダメージが少ないので，寸法としては同じになってしまうわけである。

　機械的にエンジン回転数の上限を決めるものには，平均ピストンスピードなどもあるが，ジャンプやバウンスが先にくるなら，それがエンジン回転の上限を決めてしまう。それでは，もったいない話だ。少なくとも，平均吸気速度の限界以前に，バルブ系の限界があるのは好ましくない。

　これらの現象は，バルブの運動系の質量が大きいほど，あるいはバルブの運動系質量に対してバルブスプリングが弱いほど起こりやすい。エンジンを組み上げたときは正常に作動していても，耐久レースなどでは走行中にバルブスプリングがへたることもあり，そうなると容易にバルブが跳ねまわってしまう。

　バルブまわりの運動パーツを徹底して軽量化するとともに，きちんと計算されたへたりにくいバルブスプリングを使用する必要があるわけだ。

　付け加えれば，動弁系の剛性が低いと，バルブのジャンプもバウンスも起こりやすくなる。本来は剛体であるべき部品が変形してしまえば，カム面に設定されたのとは違うバルブの動き方になるからだ。さらに，変形した部品が一種のバネになってこれがバルブを弾く感じになる。このあたりも，私がロッカーアーム式を嫌う一因だ。

●バネ定数を大きくするための手法

　素早いバルブの動きが要求されるレーシングエンジンでは，強いスプリングを使う。しかし考えてみれば，量産車よりもずっと大きなバルブリフト量をとり，高回転であること，つまり大きなマイナスの加速度が要求されることを考えれば，わずか1.5倍程度のスプリングの強さですむのが不思議なほどだ。この程度で間に合うのは，バルブサイズ

が大きいにもかかわらず，バルブ系の可動部分の質量を徹底して小さくしているからである。

　ここでバネ定数についてまず考えてみよう。バルブスプリングに使われる圧縮使用型のコイルバネで話を進める。

　あるバネを，1mm圧縮するのに1kgの力が必要だとすれば，そのバネを2mm圧縮するには2kg，10mmなら10kgの力が必要だ。端から端まで同じ太さの線材が同じピッチで巻かれているバネなら，圧縮寸法とそれに要する力は比例していて，双方の関係は一定である。こうしたバネの反発力を示すのがバネ定数(バネレートとも呼ぶ)で，このバネなら1mm圧縮するごとに1kgの力が必要で，1kg/mmと表示する。

　厳密に言えば，この等線径で等ピッチのバネでも，自由長状態のときと，線材同士が密着する寸前の最大圧縮付近では，この比例関係が若干崩れる。しかし，話を簡単にするため，その部分を使わないようにスプリングを多少圧縮して組み付け，また密着しないようなストローク量とバネの関係にして使うと仮定しておく(実際には次項で述べるようにサージングを避けるため，下を密に巻き最大リフト時には密着させる)。線径や巻きピッチ，巻き径が変化するバネでは，バネ定数が圧縮位置によって大きく変化することになる。

　バネ定数を大きくするには，巻き径か有効巻き数を減らすか，あるいは線径を太くする。いずれも一定の圧縮寸法において線材の変形量を増す方向である。線材の変形量を増やすことでしか，バネ定数を増す手段はない。ここでの変形とは，圧縮していったときに線材がねじれるのであり，部分的にみればトーションバースプリングの動きをしている。

　バネの反発力を増すためには，セット荷重を増せばいいと思うかもしれないが，そのためには長いスプリングが必要だ。でも同じ巻き径と巻きピッチと線径のバネなら，長さに比例して有効巻き数が増してしまうのでバネ定数は減少し，反発力としては増えない。同じスプリング長で，バルブが最大リフト状態のときに線材が密着しない範囲となれば，セット荷重には限りがある。

　バルブに与えるマイナスの加速度を大きくするには，バネ定数を大きくする以外に方法はない。有効なのは，線径を太くすることである。これは，その寸法の4乗で効いてくるのだから，ちょっと太くしただけでも効果が大きい。

　ところが線径が太くなるほど，その線材の表面にかかる応力が大きくなる。バネが縮んだり伸びたりする動きは線材のねじれ運動だから，線材の中心から遠いほど大きく変形する。つまり応力が大きい。バネが破損する場合は，必ずその線材の表面部分からクラックが入る。太い線材をねじれば，細い線材よりはるかに大きいストレスがその表面にかかる。

　一方，同じバネの長さでも巻き数を減らせばバネ定数を大きくできる。同じバネ定数

なら，その方法でバネ長を短くしてエンジンの小型化にひと役買うことができる。しかしこれも，同じストロークだけ変形させれば，巻き数の多いバネよりも線材のねじれが大きく，強度的に不利である。

　高速で作動を繰り返すバルブスプリングでは，こうしたストレスによるバネの折損が大きな問題となる。だから弾性係数が同じでも耐疲労強度の高い素材を開発することが重要であるが，それにしても限度があり，あまり太くはできない。一定のバネ定数を確保するには，太さだけでなく，有効巻数も増やしていくことになる。

　VRHに使用しているバルブスプリングの線径は一般量産車のϕ4.5mm前後より多少太く，また巻き径も小さめにしている。こうしてバネ定数を大きくする要素を与えておいて，一方で巻き数を多めにし，線材の表面にかかるストレスが大きくなりすぎないようにしている。こういうバランスでバネ定数を確保するのが，レーシングエンジンでは一般的であろう。

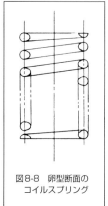

図8-8　卵型断面の
コイルスプリング

　なお，線材を太くしながら疲労強度を低下させないために，図8-8のような卵型断面形状の線材を使用する考え方もある。ただし，これは製作するのが難しい。つまり，コストがかかると同時に，一定の品質を保つのが困難なので信頼性が低い。疲労強度が落ちにくいとは言うものの，実際には破損する率がけっこう高い。そんなリスクを背負うわりに，バネ定数はあまり高くならない。やはりシンプル・イズ・ベストということで，VRHでは単純な円断面のバネを使用している。

●スプリングの材質と巻き方

　バルブスプリングに使用する線材は，シリコン・クローム系のオイルテンパー線(油の中を通しながら焼き入れしたもの)が一般的である。特殊なものではなく，量産車に使われているものと大差ない。要するに鉄を主成分としたピアノ線みたいなもので，いわゆるスプリング鋼と考えていい。各種のテストでこれが一番いいという結果を得ている。

　技術というのは，素材によって革新的に進歩することが多いが，現在のところ，一般的なバネ材以外に，レーシングエンジンではチタン材を使ったバネを採用している例がある。これは，軽量ではあるが一般のバネ材よりも弾性係数が小さいので，バネ定数を大きくしにくい。

　エンジンに組み込むときは，線材の表面に傷がないかどうかを，新品でも厳しくチェックする。高速で圧縮変形を繰り返しながら使用される部品なので，線材の表面に小さな傷がひとつあっただけでも，そこに応力が集中し，何度も繰り返すうちに折損する可能

図8-9　バルブスプリング（ダブル式）

アウタースプリングとインナースプリングとでは互いに巻き方向が逆になっている。からまないようにするためだ。密に巻いてある方を下にして組み付ける

性がある。

　バネの巻き方が不等ピッチにしてあるのは，スプリング反力の特性をコントロールするのが主な目的ではなく，共振を起こしにくくするためである。ピッチの密な方は下側（シリンダーヘッド側）になるように組み付けられるのは，一般量産車のエンジンと同じである。

　バルブスプリングは，ひとつのバルブにつき1本方式と，2本重ね方式があるが，できることなら1本の方がいい。同じバネの反力を生むなら1本バネにして巻き数を少なくし線径を太くした方が，バネ定数は高くなり，重量も軽くできる。つまりサージを起こしにくくなる。ところがそうすると，線材の表面に大きなストレスがかかって強度が低下することは，すでに述べた。

　このあたりはエンジンの仕様によっていろいろと事情があるが，線径を細くするために，VRHでは2本方式を採用している。2本バネの場合のバネ定数は2本を合計したものが，バルブ1本あたりのバネ定数になる。内側に収まるバネは一見ひ弱に見えるが，線径が細くても巻き径も小さいので，かなりの定数になる。ふたつのバネは，それぞれの巻き方向が逆になっているが，これはバネが互いに絡まないようにするためであり，一般のエンジンと同じである。

8-3　バルブ径とリフト量

　バルブが開くときに，バルブフェイスがバルブシートから離れる寸法，つまりバルブ

リフト量は，大きければ大きいほど吸気や排気の流れがよさそうに思える。しかし，吸排気ポートが燃焼室に向かって開口している元々の「口」の大きさはバルブの傘の径で決まっているから，やたらとリフト量を増しても意味がない。この考え方で計算すると，バルブの傘の面積が通気面積を決めるという考え方からすれば，バルブの傘の直径の4分の1のリフト量であれば十分で，それ以上のリフト量をとってもガス流量はほとんど増えない

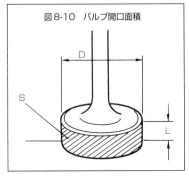

図8-10　バルブ開口面積

ことになる。すなわち，図8-10のハッチング部の面
積とバルブの傘の面積が等しくなるバルブリフトL
がDの4分の1となるからである。さらに，バルブ
シートに近いポートのバルブスロート部の断面積
(単純なポート断面積からバルブの貫通分を差し引
いたもの)は，バルブの傘の平面積よりも小さいか
ら，これより小さなリフト量でも十分ということ
になる。

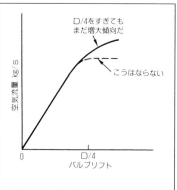

図8-11　バルブ開口部の空気流量特性

　ところが，実際に空気流量を計測してみると，
図8-11のグラフに示したように，バルブリフト量を
傘径寸法の4分の1以上に上げていっても，空気流量
はまだ増え続けていくのである。

　じつは計算では，あくまでスタティックな状態での考え方でしかない。エンジンがゆっ
くり回っていれば，これがある程度は通用するが，高回転で回るレーシングエンジンで
は，ダイナミックな視点から考えないと意味がないのだ。質量を持った気体が，高速で
通過するのである。とくに慣性過給効果を活かすためには，リフト量を大きくしておく
必要がある。

　バルブはそれが単体で存在しているのではないことを考えるべきだ。エンジンとして組
み上がった状態では，バルブが開いたときに，その傘のすぐ脇にはシリンダー壁がある。
いくらバルブが開いていても，その開口面積のうち，シリンダー壁と隣接している部分は
マスキング効果が働いて通気状態がよくない。

　マスキング効果はバルブ径を大きくとるほど，そしてバルブを立てて吸排気バルブの挟
み角度を小さくするほど問題になる。さらに，4バルブ方式では隣のバルブと隣接する部
分にもマスキング効果が働いている。

　吸気バルブの場合，バルブシートやバルブフェイスにごく近い部分は，そこに空気が
まとわりつこうとするため，実質的にデッドスペースがある。それに，バルブが開き始
めたところでは，吸気が流れようと加速している段階であり，開口部のスペースのわり
には流れにくい。ダイナミックに考えると，スタティックな計算値のバルブリフト量で
は不足することが予測できる要素が次々に出てくる。

　結局のところ，これらをカバーするためにレーシングエンジンではバルブリフト量を
できるだけ大きくとることになる。VRHの例を挙げておけば，吸気バルブの傘径がϕ
34mmであるのに対し，リフト量はその4分の1よりも23%ほど大きい10.5mmを確保してい
る。傘径の約3分の1であり，このくらいのリフト量を確保する必要がある。

　自然吸気エンジンでは，バルブリセスを大きくとりながら圧縮比を高くしていくと，

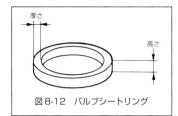

図8-12　バルブシートリング

燃焼室のS/V比は低下する。けれども一般的に言えば，それによるマイナスよりもリフト量を大きくとって得られるプラスの方が大きいはずである。このあたりは燃焼室形状とのバランスになろう。そして，バルブの加速度をどれだけコントロールできるかだ。

　バルブの傘径の方は，レイアウトの段階で燃焼室形状を考察すると，ほとんど同時に決まってしまう。吸気側は可能な限り大きくとりたいが，その自由度は非常に少ないといえる。だからこそ，リフト量で吸気通路面積をかせぐのである。

　ここで基本となるのが，バルブシートリングの寸法だ。シートリングはシリンダーヘッドに焼きばめされているが，エンジン作動中に脱落しないためには，その高さや厚さに一定の寸法が必要だ。それを確保して，しかも燃焼室に収め得る可能な限り大きなシートリングを設定する。とくに吸気側はこの考え方でいいと思う。

　しかし，燃焼室の壁にシートリング分の寸法さえあればいいというものではない。シートリングを確実に保持するためには，シリンダー壁との間に一定の間隔が必要だ。同じ理由から，隣のバルブのシートリングとの間隔をとらなければならない。4バルブ方式の排気バルブの場合，ふたつのシートリングの間に相当する燃焼室の裏側には，冷却水の流れる通路を確保しなければならない。また，点火プラグとの間隔が小さいと，燃焼室にクラックが入るトラブルが起こりやすい。

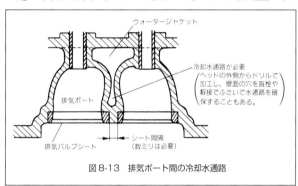

ウォータージャケット

冷却水通路が必要
ヘッドの外側からドリルで
加工，壁面の穴を盲栓や
蝋接でふさいで水通路を確
保することもある。

排気ポート

排気バルブシート

シート間隔
（数ミリは必要）

図8-13　排気ポート間の冷却水通路

　シリンダーのボアサイズと燃焼室形状によって，収められるシートリングのサイズは必然的に定まるといえる。余裕を残すより，躊躇せず目一杯に大きなシートリングを設定する。マスキングを避けるためなどの目的で，あとで小さくするのは簡単なことだ。

　シートリングのサイズが決まれば，その外径から約1〜2mmを差し引いたものがバルブヘッドダイアメーター，つまりバルブの傘の外径になる。このバルブの傘の外周からシートリング外周までの寸法も，一定以上を確保しなければシートリングの脱落につながりかねない。

　こうして見ると，シートリングの各部の寸法はなるべく小さい方が有利なことがわか

る。このシートリングの材質は，それほど変わったものが存在しないのが現状だが，シリンダーヘッドに対して焼きばめすべき寸法などの解析が進んだ結果，現在ではその高さも5〜6mm程度とかなり低くなっている。単なる経験値だけではなく，適切なテストと，その積み重ねによる理論構築が，最良の結果を生むのである。

8-4　バルブとその周辺部品の構造

　レーシングエンジンでは吸排気効率を追求するから，バルブの傘径が大きくなるが，可能な限り軽量であるべきだ。エンジンから効率よくパワーを引き出すにはバルブの作動の加速度を大きくとることが重要であるが，その加速度は十数年前までは500Gくらいのものだった。現在のエンジンでは，最高回転数付近では軽く1000Gを超える。バルブの重さを60gとすれば，それが60kg以上の慣性力を発揮してしまう。わずか1gの違いが非常に大きな意味を持つのである。

　この慣性力を抑え込むのがバルブスプリングである。バルブが軽ければ，柔らかいバルブスプリングを使えるし，同じバルブスプリングでも大きな加速度を与えられる。フリクションやカムの面圧，バルブシートなどへの衝撃の少なさの点でも，バルブは軽いにこしたことはない。

　軽くするためには，バルブの材質や構造を工夫することになる。量産エンジンのバルブは1本が100gくらいあるが，レーシングエンジンでは同じサイズでも1本あたり50〜60g

くらいである。多バルブ化することのメリットのひとつは1本ずつが小さく軽くできることである。

　この考え方を進め，あるいはバルブ開口面積をかせぐため，さらに吸気バルブを気筒あたり3本とした5バルブ方式を採用しているエンジンが存在する。しかしそれは，燃焼室形状を90ページ図5-16のようにしていく考えに適合しない。各バルブを燃焼室へ放射状に配置すれば燃焼室形状はある程度よくなるかもしれな

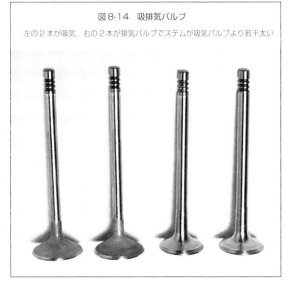

図8-14　吸排気バルブ
左の2本が吸気，右の2本が排気バルブでステムが吸気バルブより若干太い

いが，そのためにはロッカーアームを配置(それも複雑に)しなければならない。5バルブ方式を考察する以前に，シンプルな4バルブ方式に，まだまだツメるべき要素，やるべきことが残っているのではないかと私は思うのだ。

　なお，バルブは燃焼ガスに直接触れるので，その耐熱性能と冷却性能を十分に考察する必要がある。とくに排気バルブは重要だ。軽量化とともに，熱対策はバルブまわりのポイントである。

●バルブの材料と構造

　吸気バルブの材質はSUHなどの耐熱鋼である。そしてバルブシートに当たる面にはステライトを盛ってある。

　SUH鋼とは，鉄にニッケルやクロム，シリコンなどを添加したもので，バルブにはよく使われる材料である。ステライトは非常に硬度の高い金属で，これを溶接する形で必要な部分に盛り付けるのだ。

　吸気側のバルブは吸入混合気によって冷やされ，その温度は数百℃くらいまでしか上がらないので，一般的なSUH鋼で済む。吸入混合気にさらされるのは傘部の表面だけで，触れている時間も少ない。一方で，排気バルブは高温の排気にさらされる。とくに燃費規制下で闘うレーシングエンジンの場合は，燃費向上のために空燃比を薄くするので，排気温度が1100℃くらいと非常に高くなる。ガス温度がそのままバルブの温度になるわけではないが，排気バルブの傘部は正常作動状態でも800℃ほどになる。

　この高温に耐えるため，排気バルブの材質はインコネルを使用した。インコネルとは，SUH鋼などよりニッケル分が多い耐熱鋼で，排気ターボユニットのタービンブレードなどに使用されるものである。ほかにもニモニックなど，さらに高温に耐える材料は高価になる。使用温度が800℃前後で，かつ軽量に仕上げることを考えると，現在のところインコネルが適切であろう。

　さらに軽量化を進める素材としては，軽量で耐熱性能も高いセラミックが考えられる。しかし，それ自体は耐熱性が高くても，バルブが高温になってしまうために，デトネーションの問題が起こる可能性がある。傘径が大きく重くなりがちな吸気側に採用する方が先になるかもしれないが，セラミック製では，バルブシートやバルブガイドといった金属部分との接触で，相手側への攻撃性についての対策が必要になろう。

　バルブステムの構造は，吸気側も排気側も，軽量化のため中空構造になっている。ただし，単に中空にしたのでは熱はけが悪くなってしまう。バルブの傘の表面で燃焼ガスから受けた熱は，一部はバルブシートからシリンダーヘッドへ逃げるが，多くはバルブステムを伝わってバルブガイドからヘッドへ逃げるので，その経路を十分に確保しておく必要がある。

そこでステムの中空部分には，その空
間容積の50〜60％の体積のナトリウムを
封入する。ナトリウムは常温だと固体で
融点は98℃，比重は0.97で水よりも小さ
い。非常に酸化しやすいし，水と激しく
反応するので工作時の注意は必要だが，
封入作業が終了してしまえば問題はな

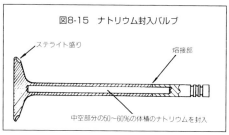

図8-15　ナトリウム封入バルブ

ステライト盛り

溶接部

中空部分の50〜60％の体積のナトリウムを封入

い。軽いし，エンジン作動時には液化し，バルブの母材とも反応しないので，好都合な
物質である。VRHでは排気側のみならず，吸気側もナトリウム封入型としている。

　ステムの中空部分に固体のナトリウムを適量入れ，ステム上端にチップを溶接し封入
する。エンジン作動時にはバルブが受ける熱でナトリウムが液化し，これがバルブの作
動によってシェイクされ，傘部やその周辺のステムの熱をバルブガイド付近のステムへ
と伝えるわけだ。

　バルブを軽くするため，ステム自体を一般量産エンジンよりは若干細くすることが多
い。この場合，直動式はステム部へ大きな曲げの力がロッカーアーム方式よりかからな
いので，細軸化に有利である。VRHクラスのバルブサイズで，φ7.0〜7.5mmくらいのステ
ム径にできる。太めの寸法に思えるかもしれないが，これはマージンを含めたものであ
り，中空構造であることを忘れないでもらいたい。

　さらに軽量化を進めるため，そしてポート内に露出している部分を細くし通気抵抗を
低減するため，ステムの傘に近い部分を細くする方法(ウエストバルブなどと呼ばれる)も
ある。ただし，これはバルブの強度を低下させる可能性がある。この方式を採用すると
すれば，吸気側だ。

　排気側のバルブステムは，熱はけの問題がある。傘部で受けた熱をバルブガイドの方
へ伝えていくには，その経路が途中で細くなるのは好ましくない。排気側のステムはス
トレートな同径とすべきだ。同じ理由からステム径は，傘径が小さくてもむしろ吸気側よ
りも太くするべきである。

　こうした材料や形状の関係から，吸気側と排気側のバルブの重さは，ほぼ同じくらい
になる。徹底的にツメれば傘径の小さい排気側の方が若干軽くできるが，吸気側でバル
ブのクラッシュ速度が決まってしまえば，その努力も意味がない。同程度の重量ならバ
ルブスプリングは同じものが使え，これは3章で述べた整備性のメリットにつながる。

●バルブ上端部の構成

　バルブスプリングの反発力を受けるアッパーリテーナーは，コレット(2分割されるクサ
ビのようなもの)によってバルブステムの上端部に位置決めされる。

普通のエンジンでは，ステムの端に角断面の溝がひとつあり，そこにコレットがはまる構造だ。しかしVRHの場合は，ステムに設けられた溝の断面形状が図8-16のように丸みを持っている。さらに，この溝がひとつではなく，3段になっている。応力がなるべく分

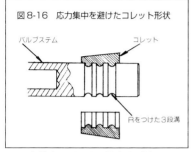

図8-16　応力集中を避けたコレット形状

バルブステム　　　　　コレット

Rをつけた3段溝

散するように配慮した結果だ。この細い首の部分に大きな力がかかるので，レーシングエンジン，とくに耐久用では非常に厳しく，注意深く設計する必要がある。

　ステムの溝は機械加工で製作する。コレットは精密鍛造により製作し，外側は機械加工で仕上げてある。

　アッパーリテーナーの材料は，特殊鋼またはチタンを使う。必要な強度を確保しながら，可能な限り軽くすることが大切だ。コレットに比較すればずっと大きな部品なのに，バルブとともに往復運動するものだからである。

　リフターも，アッパーリテーナー同様に往復運動する部品で，カムと直接接触するという要素が加わる。非常に大きな力を受けながら，しかもカム面と摺動するので，安易な軽量化は危険だ。

　リフターには特殊鋼を使用する。基本的な成分は一般エンジンのものと同様だが，不純物が非常に少ない厳選された原料で製造される特殊鋼である。カムとの当たり面には浸炭焼き入れをする。さらにタフトライド(軟窒化)処理を施すと，リフターの表面にセラミックの薄い層を与えるようなもので，なじみ性能や耐摩耗性，それに滑りやすさでも，効果が大きい。

　このリフターはシリンダーヘッドの穴にはまり，その穴が摺動ガイドとなる。ここでリフターは，カムが押す力でバルブと一緒に往復運動する。局部的に摩耗しないように，接触部分を換えながら作動させ，一定作動時間での摩耗寸法を少なくするわけで，このあたりは一般エンジンと同様である。リフターの接触部は完全な平面だし，カムとの接

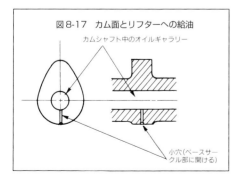

図8-17　カム面とリフターへの給油

カムシャフト中のオイルギャラリー

小穴(ベースサークル部に開ける)

触面も中心からオフセットさせているわけではない。しかし，コイルスプリングで圧縮と反発を繰り返しているので，そのコイルの変形反力でリフターは回転する。2本スプリング方式の場合には，アウタースプリングの巻き方向で回転方向が決まる。

　ちなみに，バルブも同様に回転していて，バルブシートとの接触面に異物が噛み込まれるのを防いでいる。

リフターとカムが摺動する部分の潤滑は，カムシャフトのジャーナル部からあふれ出てくるオイルで行うが，積極的な潤滑として，シリンダーヘッドのリフターがはまる穴の壁面にオイル吐出口を設ける方式や，カム面に$\phi 0.5$mmほどの穴を開けてカム軸のオイルギャラリーからオイルを噴出させる方法などもある。潤滑機能を向上させる方法を採用する場合には，私は接触面にオイルを抱え込みやすい点からカムに穴を開ける方式を選ぶ。が，それらに頼りすぎると肝心な部分での油圧保持性能が低下する可能性もあり，複雑な構造はトラブルの要因になりかねない。それに，クランクピン部などのように油圧でフローティング状態にできるわけではない。

やはりこの部分は，バルブの加速度を大きくとるので，基本的に耐摩耗性能が高くて滑りのいい材質としておくことが，最も重要である。

バルブクリアランス調整用のシムは，リフターの内側に位置し，バルブステムの上に直接載るインナーシム方式である。リフターの上に載せるアウターシム方式は，シム交換によるクリアランス調整は楽だが，シムが大きく重く，また高回転時に外れてしまう可能性があり，高性能エンジンには適切ではない。

●バルブガイド

バルブガイドには，大きく分けてふたつの要求項目がある。耐摩耗性が高いことと，熱伝導性がよいことである。一般量産エンジンでは，メンテナンスフリーという考えで耐摩耗性に重点を置くので，バルブガイドの素材には耐摩鋳鉄や鉄系の焼結合金を使うことが多い。

しかし，レーシングエンジンは厳密に管理された状態で使用されるので，重要なのは熱伝導性能の方だ。バルブの傘部が受けた熱をバルブステムを通してバルブガイドで受け，速やかにシリンダーヘッドへ伝えていく性能が高くなければならない。そのため，材料には銅系の合金を使う。ベースとなる銅は，もともと熱伝導率が高いが，これにアルミやリンを加えると耐摩耗性が向上する。ある種の金属を少量だけ添加した合金とすると，熱伝導率がさらに高くなる。

現在のところ，銅系の合金がいいことは間違いがないが，その添加物の種類や量についてはエンジンを製作するメーカーが，それぞれ独自の工夫をしている。銅系合金はかなり柔らかいので，鉄系の素材のようにシリンダーヘッドへたたき込むようなことは許されない。慎重な焼きばめ作業が必要だ。

バルブガイドの素材が柔らかいことは，必ずしも摩耗しやすいことにはならない。硬いものでも，相手の素材が硬ければ摩耗しやすい。問題は相性だ。銅系のガイドは，バルブステムの素材との関係から，それほど耐摩耗性能は低くない。VRHでは，ステムとガイドのクリアランスを30ミクロン以上，排気側などはさらに大きめにとり，オイルを多

く抱え込むことで耐摩耗性を向上させている。一般のエンジンでは，同程度のバルブステム径で20〜30ミクロンほどのクリアランスが普通であろう。

こんな工夫の結果，VRHでは一定の使用時間ごとにバルブガイドを交換せず，最初に組んだバルブガイドを，そのシリンダーヘッドの寿命分まで使っている。

付け加えておけば，動弁系が直動式だとステムに曲げの力がかかりにくく，これが基本的にガイドを摩耗させにくくし，またクリアランスを多くとることができる。

バルブガイドの素材のちょっとした添加物の配合とか，ステムとのクリアランス寸法とかは，考察と実験を繰り返して行き着いたもので，言ってみれば「やっと見つけた小さな幸せ」である。この小さな幸せなくしては，いくら燃焼室で大きな力を発生させても現実の「強いエンジン」にならない。

8-5　カムシャフト

●カムシャフトのねじれ振動

カムシャフトには，バルブの開閉にともないねじろうとする力が働く。

図8-18のように，カムがバルブの最大リフト点まで回転する際に，カムがタペットをゴリゴリと押し下げようとするが，そこではバルブスプリングの反発力によって，カムを

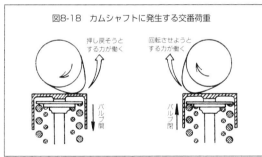

図8-18　カムシャフトに発生する交番荷重

押し戻そうとする力が働く

回転させようとする力が働く

バルブ開

バルブ閉

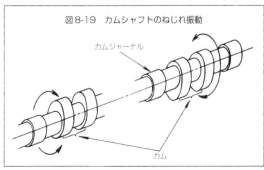

図8-19　カムシャフトのねじれ振動

カムジャーナル

カム

回転させまいとする力がかかるからだ。さらにカムが回転していき，バルブが閉じるときには，圧縮されたバルブスプリングの伸びようとする力がカムを回転させようとする。カムシャフトが1回転する間に，カムを回すまいとする力と回そうとする力とが，交互にキコキコと作用していることになる。

これは，ひとつのシリンダーのカムの動きについてであるが，エンジンが単気筒でない以上，こうしたカムのキコキコ運動が各気筒で順次起きている。カム全体での力は，シリンダー数が多い場合，その総和として見れば平滑化されるものの，カムシャフトにねじれ

振動を発生させるキコキコ運動を無視するわけにはいかない。図8-19のように，カムシャフトにはこのキコキコ性によるねじれ交番トルクが，トントントンと作用している。クランクシャフトと同じように，カムシャフトをねじっておいて，その力が解放されるのを繰り返すから，カムシャフトは固有振動数で振動し出す。まして，そのトント

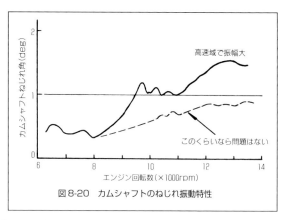

図8-20　カムシャフトのねじれ振動特性

ントンという力の入力回数の何次かと固有振動数が同期するような回転数のところでは，さらに振幅が増大する。高速になるほどこのキコキコする力は大きくなるため，カムシャフトのねじれ角は増大する。

　図8-20のように12000rpmを超すとねじれ振幅が大きくなるが，なんとか図の破線のように1度以内になるようにしたい。

　カムシャフトがキコキコ回るのは宿命であり，これは，バルブの開閉のためにコイルスプリングを用いた場合だけでなく，ニューマチックバルブを使っても起こる。

　カムシャフトの長手方向でねじれ振動が発生すれば，シャフトの定常の回転速度にねじれ振動速度が上積みされ，バルブの正常な作動を妨げる。カムシャフトの振動の振幅は小さかったとしても，周波数が高いため，それを微分して得る振動速度は無視できないものとなる。ねじれ振動が上積みされることで，カムシャフトの回転数に対して瞬間的には20%以上の回転数になったかのようにバルブ開閉に影響を与える。また，ある瞬間には80%の回転数であるかのようなバルブ開閉加速度となる。

　低い回転速度のときは問題ないが，逆に瞬間的であるにしても増速された場合には，不整運動の原因になる。例えば，10000rpmに耐えるように設計したエンジンであれば，カムシャフトの瞬間的な回転速度は12000rpm相当となるから，ジャンプやバウンスが発生する可能性は十分にある。

　図8-21において9000rpm時の回転速度変動率は11%である。そこで瞬間的回転速度は，$9000 \times (1+0.11) =$

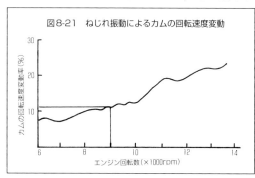

図8-21　ねじれ振動によるカムの回転速度変動

10000rpmとなる。これは，カムシャフトを10000rpm用に設計したのであれば，安心して使えるのは9000rpmまでであることを意味している。

図8-21では，10000rpm以上のエンジン回転域において，急激にカムシャフトの回転変動率が増大している。これは加振力の増大と共振点が多く存在するからである。

一般に，カムシャフトやクランクシャフトが低速で共振するのはまれで，高速時に多くの共振点をもつ。これは，常識的な設計をすれば，その固有振動数は低速で共振するほど低くならないからで，10000rpm以上の回転域に多くの共振点をもつので，この面でもエンジンの高速化はどんどん難しくなっていく。

エンジンの高速回転・高出力化のために多気筒化するとカムシャフトが長くなり，ねじれ振動の影響は大きくなる。当然10気筒より12気筒のほうが厳しさは増すが，このカムシャフトのねじれ振動によるバルブの不整運動は意外に忘れられがちである。

エンジンの高速化に対しバルブのジャンプやバウンスを防止するためには，カムシャフトの速度変動をあらかじめ見込んでおき，瞬間的な回転速度を20％アップしても耐えられる設計にすべきだ。その際，カムシャフトの速度変動率は，カムのキコキコ性に加え，クランクシャフトの振動，ギアトレイン系の振動などの総和として定量化しておく必要がある。

●カムシャフトの材質と設計

カムシャフトの材質にセラミックの使用も研究されているが，まだ実際的ではない。現実には「鉄」であるが，材料とその製作方法により材質は変わってくるのであって，一般に次のふたつのものがある。

ひとつは，スチールの引き抜き鋼を鍛造成型し，カムグラインダーでカム形状を仕上げたあとで，カム面に高周波焼き入れか浸炭焼き入れかの方法で焼き入れするものである。もうひとつは鋳鋼製で，鋳造時にカム面になる部分に冷やし金を当て，急激に冷却して凝固させて硬度を上げる「チル化」を施す。そして鋳上がったものをカムグラインダーにかけ，チル層の硬度の高い表層部分の範囲で研磨し，

図8-22 VRHエンジンのカムシャフト

上が右バンクの吸気カムシャフトで後端にオルタネーター駆動プーリーを取り付けるフランジが見える。下が排気および左バンクの吸気カムシャフト。カムジャーナルは各シリンダーの中心および前後端の計6個

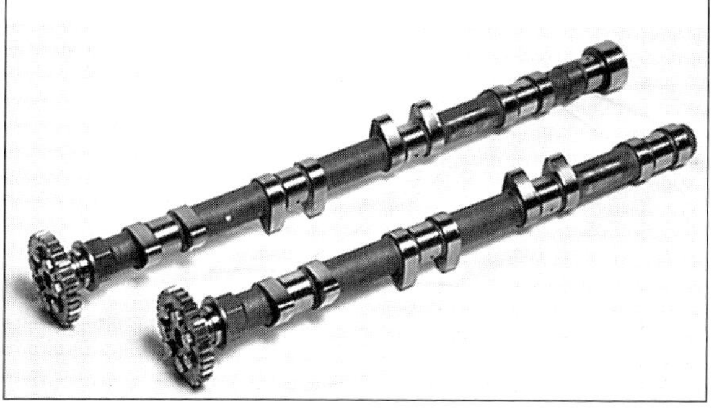

カム形状を仕上げる。量産車はこのタイプだ。

スチール製は基本的に剛性が高いので軽く仕上げられるのが利点である。ただし，カム面が接触するバルブリフターとの相性という問題がある。カム軸は高速で回転しながら，カム面が強烈な力でリフターをこじり下げるので，大きな面圧がかかり，リフターが摩耗しやすい。

この摩耗は短時間の使用なら問題にならないので，スプリントレースなら迷わずスチール製のカム軸を使えるが，耐久レースとなると悩むところだ。以前は耐久性を考えるとカム軸をスチール製，バルブリフターを鋳鉄製という組み合わせもあった。鋳鉄は，そこに含まれている炭素が自己潤滑機能を発揮する部分があり，スチールとの相性がいいのだ。ただしこの方式では，バルブ系の往復運動部分であるリフターが重くなり，肝心のエンジン性能にマイナスとなる。

今では耐久レース用エンジンのカム軸でもスチール製とし，特殊なタフトライドを施したバルブリフターでも十分耐久性が得られるようになった。

ちなみに，チル化されたカム面の硬度はHRC45以上である。製作方法を工夫すればHRC52〜53程度まで硬度を高められる。日本刀の表面がHRC60くらい，一般的なスチール製のボルトが20くらいであるから，結構硬いことがわかると思う。一般量産車のカムも，やはりHRC45程度だ。無難な選択としては耐久レース用は鋳鋼製である。

このカム部分は，硬度が高い方が耐摩耗性能が向上するが，極端に硬くするとカムの表面部分がもろくなり，強度が低下してしまう。適切な硬度というものがあるのだ。鋳鋼製では，チル化で非常に硬度の高い表層部から深層部のフェライト層に向かって次第に硬度が下がっていく状態を製作しやすく，これが強度面でスチール製より有利な要素になっていることもある。

カム軸の中心部にはガンドリル(鉄砲の銃身に穴を通すドリル)で穴を開ける。軽量化だ

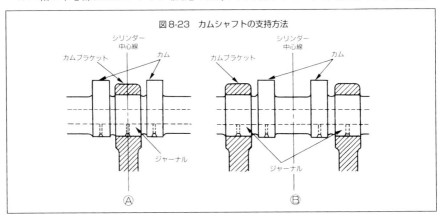

図8-23　カムシャフトの支持方法

けでなく，オイルギャラリーを形成するためだ。このギャラリーには，最前端と最後端
のカムジャーナルから給油する。

　カムジャーナルの配置には，図8-23に示すようにふたつの方式がある。(B)の方式で
は，V8エンジンであれば1本のカムを5ヶ所のジャーナルで受けるわけで，ジャーナル数
が少なくて済む。また4バルブ方式で2本ずつならぶバルブのピッチを小さくした場合で
も，カムの幅を広くとって面圧を小さくしやすいなど設計・製作が楽だ。ただし，高速
回転するカム軸の変形を抑え込む機能では劣る。

　一方の(A)方式では，ふたつのカムの間に1ヶ所ずつ，すなわちシリンダー中心とそれ
にカム軸の前端と後端にも設けるので，ジャーナルはV8ではカム軸1本あたり6ヶ所にな
る。しかもバルブを駆動する反力を受けるふたつのカムの中央で支える形だ。設計は少々
面倒だが，カム軸の変形しにくさでは有利である。

●滑らかにバルブを動かす工夫

　カムシャフトの回転速度変動を低減させる方法として考えられるのが，回転イナーシャ
（フライホイール）の装着である。

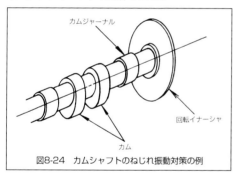

カムジャーナル

回転イナーシャ

カム

図8-24　カムシャフトのねじれ振動対策の例

　図8-24のようにカムシャフトの後端に
取り付けたフライホイールがカムシャフ
トとともに回転することで，マスダン
パーとして働き，強制的に振動を抑え
る。回転イナーシャの代わりに，オルタ
ネーターを駆動させるのも良い考えだ。
オルタネーターは，回転を増速させて使
用するため，その分，振動低減効果が大
きい。

　いずれにしても，これら回転イナーシャは吸気側カムシャフトに取り付ける。例えば，
片方のバンクにはフライホイールを装着し，別のバンクの吸気カムシャフトでオルタネー
ターを駆動する。排気側のカムシャフトはバルブの質量が小さいので，回転イナーシャ
なしでも問題はない。しかし，これで完璧というわけにはいかない。

　バルブの不整運動を低減させるもうひとつの方法が，カムプロフィールの改善である。

　166ページの図8-2の右のような単純なバルブ加速度特性ではなく、左のようにバルブリ
フトを大きくしながら、マイナスの加速度を小さくする多段折れ式が高出力エンジンに
は欠かせないが、プラスの加速度が大きく変化するところでガクンと力が発生してキコ
キコを生む。これを防ぐため加速度変化を滑らかにして力のかかり方をゆるやかにする
多項式（ポリノミアル）のカムがある。

反面，多項式のカムを使うと，バルブを若干早開きとする必要が出てくる。これは，高速でのバルブ作動の安定化は得られるものの，早開きによる低速性能の低下というトレードオフを伴うことがある。したがって，これらを勘案しながらプロフィールを決定する。

閉じ側については，図8-25の左半分を対称に置き換えればよいが，この図におけるプラスの加速度およびマイナスの加速度が同じ面積となるのであれば，閉じ側のバルブタイミングを変更することもできる。いずれにしても，閉じ側の加速度も多項式となるようにしておけば，ジャンプやバウンスは起こりにくい。

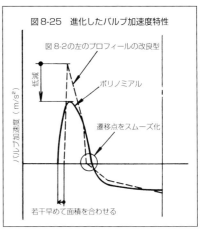

図8-25　進化したバルブ加速度特性

8-6　カムシャフト駆動ギア

クランクシャフトからカムシャフトを駆動するドライブトレインに，VRHではギア方式を採用している。そのギアの配列は図8-26のような構造だ。

片バンクずつで見れば，クランク軸とカム軸の間に3個の中間ギア（アイドラーギア）があるが，クランク軸に隣接するリダクションギアで回転数を半分に減速している。

このリダクションギアは，大きなギアとその半分の歯数のギアが一体になっているが，

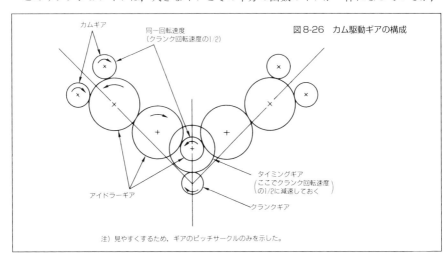

図8-26　カム駆動ギアの構成

注）見やすくするため，ギアのピッチサークルのみを示した。

小さい方のギアは，大きなギアを挟んで両側にふたつある。3枚構成になっているのは，V型エンジンは1本のクランクピンに2本のコンロッドを取り付けることから，左右の気筒列にオフセットがあるためである。VRHでは右バンクが前方へオフセットしているので，大きなギアの前にある方の小ギアが右バンク用の次のギアと噛み合い，後方のものが左バンク用となる。

　ギアドライブ方式で注意すべきポイントは，まずガタを少なくすることである。そのためには，基本的なバックラッシュが小さいことはもちろん，ギアそのものとギアシャフトを支持する軸受けの剛性が十分に高いことが必要だ。そこでギアシャフトはシリンダーブロックやシリンダーヘッドだけでなく，フロントカバー側でも支える両持ち方式としている。軸受けはボールベアリングである。

　もうひとつのポイントは，異物の噛み込みなどに対して強いことである。また，カム軸の回転変動や加減速によってかかる力に対して耐える強度が必要であるが，この強度に不安があるからとギア駆動方式を避ける例もあるようだ。しかし，きちんと計算して設計すれば問題はない。

　VRHの場合，各ギアは厳選された組成の特殊鋼で製作し，歯面には浸炭焼き入れを施してある。形状としては平歯車だ。丁寧に製作されるけれど，特殊な材料でも加工方法でもない。軽量化を考慮してギアはかなり薄くしてあるが，想定される応力を計算した結果であり，実際にトラブルが起こったことはない。重要なのは歯元の強度で，$40kg/mm^2$を超える応力がかかっても問題がないように設計した。このギアは，まだ余裕を見た状態であり，限界を追求するならさらに高い応力設定も可能である。

　各ギアには軽量化のために穴が開けてあるが，これも計算結果に基づいたものである。こうしたギア関係などの機械系はきちんとした材料を選び，構造に合わせて正確な計算をし設計すれば，まず問題が起こることはない。

　ただし，その設計どおりのモノが製作され，使用されるようにシビアな品質管理が要求されるのはいうまでもない。

第9章 システム設計の理論

9-1 吸気系

　前述したように馬力を出すために重要なのは，とことん空気を吸い込むことと，混合気をうまく燃やす，そしてフリクションを減らすことに集約される。「とことん吸い込む」のは，エンジン本体だけでなく，他の要素も大きな意味を持つ。なにしろ相手は大気という目に見えない存在である。その大気と燃焼室の間を取り持つのが，ここで述べる吸気系だ。とくにターボエンジンでは，この吸気系に排気ターボチャージャーやインタークーラー，またそれらを制御する機構なども組み込まれるので，ターボエンジンの方が考察をするべき要素が多くなる。

●吸気系の考え方

　エンジンがどのくらいの空気を吸い込んでいるかを計算してみよう。総排気量が3.5リッターのエンジンが7600rpmで回転しているとき，単純に体積効率を100%とすれば，エアクリーナーを通過し，毎分シリンダーに吸い込まれる空気の量は，

　3.5/2×7600＝13300リッター

となる。1秒間になおすと，220リッター以上という多くの空気を吸い込んでいることになる。

　これは自然吸気エンジンの場合である。ターボエンジンではどうなるかといえば，シリンダーに吸い込む空気の体積は，この自然吸気エンジンと何も変わるところがない。違うのは空気の密度だけである。

　たとえば過給圧が1.2kg/cm²の場合，絶対圧で表すと2.2気圧だから，ターボユニット以降の空気の密度は大気の2.2倍になっている。したがって，エアクリーナーを通過する空

190

気の量は毎分2.2倍の29260リッターと確かにグンと多くなる。それだけ大量の空気に見合ったガソリンを燃やすから自然吸気エンジンより馬力が出る。しかし，ターボユニット以降の部分では，取り扱う空気の体積は自然吸気エンジンと同じであり，取り扱いのポイントも同じだ。

　厳密に言えば，空気の密度が上がれば粘性抵抗が増し，質量が増すので慣性エネルギーも大きくなるが，それは計算によって修正値を出せばいいことだ。大気圧であっても，空気には粘性抵抗も質量もあるので，どのみち計算は必要になる。元になるのは「空気を効率よく燃焼室まで誘い込む」ことで，これは自然吸気エンジンでもターボエンジンでも同じだ。

　前にも述べたようにターボエンジンでも，空気を押し込むのではなく，吸気系部分とシリンダー内の圧力差で吸い込むという考え方をすべきで，たまたまその吸い込む空気の密度が高いだけだ。この思想を基準に考察を進めていかないと，吸気系のレイアウトや設計のツメがあまくなる。

　吸気系にあって，大気との接点がエアクリーナーである。レーシングマシンであっても，異物を吸い込まないようにすることは必要だ。ターボエンジンでは，吸い込んだ小さい石などがターボユニットのコンプレッサーブレードを破壊するトラブルが発生する恐れが多分にある。そこでVRHでは，ウレタン製で乾式のしっかりとしたエアクリーナーを備えている。

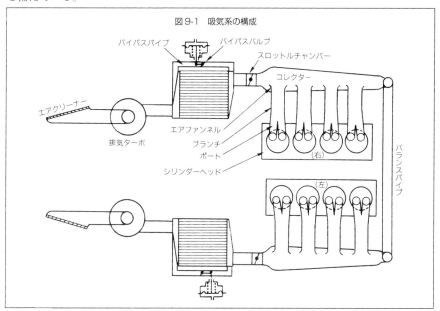

図9-1　吸気系の構成

エアクリーナーを通過した空気は排気ターボチャージャーで圧縮され，インタークーラーで温度を下げられる。インタークーラーには吸気温度を制御するためのバイパスパイプとバイパスバルブが設けられているが，これについての詳細はマッチングの項で述べる。

　シリンダーへの空気の供給量を調整するのがスロットルチャンバーで，その先のコレクターは一種の「空気溜め」であり，各気筒へ安定して，さらには積極的に効率よく空気を供給する役目を持っている。コレクターとシリンダーヘッドの吸気ポートをつなぐ吸気管がブランチで，その入口部分がエアファンネルだ。燃料噴射ノズルはこのブランチ部に配置されている。

　これらの吸気系は図9-1のように，左右のバンク(気筒列)ごとに同じものが独立して設けられている。ただし，左右のコレクターはバイパスパイプで連結されている。

●スロットルチャンバー

　スロットルバルブは，各気筒ごとにひとつずつ独立させてブランチ部に配置する方法と，コレクターの入口にひとつだけ設けてそのコレクターと接続する気筒をコントロールする方法とがある。アクセルペダルの操作性(軽さ)，信頼性，調整の容易さ，それにコストなどの点で後者が有利だ。ただし，このコレクターひとつにつきスロットルバルブもひとつという方式は，スロットルバルブの後流にコレクターというボリュームがあることに起因するマイナスもある。独立型にするとエンジンのレスポンスは良くなるがアクセルペダルは重くなり，とくに耐久レースでは不利になることもある。

　コレクターの上流にスロットルバルブがある場合，まず小さいスロットル開度で走行するとき，図9-2に示すようなハンチング現象が起きやすい。コレクターに溜っている空気をある程度エンジンが吸い込み，コレクター内の気圧が下がると，エンジン回転は落ちる。そうすると，エンジンの吸い込む量より供給される空気量が多くなるので，少しずつコレクター内の気圧が回復し，一定以上になるとエンジンが反応して回転が上昇す

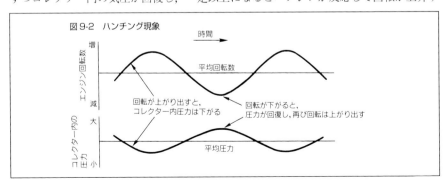

図9-2　ハンチング現象

る。この回転の変動の繰り返しにより不安定な走行となるのだ。スロットルバルブで絞られた隙間を通る空気の流速が，その上限を音速で抑えられてしまうためである。

　また，減速しようとパッとアクセルペダルを放すと，スロットルバルブは即座に閉じられるが，コレクター内にはまだ空気が溜められており，ブランチや吸気ポートの壁面には多少とも燃料が付着している。この溜っている空気と付着した燃料をある程度使いきるまでは，十分にエンジンブレーキがかからない。次に加速しようとアクセルを踏んだときも，スロットルバルブは即座に開くが，コレクター内の気圧が立ち上がるには若干の時間遅れがある。

　これらの弱点は，各種の制御により解決が可能である。ハンチングの不整回転は，点火時期を電子制御させて一定の回転に抑え込める。エンジンブレーキの方は，アクセルペダルを完全に放したとき，燃料噴射と点火の両方をカットしてしまえばいい。いくら空気を吸い込んでも，燃焼する要素がないので，その瞬間からエンジンブレーキが効く。

　エンジンブレーキ状態から加速を開始するときのレスポンスも，スロットルバルブの上流側の気圧が高くなっているので，コレクター内の気圧がそれと同じになるまでの時間は，1000分の数秒でしかない。問題は，スロットルバルブ上流の気圧を，アクセルを踏むときにいかに早く立ち上げるかである。ターボユニットやその制御関係を改良してターボラグを小さくしていけば，スロットルバルブの位置は問題ではなくなる。

　スロットルバルブのスロットルチャンバーの口径は，通気抵抗の面から言えば確かに大きい方が有利である。しかし，これが大きくなるほど制御がシビアになる。大きすぎると，エンジンの制御系でもドライバーにとっての操作性でもマイナスとなる。

　多気筒エンジンであっても，一時期に吸入行程にあるのはひとつの気筒だけである。ひとつの吸気ポートの最も径の小さい部分，バルブスロート径を基準にスロットルバル

図9-3
吸気系アッセンブリー

ヘッドに装着する前に吸気
系および燃料系，その他配
線などをサブ組み立てして
おく。マニホールドフラン
ジのアライメントが重要だ

ブ径を考えればいいわけだ。ひとつのバルブスロート径がϕ30mmであるとするなら，4バルブエンジンではその$\sqrt{2}$倍の断面積を与えればいいわけで，

$$30 \times \sqrt{2}$$

という計算から，スロットルチャンバーは約ϕ45mmでいいことになる。ただし，ピストンの作動では各気筒の吸入行程が重なっていなくても，バルブのオーバーラップがある。とくに左右のバンクのコレクターをバランスパイプで連結している場合は，この影響を十分に考慮しなくてはならない。そこで我々は，ドライバーのフィーリングテストを含む実験を重ねた結果，バルブスロート径の2倍をスロットルチャンバーの径にすることを基準とした。断面積ではひとつのバルブスロート部の4倍になる。

なお，スロットルチャンバーはマグネシウム合金製である。

スロットルバルブ自体については，平らな板をスライドさせるスライドバルブ式と，吸気通路内で楕円盤状の板を回転させるバタフライバルブ式がある。

スライド式は，全開時の通気抵抗が少ないのが利点である。ただし，エンジンブレーキがかかったときのエンジン側の強烈な負圧によりスティックして作動不良となる場合もある。それ以外でも，スリットの間で板を平行移動させているので，小さな異物の噛み込みなどによる作動不良の恐れもある。また，スリットから空気の漏れが生じ，これが種々の問題を引き起こすことになりかねない。

一方のバタフライ式は，こうした作動不良は起こしにくい。また，パーシャル時の微妙なコントロール性に優れる利点もあるが，ほとんどが全開か全閉のどちらかであるレーシング走行の場合，あまり意味のないことだ。スライド式より不利な点は，全開時にも吸気通路にバルブが存在するため通気抵抗が若干大きいことである。しかし，ターボエンジンでコレクター上流

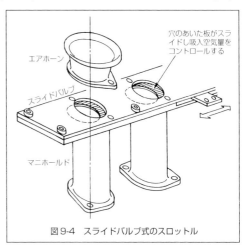

エアホーン

スライドバルブ

マニホールド

穴のあいた板がスライドし吸入空気量をコントロールする

図9-4　スライドバルブ式のスロットル

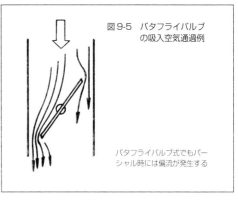

図9-5　バタフライバルブの吸入空気通過例

バタフライバルブ式でもパーシャル時には偏流が発生する

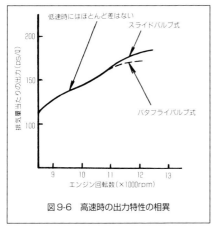

図9-6　高速時の出力特性の相異

にスロットルを設ける場合には，スロットルチャンバーの径を大きくするなどで対処できる。そこで信頼性の点から，VRHではバタフライ式を採用した。

　自然吸気エンジンでは，コレクターが存在しないので，レーシングエンジンではわざわざ各気筒の吸気系を1本に集合する必要性がなく（デメリットは多く），結果的に独立型スロットルとなる。過給圧でのフォローもできず，ここではスライド式の通気抵抗の少なさというメリットが，より大きな意味を持ってくるわけだ。

　スライド式なら，各気筒列分を長い1枚の板のスロットルバルブにしてブランチ部に設置すれば，吸気の流れにとって独立型でも各気筒の同調という面の問題はなくなる。大きな板を動かすのでアクセルペダルは若干重くなるが，摺動部分にマイクロベアリングを仕込むことでかなり解決される。同時に吸入負圧によるスロットルバルブのスティックを起こしにくくする……。ということで，スライド式を使用することが考えられる。

　なおバタフライ式の場合，スロットルバルブの取り付け角度が大きすぎると，つまり全閉時の傾きが大きすぎると，アクセルペダルを踏み込んだときの通気面積の変化が急激になる。アクセル操作がシビアになりすぎるのだ。適切な角度を与えるように注意深い配慮が必要である。スロットルバルブの回転軸は，一般量産車のようなブッシングではなく，小型のボールベアリングを組み込んで，操作性を向上させるべきである。また，シャフトが吸気通路断面積を小さくするため，この部分の径をあらかじめ大きく設定しておく。

●コレクター

　ターボで加圧された空気を各シリンダーに分配するために設けられた空気室である。VRH35のコレクターはアルミ板で製作されている。もちろんアルミやマグネシウムの薄肉鋳造製でもよい。

　V型エンジンでは，コレクターを各バンクごとに独立させてふたつ設ける方式と，まとめてひとつにする方式とがある。これは，次に述べるコレクター容積と絡んでくる問題で，バンクごとに分けた方が当然ひとつずつの容積は小さくなり，慣性過給を有効に使えるので低速トルクを出しやすい。

　コレクターをふたつにする場合は，左右をバランスパイプで連結するのが得策である。

その方が慣性過給の効率が上がるからだ。片側のバンクでどこかの気筒が吸入行程になっているときも，反対側のコレクター内の気圧は十分に高いので，吸入行程側のコレクターの気圧をほとんど低下させないで済む。連結されていても，その連結部が細長いパイプなので，ひとつにまとめた大型のコレクターのように内部の圧力変動を平滑化することはない。また，左右どちらかのスロットルバルブが作動不良状態になっても，バランスパイプがあれば，ある程度カバーできるという，安全対策にもなる。

コレクターとバランスパイプ，それにエアファンネル部分は，吸入空気の分配に大きく影響する。コンピューターを使用してのシミュレーションで，空気の流れを十分に検討する必要がある。

コレクターの容量が小さくなるほど，各気筒へ良好な空気の分配が難しくなる。大きすぎると，コレクターのボリュームに起因するマイナス部分が大きくなるが，これは各種の制御機構で解決できる。むしろ，コレクター容積が大きすぎることで問題となるのは，慣性過給効果を有効に使いにくくなることだ。

大きなコレクターは，コンデンサーの容量を大きくしたようなもので，各部の圧力変動が平滑化されてしまうので，慣性過給では好ましくないことになる。

VRH35の場合，各バンクのコレクターの容量が5.5リッターで，左右併せて11リッターとなる。排気量の3倍少々，ひとつの気筒の排気量に対しては12.6倍ほどになる。もちろんこれは，バランスパイプがある構造でのものだ。

次にコレクターの形状について考えてみよう。ここに収められるのは，空間形状も体積も一定ではない空気で，エンジンの作動中，常に流動している。その流れをうまくコントロールし，各気筒のブランチへと導くようなコレクター形状にする必要がある。単に空気を溜めているだけではない。コレクター内部の空気の流れは，差分法を使うことでかなり正確に求めることができる。

ここで言う差分法とは，「エネルギー保存の法則」と「運動量保存の法則」と「質量保存の法則」という，3つの法則から，空気がその密度や速度を変えながら移動していく様子を計算でシミュレートするものである。この差分法を使う場合は，有限要素法で部品の応力計算をするときと同様に，コレクター内部の空間を細密に分割していくわけだが，その

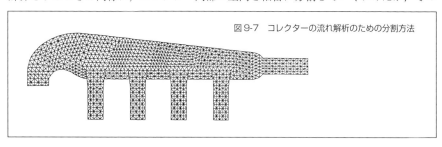

図9-7　コレクターの流れ解析のための分割方法

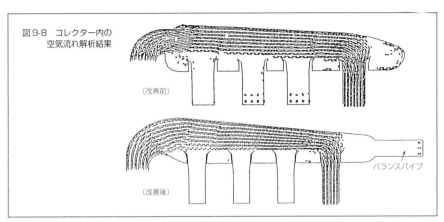

図9-8　コレクター内の
空気流れ解析結果

（改善前）

バランスパイプ

（改善後）

分割の仕方と，そのシミュレーション結果からコレクターでどのように空気が流れているかを図9-7，9-8に示した。

　シミュレーション結果は開発時のごく初期段階のものと，形状を改良したコレクターのものを提示してある。ともに後方のシリンダーが吸入行程にあるときの空気の流れだ。この図から，どんな形状がムダな空気の流れを生み，どんな形状で効率がいいかのイメージがつかめるはずである。

　ポイントは，コレクター入口部分での空気の運動エネルギーを減衰させることなく，各気筒のエアファンネルまで持っていくことだ。VRHの初期型のコレクターのように寸胴型のものは，後端部分まで太くて空気が通りやすそうに見えるが，これでは運動エネルギーが渦などの乱れに変わってしまう。入口部分は太く，後端に向かうに従って滑らかに細くなっていく形状の方がスムーズに流れる。

　考え方としては，吸気ポート形状のところで述べたのと同じである。それに加えて，コレクター入口に近い方の気筒が空気をとり込んでしまうので，コレクターは後方にいくほど断面積が小さくてもいいことになる。しかし，高速回転しているとはいえ，同じ

気筒列でふたつの気筒が同
時に吸気行程になることは
ないので，現実にはこちら
の意味合いは少ない。コレ
クター後端まで空気の流れ
の勢いを落とさないことと
同時に，コレクターのムダ
な容積を削ってレスポンス
などを向上させ，慣性過給

図9-9　コレクター

アルミ板金製で内側にエアファンネルを一体に創成してある

効果を高めることが重要である。

こうした追求の結果，コレクターの形状は滑らかなテーパー状のものとなっている。ガスボンベのような寸胴型に較べて，全体にバランスがとれた印象になっていると思う。理論追求というのは，結局のところ自然の摂理に合わせる作業なのかもしれない。

空気の流れ具合の解析は，もちろん各気筒ごとに行う。どの気筒のエアファンネルにも，最高の状態で空気が流れ込むようにする。

ところで，図を見ればわかるように，エアファンネル部はコレクターの中に突き出ている。空気はエアファンネルから上の部分で流れているのであり，エアファンネルから下はまったくムダに思えるかもしれない。では，なぜエアファンネルをコレクター下面に一致させず，わざわざ突き出すのか？

図では，一番後方の気筒がすでに盛んに吸気している状態である。言ってみれば定常流の状態だ。しかし，ジェットエンジンではない。実際のレシプロエンジンの吸気では，吸気バルブが閉じているところから，バルブが開いて吸い始める瞬間がある。図のような定常流的な流れができる以前の段階では，エアファンネルの口の近辺にある空気を，手あたり次第にかき集めるように吸い込む。

そのときには，とにかくエアファンネルの口に近いところにある空気が対象となり，必ずしも上方のものではない。だから，エアファンネルの下方にもコレクターの容積がある方が有利なのだ。下方の部分の空気もうまく吸い込むために，ブランチの端に相当するところが丸められて，エアファンネルになっているのである。

●ブランチ

ブランチとは，シリンダーヘッド端面の吸気ポート入口に接続される吸気管である。この径と長さは慣性過給効果や高回転での伸びに大きく影響するが，その値はシミュレーションにより最適のものを求めるようにする。なお，現実にはこの先端に接続されるエアファンネル部分を含めてその働きをするので，ここで述べるのはエアファンネルも含めたものである。

慣性過給については，第2章で「京浜急行の原理」という形で解説した。そのプラットホームで電車のドアが開くのを待っている人間の列を整えているのがブランチである。

さて，その人間の列を思い浮かべてみよう。ドアが開いた瞬間に，素早く電車に飛び乗るのは最前部付近の人間たちだけである。やがては後方の人も動き始め，列全体がもの凄い勢いを持って「塊」のようにドドドドッと電車の中に突っ込んでいく。この「塊の突進」になって，初めて慣性過給の効果となる。

人の列は，ドアが開く前にすでにひとつの塊を形成しているが，そのまま固体のように移動するのではない。空気もまた，可圧縮性流体である。

エンジンで言うと，吸気バルブ
が開くとその圧力差の情報は，空
気を形成する各物質の分子の振動
として音速で伝わる。ピストンの
運動速度やブランチの長さといっ
た数値からすれば，ほとんど瞬時
の速さだ。しかしブランチ内の空
気は，そのままゾロゾロとシリン
ダーに入っていくわけではない。
空気にも慣性がある。そして吸気

図9-10　マニホールドブランチ

左側のフランジがシリンダーヘッドの取付面，右側のパイプ状のとこ
ろがコレクターのブランチパイプにゴムホースで連結される。この部
分のフレキシビリティが大切だ。材料はマグネシウム合金鋳物

ポートの燃焼室への開口部は，ブランチ部よりもずっと細く絞られている。そこで，最
初はブランチ内で列を成している吸気バルブ付近の空気が運動速度を上げ，その部分の
密度は一瞬小さくなる。その運動に引っ張られて後続の空気も速度を上げていき，やが
ては全体の速度が上がって一丸となり，ここから本当の「塊の突進」を開始する。

　最初は先端部が少し伸びるような感じになり，やがて全部が塊となって動く，ゴムの
ような塊である。この塊がズポッとシリンダーへ飛び込んでいくと，そのあとに新しい
空気が次の慣性過給のために列を形成する。

　この列は，最後部までシリンダーに入るとは限らない。むしろ普通は途中で，列を切
断されて吸気バルブが閉じられる。そのくらい列の長さ，いや正確に言えば長さではな
く列のボリュームが設けられている。シリンダーに飛び込みそこねた空気は，音速で伝
わった情報により，その後方にならび始めた空気とともに，次の吸入行程に備えて列を
形成する。

　なおブランチを考える場合，そこに収まる空気の列は最前端から後端までが同じ幅(径)
ではない。後方に向かって少し広がったテーパー型だ。というのは，空気が流れる場合，
その通路が同じ幅だと乱流が起こりやすい。それに通路が下流に向かって適度に絞られ
ていると，縮流されて空気の密度が上がる。すると，同じ体積がシリンダーの中に入っ
たとしても，その質量を大きくできる。加えて，密度が上がって質量が大きくなれば，
慣性の効果も大きくなる。これらは，吸気ポートや前項のコレクターで述べた考え方に
通じることだ。

　まず，ブランチ径についてみてみよう。吸気ポート端面と接続する部分の断面形状は
これとピッタリ合わせるためまったく同じだ。しかし，ブランチはテーパー形状なので，
そのテーパー部での太さは調整できる。

　これを太くすると，エンジンが高回転していてバルブが開く時間が短くても，ドッと
空気が流れ込める。ピストンが急速に下降しても大量の空気が次から次へ移動するので，

そこで生じる圧力差により列の後端，つまりブランチの入口の空気も素早く加速し，ブランチ内部の空気全体が塊となってシリンダーへ入っていく。

　しかしエンジン回転が低い場合には，列の前方の空気が素早くシリンダーへ飛び込んでしまって，ここで圧力差が小さくなる。ピストンはまだ下降していくが，列の後方に位置する空気は十分に加速されない。後方の空気の勢いが加わって，ブランチ内の空気全体が塊となって突進するところまでいかないから，慣性過給の効果は小さくなる。つまり，ブランチの径が太い方が，トルクピークは高回転寄りになる。細ければ逆だ。高回転域では通気抵抗となってマイナスになる。しかし，低めの回転ではその抵抗のおかげでブランチの入口あたりの空気も十分に加速され，全体が塊となってシリンダーに飛び込む。

　このように，ブランチ入口付近の空気まで加速させないと，塊としての慣性力は働かないのである。そこに要する時間と目指すエンジン回転数がシンクロするように，ブランチ形状を設定するわけだ。

　これは，ブランチの長さでも調整できる。高回転側にピークを持っていく場合には，列を成して待機している空気の後端付近のものも，短い時間のうちに加速を開始しないと塊の突進とはならないので，ブランチを短くする。ピストンが急速に下降するので，後端付近の空気は吸気バルブまでの距離が短くても十分に加速できる。しかし，それでは低めの回転では列の後方に位置する空気が十分に加速できない。シリンダー側で起こる圧力変化に対して，助走距離が足りないのだ。圧力差は音速で伝わるから入口の外にある空気も手あたり次第に呼び集めてはいるが，空気の列全体を加速する力の元にはならない。拡散している状態から集合する空気では密度が低いし，運動方向もバラバラで慣性過給の効果が落ちる。

　反対にブランチが長ければ，高回転域では列の後方に位置する空気が加速を開始するまでに時間がかかり，列全体が塊の突進となる前に吸気バルブが閉じられてしまう。しかし，低めの回転域では時間的余裕がある。そして，後方の空気が長い距離を使って十分に加速でき，列全体の慣性力を高められる。

　慣性過給にはブランチ部分だけでなく，吸気ポートの径や長さも関係している。それを考慮して吸気ポートをつくり，ブランチ部分を考察する。サーキットの特性などに合わせて多少の出力特性を調整する場合に，吸気ポートをいじるというのは非現実的であり，ブランチの長さも，車体レイアウトの関係から制約があるので変更しにくい。

　現実的なのは，ブランチ部の太さの調整だ。低めの回転域でトルクを出したり，パワーバンドを広めにとりたいツイスティなサーキットでは，ブランチの径を細くして対応するのがいい。

　また，吸気ポートやブランチ部より容量の大きなコレクター部分も慣性過給効果を生

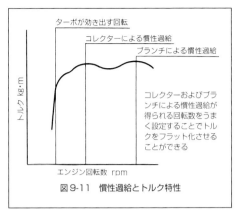

ターボが効き出す回転

コレクターによる慣性過給

ブランチによる慣性過給

トルク kg·m

コレクターおよびブランチによる慣性過給が得られる回転数をうまく設定することでトルクをフラット化させることができる

エンジン回転数 rpm

図9-11　慣性過給とトルク特性

んでいる。図9-11に示すように，低い回転域ではコレクターによる慣性過給効果が発揮されたトルクピークができる。コレクターの容積は，これを考えて決定されているわけだ。高回転側のトルクピークがブランチによる慣性過給効果で生まれたものである。

VRHでは，このふたつの山の高さをそろえ，間の谷を小さくしてフラット化させるように，コレクターやブランチの仕様を設定している。トルクに大きなピークがあると，ドライバーはそのピークを超えたところからは「まったくエンジンが伸びない」と感じるもので，フラットトルクの方が無難である。実際にもその方が扱いやすいのも事実だ。

　もっとも，VRHは最高出力に関して余裕がある(基本設計として高い馬力を出せる)から，ピークを抑えて低い回転域のトルクを出すような仕様を設定できる。ツイスティなサーキットでは，さらに下の山を高く，上の山を低くする設定も可能である。しかし基本性能が低いと，こういう細工は難しい。やはりエンジン本体では，とにかく馬力を出すことが第一である。

　ミッションの段数を多くするとか，CVT(無段変速機)を採用するとなれば，トルクがピーキーであっても絶対的な馬力をかせいだ方が有利だ。自然吸気エンジンであればなおのこと，乗りやすさのためにピークを削る余裕など少ない。また，自然吸気ならミッション段数が限られていても，ブランチでの慣性過給を効かせてピークをかせぐことになる。

　ところで，吸気系では，慣性過給に関連して「脈動効果」とか「吸気脈動」という言葉がよく登場する。確かにこの効果もなくはない。

　「脈動」を吸気ポートとブランチで形成される部分でみてみよう。まず吸気バルブが開いて，空気がドドッと流れ込む。その流れが止まる前にバルブがピシャリと閉じる。バルブの手前にある空気には，まだ流れ続けようとする慣性があるので，バルブに押し寄せ，そこの圧力が高くなる。

　閉じられたバルブ付近の空気自体は，一部は跳ね返っていくものもあるが，大体はその付近に落ち着く。ただし，その部分の圧力は，空気の分子の振動として次々と伝わって移動して，この経路の開口端であるエアファンネルの端までいったところで反射してバルブの方へ戻り，バルブでまた反射する。これを繰り返して，波が行ったり来たりす

る。この波の伝わる速度は空気の移動とは関係なく音速である。川の流れの中に，石を投げ込んだときの波紋が広がっていく状態と同じだ。これが脈動である。

この圧力の波が次の吸入行程でバルブが開く直前の，都合のいいタイミングに吸気バルブ直前付近へいくようにしてやると，吸気効率が上がる。これが脈動効果である。

したがって，脈動効果を利用したいエンジン回転数に合わせて，ブランチの長さを調節する。ここでは太さは関係ない。

ただし，空気が塊として動く慣性過給と比較すれば，この圧力波の力も，その圧力を持っている空気のマスも，ごく小さい。脈動を利用して得られる効果は微々たるものだ。そこで，私は吸気系を考察するとき，脈動効果などはまったく無視して，慣性過給効果の方だけを追求する。ちなみに排気系でも脈動効果はあるが，こちらも同様に無視する。

●インジェクター

燃料を噴射するインジェクターは，ブランチ部に取り付けられる。VRHでは1気筒あたり2本のインジェクターを装備する。

このインジェクターを取り付ける位置や噴射方向は，出力性能，燃費性能，オイルの燃料希釈といった要素に大きな影響を与える。一般には，吸気バルブになるべく近い位置に取り付ける方がいいとされている。バルブから遠いところに設置すると，バルブが開いてシリンダーへ空気が流れだしても，最初のうちは燃料が届かず，燃料の輸送遅れが生じるからだ。

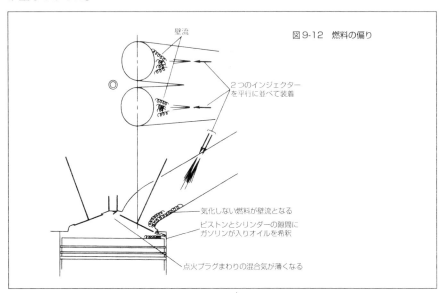

壁流

図9-12　燃料の偏り

2つのインジェクターを平行に並べて装着

気化しない燃料が壁流となる

ピストンとシリンダーの隙間にガソリンが入りオイルを希釈

点火プラグまわりの混合気が薄くなる

　VRH35の前身であるVRH30の開発当初，この定説に合致するシリンダーヘッド端面との接点にごく近い位置の，ブランチの上側に2本並べてインジェクターを取り付けたことがある。しかしそれでは，過給圧を上げると出力ダウン，高回転時のミスファイアなど，問題の続発であった。原因を探ったところ，吸気系や燃焼室では図9-12のような燃料の偏りが起こっていた。ブランチの上側から噴射された燃料の多くが吸気ポートの下側の壁に，液体のまま吹きつけられて付着するのだ。条件のいい位置と角度で噴射しても，燃焼室に入る手前で気化する燃料は噴射量の30％前後で，70％ほどは(粒状で空気と混ざりながら液体のまま)燃焼室に入り，ピストン冠部やシリンダー壁に当たったところで気化する。

　この場合，燃料の粒が多いので，粒同士が結合して大きな粒となってしまう部分もある。また，液体の状態でポートの壁に付着する量も非常に多い。燃焼室までの距離が短いので，気化する時間も，細かい粒となって飛び散る時間もない。かなりの量の燃料が液体のまま，ポート壁の下部を伝わって燃焼室へ流れ込む。ピストン冠部やシリンダー壁に触れて気化する部分もあるが，集中的に同じ場所に流れ込むので，気化しないままの燃料がピストンとシリンダー壁の間から流れ落ち，オイルを稀釈する。

　燃焼室の方では，燃料が細かい粒になって十分に空気と混じって入ってこないで，吸気バルブの下方に集中している。そこで，燃焼室の周囲の混合気は濃くなるが，肝心の点火プラグまわりは薄い混合気になって，火がつきにくい状態になる。これでは，ただでさえ着火しにくい高過給状態や高回転時には，うまく燃えてくれない。

　それにピストンの上下動や付着力により，液状の燃料が点火プラグの中に入り込む部分もあり，ミスファイアを起こしてしまう。

　ちなみに，VRHでは当然のことながら，常時噴射方式ではない。吸気バルブが開く直前に噴射を完了するシーケンシャル方式で，噴射量はソレノイドバルブの開口時間の調節で行っている。さて，この貴重な体験を基に改良したのが，図9-13に示したVRH35に装備されているインジェクター配置方式である。

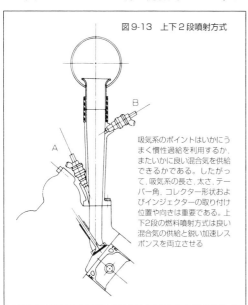

図9-13　上下2段噴射方式

B

A

吸気系のポイントはいかにうまく慣性過給を利用するか，またいかに良い混合気を供給できるかである。したがって，吸気系の長さ，太さ，テーパー角，コレクター形状およびインジェクターの取り付け位置や向きは重要である。上下2段の燃料噴射方式は良い混合気の供給と鋭い加速レスポンスを両立させる

2本のインジェクターのうちの1本（図中のA）は先の例と同様の位置にあり，もう1本（B）は180度反対の，コレクターにすぐ近い位置に取り付けられている。

　燃料の輸送遅れ，とくにアクセルを踏み込んだときなど，エンジン回転が急激に上昇している（急加速）状態での追従は，Aのインジェクターがフォローする。燃焼室に近くてもこの位置での噴射量が半分になるので，ある程度気化し，あるいは液体のままでも細かい粒として空気と混ざり合う。

　一方でBのインジェクターから噴射された燃料は，長い経路をたどる間に空気と触れるチャンスが多いので気化しやすい。また，液状のものにしても撹拌されて細かい粒子となりながら空気とよく混ざりやすい。噴射角度もそれを狙ったものとなっている。

　双方のインジェクターの噴射量は同じだし，噴射タイミングも同時だが，燃料をムダなく燃やすことになり，燃費も格段に向上した。定説からいえば，Bのインジェクターは吸気バルブから遠すぎるところにあるわけだが，もう一方とのコンビネーションが成り立っているので問題はない。

●バルブタイミング

　慣性過給をうまく活用するポイントは，何といってもバルブタイミングである。これは吸気側だけでなく，排気を効率よく排出するための慣性排気でも同じである。図9-14にバルブタイミングを示した。わかりやすくするために，一般のバルブタイミングダイアグラムとは違い，吸気側と排気側のバルブの作動状況を分離している。

　まず吸気側は，ピストンが上死点に到達する以前の，排気行程でまだピストンが上昇しつつあるところ，この図で言えばクランクシャフトの回転角度で上死点前40度に吸気バルブが開き始める。ここでは，まだ慣性過給の効果など働くはずもなく，ピストンが下

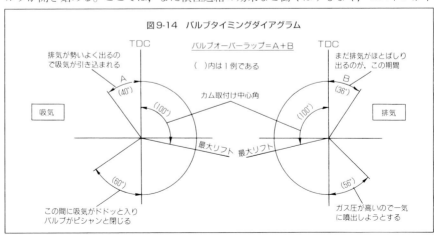

図9-14　バルブタイミングダイアグラム

バルブオーバーラップ＝A＋B

（　）内は1例である

排気が勢いよく出るので吸気が引き込まれる

まだ排気がほとばしり出るのが，この期間

TDC　　TDC

A（40°）　　B（36°）

（100°）　　カム取付け中心角　　（100°）

吸気　　排気

最大リフト　最大リフト

（60°）　　（56°）

この間に吸気がドドッと入りバルブがピシャンと閉じる

ガス圧が高いので一気に噴出しようとする

降することによる負圧も生まれていない。しかし，燃焼済みのガスは勢いよく抜け出るので，その勢いに引きずられてシリンダー内の圧力が下がり，新気が導入される。

　上死点を過ぎてからは，ピストンの下降が生むシリンダーの容積拡大により，新気が吸い込まれる。この圧力差で吸い込む部分では，ピストンスピードが最も速くなる上死点後80度付近をクランク角で20度程度過ぎてからその効果が最大になる。空気にも質量があるので，ピストンの動きと同時には反応できないのである。これに合わせて，バルブの最大リフトは上死点後100度になっている。

　ピストンが下死点に達しても吸気系にある空気が塊となって動き始めていて，慣性過給効果が働いている。さらにピストンが上昇し始めると，塊となって動いている空気はすでに圧力差で流れる状態ではなく，まさに塊の突進だ。この慣性過給がもっとも効いてくるのは吸入行程の最後のこの時期である。だから，この突進が続く限りは吸気バルブを開いておく。「吸入する」というよりも，新気を「呼び込む」感じである。これによりシリンダー内の圧力は吸気ポート部分より高くなり，この勢いが止まると逆に新気が押し戻されてしまう。その直前にバルブを閉じる。図では下死点後60度である。

　一方，排気側はピストンが下死点に至る前，まだ膨張行程でピストンが下がっている最中に，排気バルブが開き始める。燃焼を終えたガスの圧力は非常に高く，温度が高いので圧力差が伝わる音速も速く，排気バルブが開くと同時に排気ポートへ流れ始める。

　これは，まだピストンを押し下げる力が残っている間なので，ここでの損失がブローダウンロスとなる。けれども，いくら圧力が高くて音速が速くても，一定量のガスを瞬時に排出することはできない。なるべく時間をかせぎ，可能な限り完全に近く排出し，そして新気を呼び込む方が，結果的に馬力をかせぐことができる。そのために，この図で言えば下死点前56度で排気バルブを開き始める。

　燃焼済みのガスが流れ出していく率は，ピストンが上昇する速度が最大になる位置ではなく，最も多く排出されるのは下死点前である。その後も，流れ出る速度としては低下せず，ピストンで押し出すよりも，自分の力で出る部分が多い。そこでバルブの最大リフト位置は，上死点前90度ではなく，もっと手前の100度である。

　ピストンが上死点に至っても，まだ燃焼済みのガスが流れ出る勢いは止まらない。排気ポートや排気管にあるガスが塊となって移動している。外に向かって突進しているのだ。この突進にシリンダー内に残っている燃焼ガスが引きずられ，開いている吸気バルブから新気を引きずり込む。そして，新気まで排出されそうになる直前に，排気バルブをピシャリと閉じるのが理想的だ。

　ここでは新気が，シリンダー内に漂っている燃焼済みのガスを追い出す役目をしている。排気バルブを閉じるのが，図では上死点後36度である。

　吸気バルブは排気行程のピストン上昇中に，上死点前40度から開き始めているので，上

死点後36度までの間，クランクシャフトの回転角度で76度の間がバルブのオーバーラップである。このオーバーラップ期間に燃焼室内の残留ガスを掃き出すことを掃気(スキャベンジ)という。

　各バルブが開閉するタイミングやオーバーラップ角度は，どの回転域でのガスの流れに合わせるか(慣性を効かせるか)によって変わってくる。ガスの流れる勢いが変化するポイントに合わせるわけだから，どの回転でもベストということはあり得ない。レーシングエンジンでは，限られた状況(特定のサーキット)を限られた使い方(より速く走る)で，特定のドライバー(レーシングドライバー)が運転するのだから，高回転側の目指す回転域に絞って設定される。

　各バルブの作動角やオーバーラップは，もちろん一般の量産エンジンより大きい。ターボエンジンでも，慣性過給効果を多くねらっているものほど，大きくなる。ちなみに一般車のオーバーラップは20度から40度くらいである。

　バルブの作動角に関しては，一般に図9-15のようなカムアングルで表現する。つまり，カム断面の片側の角度で，これが70度なら70度カムと呼ぶ。バルブの動きは開き側と閉じ側が同じにならざるを得ないから，カムの頂点(ロッカーアームを持つエンジンならバルブの最大リフト位置に相当する部分)から半分の角度だけでことは足りるのだ。

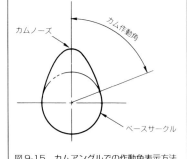

図9-15　カムアングルでの作動角表示方法

　カムアングルが70度ならば，カム全部での角度は2倍の140度，そのカムによりバルブが開いている状態をクランクシャフトの回転角度にすれば280度となる。

　たとえば，カムアングルを3〜5度小さくすると，最大トルクの発生点が6000rpm付近から4800rpm付近まで下がる。乗りやすくなりそうだが，高回転側のトルクが大きく落ち込むので馬力は出ない。

　こういうエンジンを積んだマシンを走らせると，ドライバーは思うように加速しないので，無理に低速ギアで高回転まで引っ張る。結果として，遅いだけではなく，燃費が悪くなる。

　サーキットによってバルブタイミングを変更することは可能であるが，最高出力としては図に示した吸気側70度，排気側68度のカムアングルが最適の場合に，それを低回転の出力特性を上げようと67-67にしてみても大きなメリットはない。だから，最も馬力を出せるバルブタイミングを設定し，基本的にはそれを変更しないのが私のやり方である。多少の調整はブランチ部などの吸気系で行う。

　ちなみに，VRHは密度の高い空気を吸うターボエンジンだから，それに合わせてカムア

ングルもそれほど大きくはない。自然吸気のレーシングエンジンなら，気筒数や排気量にもよるが，V12の3.5リッターならカムアングルで75-75でもマイルドなくらいであろう。

9-2　排気系

　効率を徹底追求するレーシングエンジンでは，排気系は積極的に排出する必要がある。
　排気マニホールドから後流の部分は，シャシーコンストラクターやレーシングチームが担当する領域という認識が一般的である。それでも「車体側で都合のいいように排気システムをレイアウトしてください」という態度ではまずい。ここは，シャシー技術者やチームスタッフなどと協力しながら，エンジン側の要求をきっちり出すべきだと思う。なおターボエンジンの場合は，この排気系にターボユニット関係も接続されているが，それについては別の項で解説する。

●排気管の接続順序
　VRH35の排気マニホールドは，図9-16のようなレイアウトになっている。
　VRHのクランクシャフトはシングルプレーンタイプであるから，各気筒のファイアリ

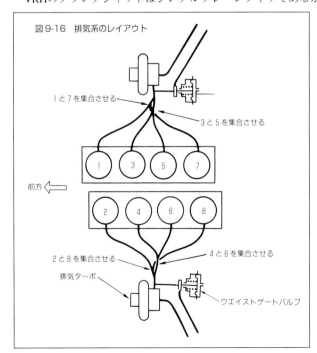

図9-16　排気系のレイアウト

1と7を集合させる
3と5を集合させる
前方
2と8を集合させる
4と6を集合させる
排気ターボ
ウエイストゲートバルブ

ングオーダー（点火燃焼順序）は1→8→5→4→7→2→3→6となる。片バンク側だけを見れば，左右とも1→3→4→2のファイアリングオーダーを持つ直列4気筒エンジンと同じである。
　ここから右バンクの気筒列で言えば，1番と7番の，あるいは3番と5番の気筒の排気行程は，それぞれクランク軸の回転角度で360度ずれている。排気を吐出するタイミングがずれているので，1/7あるいは3/5の排気管を集合させれば，集合した相

手側の気筒の排気干渉が起こらない。反対側の気筒列も同じことだ。こうすることで，積極的に排気を引っ張り出す仕組みにできる。集合された2本の排気管は，最終的にターボユニットへの入口近くで1本に集合される。

たとえば1/7番の排気管を集合させるときの集合角度は，図9-17のようになるべく鋭角的であった方がいい。ここの角度が大きいと，いくら排気行程の間隔が互いに離れているとはいえ，片側の排気が相手側のガスの排出を邪魔してしまう。高圧の排気が相手側の管に入り込んでしまったり，集合部分で圧力波が反射して相手側に入ったりなどで，相手側の排気管内の圧力を高めてしまう。もちろん，排出されつつあるガス自体が急激な曲がり角にぶつかるから，それ自体が排気抵抗でもある。

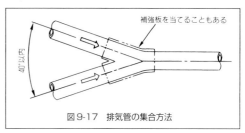

図9-17　排気管の集合方法

集合部の角度は，パイプの中心線で見て40度以下とすれば，排気はスムーズに流れ出る。同時に，そのガスの勢いが相手側の排気管からガスを引っ張り出し，その内部の圧力を下げ，相手側の排気を促進させる効果が生まれる。

この引っ張り出しを助けるには，アスピレーター効果とイジェクター効果のふたつの要素がある。アスピレーター効果に関しては，水道の蛇口を思い浮かべてみてほしい。コックをひねって，勢いよく水を出す。その勢いの強い水流に，紙片など軽いものをゆっくりと近づけると，ある程度近づいたところで，紙片はスパッと水流に吸い寄せられる。これがアスピレーター効果である。片側の排気管から勢いよくガスが流れ出るときにはアスピレーター効果が生まれ，接続された相手側の排気管内に漂っている残留ガスを吸い出す。すると，相手側の排気管内の圧力が低下する。

もうひとつのイジェクター効果は，パッと勢いよく排気ガスが流れ出たあとは，圧力がグンと低くなる。一種の慣性効果である。

こんな引っ張り出し効果を有効に利用するには，相手方の気筒で排気行程が始まる手前の適切なタイミングに，排気が集合部を通らなければならない。となれば，排気ポート出口からここまでの排気管の長さは決まってしまう。その効果を活かした回転域に対してちょうどいい長さは，理論的に計算することができる。

イジェクター効果で，排気が飛び出していったあとに，自らの排気管の圧力も下げる。その圧力が下がりきったところで，相手側の気筒の引っ張り出し効果が追い打ちをかけてくれるようにしてやるとよい。自らの慣性排気効果と相手側の影響をうまく利用して，排気管の長さを算出していく。

これは，吸気側での慣性過給効果とシンクロさせて考察する。吸気系と排気系はつな

がっているものという意識を持つべきである。

　集合部までの排気管の長さは，一般に高いエンジン回転に引っ張り出し効果を合わせるほど短くなる。その要求される長さはどの気筒でも同じだ。これを集合させていくとなると，気筒によっては排気管をかなり曲げる必要がある。いわゆるタコ足になるわけだ。車体レイアウト上では厄介な形になりがちであり，製作にも手間がかかるので一般車ではまずやらないが，レーシングマシンは，ここでの労力を惜しむことはできない。

　V8エンジンでは2気筒ずつが集合された排気管は，ターボユニットの直前でさらに1本に集合される。この第2集合部の集合角度については前に述べた考え方と変わらない。ただ，第1集合部からここまでの排気管の長さは，直後にターボユニットが控えているために，調整できる要素がほとんどない。

　自然吸気エンジンでは，ここの長さも重要だ。排気ポートから第1集合部までの排気管の長さの調節で高回転側のトルクをかせぎ，第1集合部から第2集合部までの長さで中速回転域のトルクをかせぐことになる。また，第2集合部から後流は排気管をテーパー形状として，出口に向かうほど径を大きくすべきである。テーパー状にすることによって，一種のディフューザー効果を狙う。消音の意味ではない。排気の圧力波が，排気管後端の開口部で反射して戻ってくるのを，ここで止めてしまうためである。この形状は，無数の縦の壁の集合と考えられるから，戻ってきた圧力波は，ここで反射してまた出口へ追い返されるわけだ。

　ちなみにV12エンジンでは，片バンクの6気筒のうち3気筒ずつを集合させたあと，そのまま排気管を開口部まで伸ばしていく方法もあるが，第2集合部を設ける図9-18のような

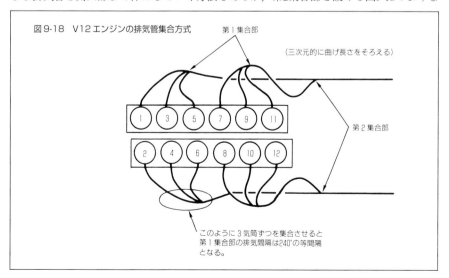

図9-18　V12エンジンの排気管集合方式

（三次元的に曲げ長さをそろえる）

第1集合部

第2集合部

このように3気筒ずつを集合させると
第1集合部の排気間隔は240°の等間隔
となる。

方式の方が得策であろう。

●排気管の材質と構造

理論空燃比までは，空燃比を薄くするほど排気の温度は高くなる。馬力とともに燃費の良さも徹底的に追求したVRHの排気温度は1100℃ほどにもなる。排気管は，この高温に耐える材質にしなければならない。排気系の耐久性の限界が低くて，燃費が悪化するセッティングにせざるを得ない例もある。

排気管の材質は，単なるスチールパイプでは基本強度も耐熱強度も比較的高いが，レーシングエンジン用としては高温下での強度でも，そこでの耐酸化性でも役不足である。排気バルブにも使用するインコネルは，価格も高いけれどステンレスよりはるかに高い耐久性が保証される。

製作方法としては，インコネルの圧延板を切断し，これを丸めてパイプ形状に溶接する。鉄やステンレスよりも硬いので曲げにくいが，エンジン性能向上のためには必要な労力だ。溶接方法は電気溶接だが，溶接棒は同じインコネル材でなければならない。

排気管はガスの通りやすさから言えば，可能な限りストレートであることが好ましいが，ストレート重視で不等長にするよりは，曲げても適切な長さで集合させた方がメリットが大きい。

そこで，曲がりの曲率はなるべく大きくとるようにする。それも，単純にベンダーで曲げると二次元の形でしか曲がらないが，三次元で曲げた方が急激な曲がりを少なくできる。

また，排気管の径は一定がいい。吸気と違い，高い圧力の排気が通るので，管の径を絞るのはマイナスである。逆に径を広げるのも，ガスの乱流を発生させることになる。最もまずいのは，パイプを曲げながら径を広げてしまうことである。

ウエイストゲートバルブ

排気ターボ取付部

図9-19 排気マニホールド

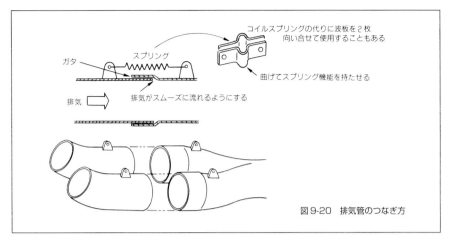

図9-20　排気管のつなぎ方

　耐久レースでは高温と振動にさらされる排気系では，排気管の集合部分の構造に神経を使う必要がある。

　集合部分をガッチリと溶接してしまうのは非常に危険である。とくにパイプの全周にわたって溶接してしまうと，高い熱応力がかかったときに逃げ場がなくなる。溶接の上に補強パッチを当てて溶接したりすると，温度をさらに高くし，応力の集中が起こりやすい。一見頑丈そうな構造にしていくほど，クラックが入ったり折損したりのトラブルの確率が高くなる。

　図9-20のように差込み式とするのが最も安全である。多少ガタガタと動くくらいに差し込んでおくだけだ。差込み方向は，排気の流れに従うようにし，差し込んだパイプが抜けないように，スプリングなどをかけておく。

　使用するスプリングは，コイルスプリングが一般的だが，長時間にわたって振動が加わったときの疲労強度に問題があって，意外と折れやすいものだ。

　VRHでは，図のように中央部分を曲げてスプリング効果を持たせたプレートを使用している。材質はステンレスだ。このプレートを2枚合わせにし，集合させるそれぞれの排気管にある突起にボルトやリベットで取り付ける。

9-3　冷却系

　冷却は，冷却水によるものと潤滑油によるもの，それに2〜5%ほどはエンジン表面からの輻射熱として逃げるものがある。いずれにしても，冷却のほとんどは冷却水によって行われ，潤滑油による冷却はその1/4から1/5ほどである。また，冷却水による放熱量は，700〜800馬力程度のエンジンの場合，20万kcal/h弱あるが，そのうちの8割がシリンダー

ヘッドから奪われるものであり，残りの2割がシリンダーブロックからとなる。

冷却水温度が下がれば潤滑油の温度も下がり，逆に冷却水温度が上がれば油温も上がる。当たり前のことだが，冷却が過度となると図9-21のように潤滑油が，混入した燃料によって稀釈され，潤滑不良を起こすことがある。冷却水の温度が下がると，潤滑油温度も低下する（一般に油温は水温より10〜15℃程度高い）。シリンダー内での燃料の気化は鈍り，過冷却によりピストンが収縮してシリンダーとのクリアランスは増大する。これによって潤滑油に燃料が混入するわけだが，油

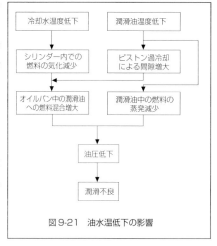

図9-21　油水温低下の影響

温が低いと潤滑油に混入した燃料の気化分留が阻害され，稀釈はさらに進む。

潤滑油中に混入した燃料を蒸発させ分離するためには，油温は100℃か，それ以上であるのが好ましい。また，油温を適切に上げておけば，フリクションの低減にも効果がある。冷却水の温度は80〜85℃に保つのが適切である。とくに80〜85℃という温度は，充填効率へのはね返りが少なく，吸気ポートにおける燃料の気化にとって絶妙な温度である。

●放熱すべき熱量

供給された燃料を燃焼させ，その熱エネルギーをクランクシャフトの回転力に変換するエンジンにあって，前述したように燃料の持つエネルギーのうちクランク回転力として取り出せるのは30％ほどで，残りの70％のエネルギーは各種の損失として捨てている。冷却損失もそのひとつだ。

損失とはいえ，これはやはり捨てるべき熱である。燃焼ガス温度のピーク値は空燃比が15：1のとき，正常燃焼でも2500℃以上にも達するが，その熱の一部はエンジン各部の温度を上げる。ほとんどが金属部品の集合体であるから，各部分の温度が上がりすぎては正常な作動ができなくなり，やがては破壊する。燃焼室では計算どおりにガスを燃焼させるためにも，その内面を300℃以下に保ちたい。この捨てるべき熱量は，当然ながら馬力を出すほど多くなる。そこで，どのくらいの熱が捨てられているのかを図9-22に示した。VRH35の場合の放熱特性である。

エンジンに供給された燃料が生む発熱量のうち，この図の冷却水が受け持っている放熱量（つまり奪っている熱量）は15〜21％である。潤滑用オイルの放熱量は2〜5％だ。実線と点線の傾きからわかるように，冷却水とオイルの放熱量の比率は5：1ほどである。

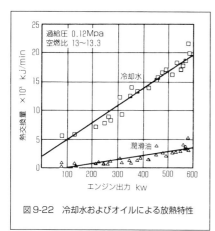

図9-22　冷却水およびオイルによる放熱特性

なお，エンジン各部の熱が水やオイルを経由せずそのまま大気に放出される分もあるから，エンジンルームには適度な通気が必要なわけだが，これは制御しにくい放熱部分であり，積極的な冷却項目からは除外される。レーシングエンジンでは，結果的には2%ほどでしかない。

シリンダーライナーで積極的な冷却が必要なのは，前に述べたように上端部の20mmほどだけである。それから下の部分まで冷却を積極的にすると，熱エネルギーを必要以上に奪ってしまい，出力が低下するし，供給された液状の燃料の気化を阻害する。この部分は130〜170℃くらいに保つべきである。こうした温度コントロールの結果，前記のように冷却系への放熱量が15〜21%となっているので

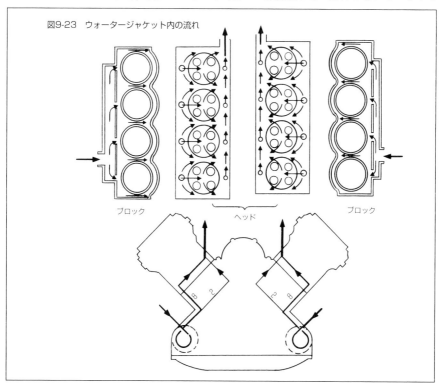

図9-23　ウォータージャケット内の流れ

ブロック　　　ヘッド　　　ブロック

あり，一般市販車のエンジンの22〜25%と比較して，熱エネルギーを効率よくクランク回転力に変換していることになる。

冷却が厳しいのは排気バルブのバルブシートまわりなどで，とくに高温になり，小さい面積で大量の放熱を行っている。乱流熱伝達（冷媒がかき混ぜられている状態での熱伝達）としては限界の50万kcal/m^2・h以上の熱流束の部分があると考えられる。世の

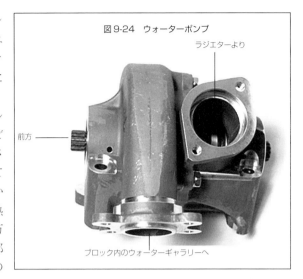

図9-24　ウォーターポンプ

ラジエターより

前方

ブロック内のウォーターギャラリーへ

中で最も大きな値の熱流束が存在するのは原子炉だと言われ，100万kcal/m^2・hにもなるというが，この排気バルブシートまわりはその次に位置するほど，大量の熱を単位面積あたりから伝達している。いや，伝達させなければならないのだ。ちなみに一般市販車のこの部分も放熱量は多いが，その熱流束は10〜20万kcal/m^2・h程度である。

大量の熱を速やかに冷媒で奪うためには，発熱部分との温度差の大きい冷たい水を，高速で流すことである。絶対的な冷却能力を高めておけば，あとの制御は容易である。要求される冷却量が少ない部分は，流量を絞ればいい。同じウォーターポンプから吐出される水を各部位へどう配分するかで決まる。

先の図で800馬力を出しているときの放熱量は毎分4750kcalであり，そのときの冷却水の循環量は毎分630リッターである。この作動状態において，冷却水のエンジンへの入口部分と出口部分の温度差を求めてみる。水の比重を単純に1として省略すれば，

温度差$\triangle$T＝4750kcal/min÷（1kcal/kg℃×630ℓ/min）

の式から，約7.5℃になる。一般市販車のエンジンでは，温度差はもっと小さくて3℃くらいだ。温度差が小さいほど水が速く流れていて，それだけ冷却性能に余裕があるわけだが，使用条件の違いがある。レーシングマシンは常に加速と減速を繰り返しており，定常回転で長時間にわたって走行することはない。上記の数値はあくまで800馬力を発生しているポイントでのものである。低い車速で高負荷をかけながら走行を続けることもなく，ラジエターには常に大量の冷却風を導けるので，このくらいの温度差の設定でもオーバーヒートしないのである。

ただし，使用条件を限定してギリギリのところで設計してあるので，些細な原因でも

オーバーヒートする可能性がある。スリップストリームを多用すると冷却能力は落ち，オーバーヒートの危険性が大きくなる。多少のマージンはみてあるものの，それなりの取り扱いをしなければならないのはいうまでもない。

　ところで，冷媒に使うのは単純な水がいい。防錆や潤滑の効果を期待してLLCのようなものを混ぜると比熱が下がり，同じ循環量と温度差なら，単純な水よりも効熱量が低下する。世の中で比熱が最も大きい物質はH_2O，つまり水であり，奇をてらわない方がよい。できれば軟水を使用すべきだ。硬水だと冷却系統の内壁に付着物ができたりするので不適切である。地域によって水質はいろいろなので，確実を期す場合は蒸留水を使用することだ。

●冷却水の流れ

　冷却システムは，大量の熱を奪いながら，かつ冷やし過ぎないようにうまく設計しなければならない。しかも，ラジエターやオイルクーラーへの空気の取り入れは，車両の空力特性に大きなはね返りを伴うため，レーシングカー設計のレイアウト段階から十分に検討しておかないと，システムとして成り立たないこともあり，注意を要する。

　最適な冷却を行うためには，均一な冷却を心がけ，また必要な部分をとくに重点的に冷やす。そのポイントは，冷却水の分配にある。図9-25と9-26では，冷却水を圧送するポンプが各バンクに1個ずつある。まずウォーターポンプによって冷却水はインレットウォーターギャラリーに圧送され，ここで各シリンダーへ等しい流量となるように分配される。また，この図9-26では，排気側から入り吸気側へ抜けるようにしている。排気側についてはいくら冷やしても罰は当たらないからだ。そして，排気側を冷却後，やや温度の上がった冷却水によって吸気側を少し暖める。燃焼室は，排気側と点火プラグボス周りが熱いため，まずこの部分を重点的に冷やすことにより燃焼室壁温度が均等になる

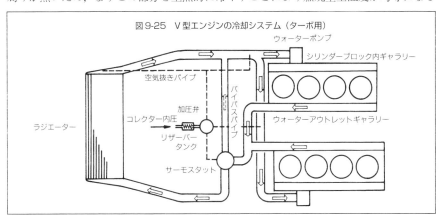

図9-25　Ｖ型エンジンの冷却システム（ターボ用）
ウォーターポンプ
シリンダーブロック内ギャラリー
空気抜きパイプ
バイパスパイプ
加圧弁
コレクター内圧
ウォーターアウトレットギャラリー
ラジエーター
リザーバータンク
サーモスタット

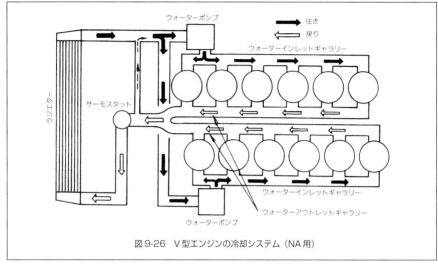

図9-26　V型エンジンの冷却システム（NA用）

とともに，吸気ポートでは燃料の気化が適度に促進される。

　冷却水の流し方についても，排気側はしっかりと冷える水路を考える必要があるが，吸気側は図9-27のように，冷却水がアウトレットウォーターギャラリーへ抜ける途中で，ついでに冷やされればよいというくらいに水路を設けておけば大丈夫だ。

　シリンダーヘッド内は，水路を十分に確保するのが難しいほど入り組んでいる。排気バルブシート周辺と点火プラグ周辺はとくに冷却水によって熱を奪われなければならないが，この部分のウォータージャケットは，点火プラグボスや，吸排気バルブシート裏側のハウジングなどが林立した密集地帯となっており，冷却水路を形成するのが非常に難しい。しかし，最も狭い水路であっても5mm×5mm程度以上の断面は確保しておかないと水がきちんと流れない。このあたりは，設計の腕が試されるところでもある。「メダカが通り抜けられるような水路」でなければ意味がない。水は意外に狭い水路を通り抜けられず，澱んでしまうものなのである。

　次に，縦断面を見てみると，シリンダーヘッドへ8割の水を流し，シリンダーライナーへは残りの2割をまわせばよい。シリンダーヘッドとシリンダーライナーからの放熱量はほぼ8対2の割合であるからだ。そして，シリンダーライナー部分は，ピストンの全ストローク分冷却水を通す必要はなく，上から数センチほどが冷やされていれば問題ない。ピストンが下死点まで下がった位置のライナー表面温度は100℃程度に下がっているからである。

　ところで，シリンダーヘッド側とシリンダーブロック側の温度管理をどのように行うかだが，ヘッド側とブロック側とを図9-28のように分離し，ヘッド側の温度を低く，ライ

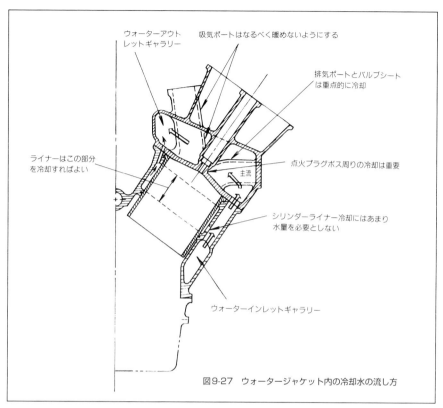

ウォーターアウト
レットギャラリー

吸気ポートはなるべく暖めないようにする

排気ポートとバルブシート
は重点的に冷却

ライナーはこの部分
を冷却すればよい

点火プラグボス周りの冷却は重要

主流

シリンダーライナー冷却にはあまり
水量を必要としない

ウォーターインレットギャラリー

図9-27　ウォータージャケット内の冷却水の流し方

ナー側の温度をそれより高く管理するのが理に適っている。ただし，この場合，それぞ
れにポンプとサーモスタットをもつためシステムが複雑になる。

　図9-29は，ひとつのポンプでヘッドとブロックを兼用し，その先で流れを振り分ける方
法を示している。しかしこの場合は，ラジエ
ーターから出てきた冷却水温度をシリンダー
ヘッドを重点的に冷やすように低く設定する
ため，あまり冷却を必要としないブロック側
にとっては温度が低すぎる。そこで，ブロッ
ク側への分流に際しては流れを絞り，ウォー
タージャケット中の滞留時間を長くするなど
して，温度調節を行う必要がある。

　VRHの冷却系統は，V型エンジンなので各
バンクごとに経路があり，ウォーターポンプ

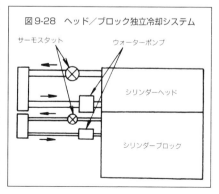

図9-28　ヘッド／ブロック独立冷却システム

サーモスタット

ウォーターポンプ

シリンダーヘッド

シリンダーブロック

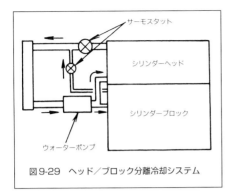

図9-29 ヘッド／ブロック分離冷却システム

もふたつ装備されているので複雑に見えるかもしれないが，平行して同様の経路があるだけのことである。

容量0.5リッターのウォータータンクは水を注入するための給水口で，経路内のエアを抜くために必要な存在であるにすぎず，冷却水を溜めておくほどの意味はない。

VRH35では，ウォータータンクに図9-25のような加圧経路が接続されている。ターボ下流の加圧された空気圧を，逆止弁を通して冷却系内にかけているのだ。最大加圧圧力は3kg/cm²である。これは，スタート直後にフル加速を開始した場合に，局部的に沸騰が起こって気泡が経路をふさいでしまうのを防ぐための装置で，通常走行ではとくに必要のないものだ。スタート直後はまだ十分に水温が上がっていないので経路内の圧力が高くない。そこでいきなりフル加速すると，ターボエンジンの場合は膨大な発熱量により，沸騰が起こることがある。そこでターボの過給圧を使って経路内の圧力を上げ，沸点を高めるのである。自然吸気エンジンの場合は発熱量がそれほど多くないので，あまり心配はいらない。

●冷却水の温度管理

サーモスタットを使用して管理する。もしレース当日の天候が決まっていて，途中で変わったりしないことがはっきりしており，かつスプリントレースであればサーモスタットなしでもよいかもしれない。しかし，サーモスタットも近年は改良が進み，振動などの耐久性も高まっている。また，サーモスタットを取り付けておけば暖機が良く，後腐れはない。ラジエターにガムテープを張り付けて温度調節をするというのは手軽ではあるが，トライ・アンド・エラーで適温を得なければならず，余計に気を遣わなければならない。また，見た目にも良くなく，あまりほめられた方法ではない。また，自動的にヨロイ戸状のブレードを開閉するラジエターシャッターを採用するのもよい方法だ。

冷却水中に混入した空気が自動的に抜けるように，各部の最も高い箇所や，空気のたまりやすい場所に空気抜きの配管をつなぎ，一方をリザーバータンクに開口する。これにより，空気を自動的に抜くことができる(図9-30)。普通，水には必ず空気が含まれている(だから金魚が生きていられるわけだ)。したがって，どんなに慎重に冷却水を入れたとしても，水温が上がれば必ず気泡は発生する。

燃焼室の周りでは，冷却水が接する金属部分の高い温度によって沸騰し，瞬間的に気泡が発生する。これを，サブクール沸騰という。しかし，この気泡は周囲の冷却水の包

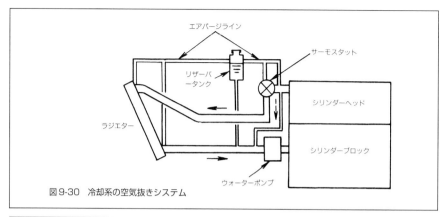

図9-30　冷却系の空気抜きシステム

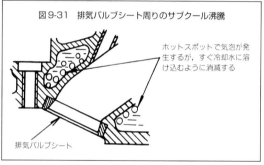

図9-31　排気バルブシート周りのサブクール沸騰

ホットスポットで気泡が発生するが、すぐ冷却水に溶け込むように消滅する

排気バルブシート

囲網にあってすぐに消えてしまうから心配はない。しかも、このサブクール沸騰は多量の熱を奪う効果をもつ。普通の水の流れでは20万kcal/m²程度の熱しか奪うことができないが、サブクール沸騰を起こすと100万kcal/m²の熱を奪うことができる。つまり、5倍の熱を奪う能力をもっているわけだ。ただし、沸騰を起こした後に、周囲の冷却水によって気泡がすぐに消滅しない場合はバーンアウトの危険性があるので、冷却水の流速を速くしておく必要がある。

　流速が速くなると、それまで層を成して整然と流れていた冷却水がつっかかったり、そこに後からきた水が追い越そうとしたりして、流れが乱れてしまう。これが乱流である。また、細い管などを水が流れるときは整然と流れているが、通路の断面積が大きいと各部で速度差が生じ、速い流れが遅い流れに回り込むようになって乱流が発生する。この乱流は、壁面近くの、熱く、澱んだ境界層をこそぎ取り、冷たい水が壁面近くに到達できるようになる。この乱流が起きると、50万kcal/m²の熱を奪うことができる。

　レース用ターボエンジンが800馬力を出しているときの冷却系への放熱量を計算すると、約20万kcal/hになる。これは中規模の住宅(床面積100m²程度)に使われるセントラルヒーティング用ボイラーの10倍ほどの熱量に相当する。これだけ多くの熱をうまく大気中に放出する必要があるわけだ。

　しかも、単純に冷やせばいいのではなく、放熱量は各部位によって大きく異なっている。それぞれの適した温度範囲に収め、それをコンスタントに持続させる。レーシング

エンジンで高出力を発揮させるために，そして燃費を向上させるためには，この冷却系は重要なポイントである。

　ところで，エンジンの冷却方式にはここまで述べてきた一般的な流水冷却とは別に，沸騰冷却という方式もある。じつはこれが，各部の温度制御などで多くのメリットを持っている。

9-4　潤滑系

　エンジンにおける潤滑系は，言ってみれば人間の心臓や肺，血管といった循環器系に相当する。オイルは血液だ。各種の回転部分や摺動部を潤滑し，高い負荷がかかる部分では緩衝効果を発揮し，ピストンとシリンダーライナーとの間などに介在して密閉効果を生み，さらに高温部分から熱を奪って冷媒としても働くなど，非常に多くの仕事をしている。そのオイルを各部へ確実に送り届け，また回収して適切な状態に調整して，また送り出すのが潤滑系の仕事である。

　かつて，潤滑を制するものは高速エンジンを制するといわれたことがあった。まだ，今日のように合成のエンジンオイルでなく，ヒマシ油が用いられていた時代である。当時はケルメットのベアリングメタル性能が悪く，メタルの焼き付きによるエンジン破損が頻発した。

　しかし，今でも高速エンジンでは，潤滑がエンジン破壊の境界線のひとつとなっていることに変わりはない。エンジンオイルが改良され，ベアリングメタルの耐荷重が上がっても，その分エンジンが高回転化されているため，いつまでも潤滑の問題はつきまとう

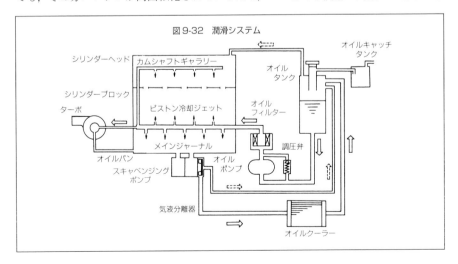

図9-32　潤滑システム

のである。破壊のいちばん大きな引き金はベアリングメタル（特にコネクティングロッドメタル）の焼き付きである。

●クランクピンとメインジャーナルの潤滑

　ベアリングの耐荷重の範囲であれば，対策としてはとにかくクランク軸に給油を絶やさないことだ。その潤滑油の一部が，コネクティングロッドの大端部が取り付けられるクランクピンに送り込まれる。

　給油の際，そのクランクピンにつながるメインジャーナルの給油穴に，途切れることなくオイルが圧送されるようにするのが第一歩である。そのためには，図9-33に示すような構造がよい。こうすれば，メインジャーナルの給油穴がどの位置にきても，給油溝から潤滑油が同じような条件で供給される。ベアリングハウジング部の全周に切られた油溝とベアリングメタルの給油溝に開口した油穴から，常に高い圧力の潤滑油が供給されるようになっている。メインジャーナルの給油穴がどの位置にきても，クランクピンへの潤滑油供給をストップさせてはならない。

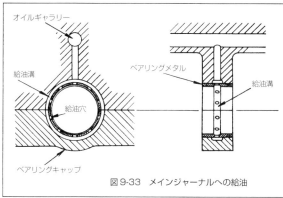

図9-33　メインジャーナルへの給油

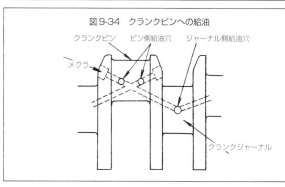

図9-34　クランクピンへの給油

　一方，クランクシャフトの方は，図9-34のようにジャーナルからクランクピンに連通する油穴を設けてある。このジャーナルに開口した油穴には，前述のように絶え間なく潤滑油が供給されている。ところで，この給油穴の中に充満したオイルには，図9-35に示すように遠心力が働くが，これはクランク軸の回転速度の2乗に比例して増大するため，圧力をかけ，この遠心力に打ち勝たないとオイルを中へ押し込めなくなる。

　メインジャーナルの中央から斜めに開けたクランクピンへの油穴中のオイルにも遠心力が働き，周外へ出

そうとする。しかし，まずはメインジャーナルの真ん中までオイルを到達させることが先決で，メインギャラリーの油圧を高く設定することが必須である。そのため高速エンジンでは量産のエンジンで5kg/cm²とすると，レーシングエンジンでは8kg/cm²以上となり油圧を高くしている。

ところが，10000rpm以上という高速域において，メインギャラリー内の油圧が上がっても，遠心力が増大するとクランクピンへオイルが流れにくくなり，潤滑油の捌け口がなくなったのと同じになって，油圧が上がった可能性もあるのだ。

この他，ベルヌーイの定理にしたがって，給油穴中のオイルには，そこから引っ張り出そうとする負圧が働く。この負圧はかなり大きい。

実際は図9-36のように，メインジャーナルの周りのオイルは一緒に回転しており，相対速度が小さく，負圧はあまり高くないように思われる。むしろ，図9-37のよう

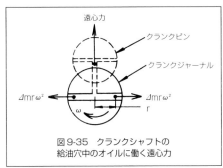

図9-35　クランクシャフトの
給油穴中のオイルに働く遠心力

図9-36　クランクシャフトのメインジャーナル周りの
オイルの動き

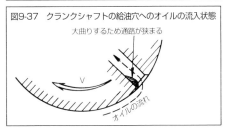

図9-37　クランクシャフトの給油穴へのオイルの流入状態

に，油穴への流入部でうまくオイルが曲がってくれるかどうかが重要である。したがって，クランクピンへの給油改善の例として，図9-38のように，メインジャーナル内の油穴を軸の中心部に貫通させるのではなく，オフセットさせる方法がある。これによって，流入に抗する遠心力の影響を低減するとともに，いったんクランクピン部への油穴内に

詰まったオイルは，そのオイル自体が発生する遠心力によって素早く引っ張り出される。

また，クランクピン部では，出ようとするオイルが，メタルとクランクピンとの隙間の変化によって再度押し込まれることがないように，面取りの形状にも十分配慮する必要がある。

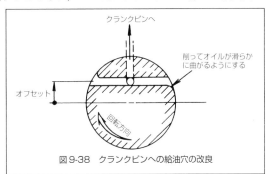

図9-38　クランクピンへの給油穴の改良

●ドライサンプ方式の利点

　4ストロークエンジンの潤滑方式には，ウェットサンプとドライサンプがある。前者はオイルパンをオイル溜めとして使い，ポンプでオイルを各部に圧送するものであり，一般量産車のエンジンはほとんどがこれである。構造がシンプルだし，それでとくに不足もない。しかしF1やグループCカーなどに使われるレース専用エンジンでは，ドライサンプ方式を採用するのが常識だ。その理由は，まず強烈なGが前後左右にかかるレーシングマシンでは，ウェットサンプ方式ではオイルがそのGで片寄ってしまい，ポンプにオイルだけを吸い込ませることが難しいからである。

　F1ほどではないとはいえ，グループCカーにかかる加速度は左右方向で最大2.4G，前後方向には1.5〜2Gほどにもなる。ドライサンプ方式なら，別に設けたオイルタンクから確実にオイルだけを吸い込んで各部へ圧送できる。

　ドライサンプ方式では，オイルパンにオイルを溜める必要がないので，クランクシャフトから下の寸法を小さくできる。さらにクランク軸でオイルを撹拌する割合が非常に少ないので，撹拌抵抗も油温の上昇も非常に少なくできる。

　冷却やブローバイシステムにとってもドライサンプは都合がいい。オイルパンで多少とも冷却されたオイルは，そこから吸い上げられてオイルクーラーで積極的に冷却されたのちに，オイルタンク(リザーバータンク)でも冷やされる。ただし，各部にオイルを圧送する通常のオイルプレッシャーポンプとは別に，オイルパンに集まってくる潤滑済みのオイルを根こそぎ吸い上げるスキャベンジングポンプが必要なことと，このスキャベンジングポンプがオイルと一緒に空気やブローバイガスも吸い込んでしまうことが，ドライサンプ方式のデメリットである。

●潤滑系の各部品

　オイルパンには可能な限りオイルが溜っていない状態が望ましいわけで，スキャベンジングポンプは，空気やブローバイガスも一緒に吸い込むことになるが，それでも手あたり次第に根こそぎ吸い込む。そのためポンプ容量はプレッシャーポンプの2〜3倍ほどもある。VRHの場合，このスキャベンジングポンプにはルーツ式を，オイルプレッシャーポンプにはギア式を採用している。

　スキャベンジングポンプが吸い込んで吐出する体積の50%が空気やブローバイガスといった気体だ。オイルは残りの半分でしかない。オイルと気体が混ざった状態であるが，これを気体とオイルに分離するのがエアセパレーターだ。その仕組みは図9-41のようになっていて，簡単に言えば遠心分離器である(図9-39参照)。

　気体が半分混じったオイルがエアセパレーターに入ると，ターボユニットのコンプレッサーのような感じで羽根が回転している。これはスキャベンジングポンプにタンデムで

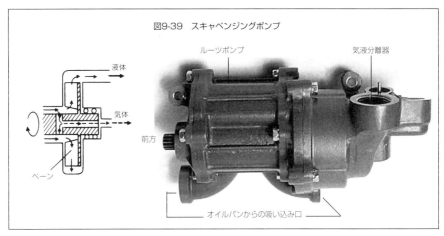

図9-39　スキャベンジングポンプ

ルーツポンプ

気液分離器

液体

気体

前方

ベーン

オイルパンからの吸い込み口

直結されているので，回転速度はエンジン回転の約80％だ。ここにオイルが当たると，強い遠心力により比重の大きいオイル分だけが外周方向へ寄せ集められ，吐出口から出ていく。完璧にオイルだけになっているわけではないが，オイルと気体の比率は9：1にまでなっている。一方で，比重の小さい気体成分はセパレーターの中心部分から吐出され，オイルと気体の比率は2：8ほどになっている。

　かなりのレベルまで気液分離が行われたオイルはオイルクーラーを通過し，オイルタンクに入り，ここでもさらに気液分離が行われる。

　オイルクーラーからのオイルは，オイルタンクの上部に一定の角度をもって吐出される。するとオイルは，タンクの内壁に沿って螺旋状に回転しながら落下していく。エアセパレーターほどではないが，ここでも遠心力が発生して，比重の大きいオイルがタンク内壁に押し付けられ，気液分離が進行する。エアセパレーターの中央から出たブロー

バイガスや空気は，オイル吐出口のさらに上方からタンク内に入り，多少とも残っているオイル分との分離が進行する。そして，オイルとほとんど分離された気体成分はタンク中央からオイルキャッチタンクへと

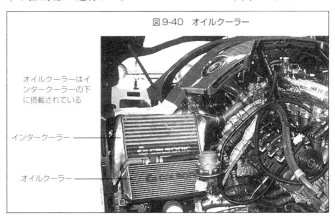

図9-40　オイルクーラー

オイルクーラーはインタークーラーの下に搭載されている

インタークーラー

オイルクーラー

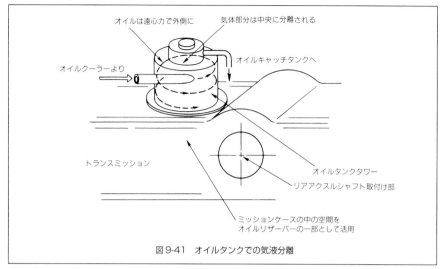

オイルは遠心力で外側に

気体部分は中央に分離される

オイルクーラーより →

オイルキャッチタンクへ

トランスミッション

オイルタンクタワー

リアアクスルシャフト取付け部

ミッションケースの中の空間を
オイルリザーバーの一部として活用

図9-41　オイルタンクでの気液分離

向かう。

　この気液分離機構を備えたオイルタンクは，エンジンとミッションの間に位置している場合が多い。ドライサンプの潤滑方式ではかなり重要なものであり，各チームやメーカーごとに様々な工夫があるが，原理的にはそれほど大きな違いはない。エアセパレーターを装備せず，このオイルタンクだけで気液分離を行っているエンジンも多い。しかし，機構的にユニットがひとつ増えるとはいえ，エアセパレーターも装備することが望ましいであろう。これは次項で述べるオイルの性能にも関わることだ。

　ところでVRHの場合，エンジンが7600rpmで回転しているときには，毎分120リッター以上の大量のオイルが循環している。小型の風呂桶を2分間で満たす量である。オイルタンクに収められるオイル量を15リッターとすれば，毎分8回ほど循環していることになる。ちなみに一般市販車のエンジンのオイル循環量は，3リッターエンジンでも毎分40リッターくらいのものである。

　これだけオイルが循環しているので，オイルによる冷却性能も大きい。冷却水がエンジンから熱を奪って大気に放出する量との比率で，VRHは20％に相当する放熱を潤滑用オイルが行っている。一般市販車のエンジンと比較すれば，5倍以上にもなる。ピストン冠部をオイルジェットで積極的に冷却していることも，オイルによる冷却の比率を高くしている要素である。

　なお，オイルクーラーは一般に空冷式が使用されるが，水冷式もある。水冷式オイルクーラーは搭載性に優れているので，採用は次第に増大傾向にある。しかし，ラジエターからの放熱量が20％程度増大するので，ラジエターの容量を大きくするなどの検討が必要

になる。

●エンジンオイル

　潤滑用オイルは，最良のものを選び，あるいは最良のものをオイルメーカーと共同開発していくことが必要である。レーシングエンジンに使用するオイルについて，何が重要なのかを考えてみたい。

　エンジンオイルが担っている役目は主に①潤滑，②応力分散，③冷却，④密封，⑤防錆，⑥清浄などである。応力分散というのは，クランクシャフトなどの軸受け部分でオイルの膜に回転軸が浮いているような状態で，大きな荷重が瞬間的にかかったとき，そのオイルが荷重を分散する効果のことである。

　一般市販車の場合は，これらの機能を広い温度範囲で，長期間にわたって維持する必要がある。ただし，レーシングエンジンに使用するオイルの場合は使い方が限定されるので，以上のすべての要素を均等に扱う必要はない。

　使用条件が厳しいレーシングエンジンでも，短時間であれば，スーパーストアで売っているオイルでも不都合はない。むしろ低温特性や清浄分散性，防錆性などは，もっと低レベルでも構わない。こうした機能を向上させるために添加物を加えると，基本的な潤滑や応力分散といった能力が低下する可能性があるので，その基本性能だけを追求したオイルを選びたいところである。

　レーシングエンジン用のオイルが真価を問われるのは，エンジンにマルファンクションが起こったときだ。たとえばオイル内に多量の燃料が混入しても，それを排除できるだけの条件を備えていなければならない。またミスファイアが起こると，その次の燃焼行程では正常回転時よりはるかに大きな燃焼圧力が発生して軸受け部に巨大な応力がか

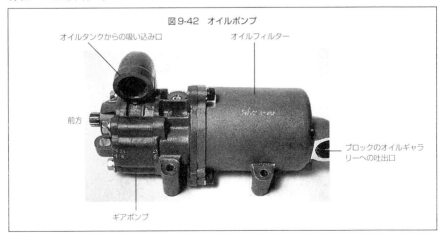

図9-42　オイルポンプ

オイルタンクからの吸い込み口

オイルフィルター

前方

ブロックのオイルギャラリーへの吐出口

ギアポンプ

かるが，それでも油膜が剪断されずに応力を分散する性能が必要だ。そういう非常時に
エンジンを助けることが，レーシングオイルに課せられる第一の義務である。

　さらに，耐久レース中の過回転やミスファイアなどで高負荷がかかっても，期待され
る潤滑性能を有していなくてはならない。

　高負荷でも油膜が切れにくく，長時間走行でも粘度低下を抑えるとなると，粘度調整
剤であるポリマーの存在が問題になる。ポリマーを混入すると低温でも粘度が極端に上
がりにくく，高温でも粘度が低下しにくくなるので，一般にはベースオイルに混入する。
ところが，高回転と高負荷の連続状態では，ポリマーの分子が切断されて，粘度が大き
く低下する。

　そもそもレーシングエンジンでは，低温時の始動性など問題ではない。エンジン運転
中のオイル温度はエンジン側の機構できちんと一定範囲に抑え込めばいい。その温度範
囲でしっかりと定められた粘度(耐剪断性を含む)を確保し続けられればいいのだ。

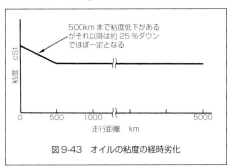

図9-43　オイルの粘度の経時劣化

　時間の経過とともにオイルの粘度は低
下して，オイルが劣化したのでは困る。
初期の粘度低下は避けられないが，その
あとは確実に一定の粘度を保たなければ
ならない。これも各種の添加剤で調整す
るのではなく，可能な限りシンプルにオ
イルそのもので達成されるべきだ。添加
剤は様々なトラブルの元である。

　ドライサンプの潤滑方式を採用してい
るため，オイルには多量の空気やブローバイガスが混入するので，冷却性能が低下する
し，油膜切れの原因にもなる。消泡性に優れたオイルである必要もある。しかしこれも，
添加剤に頼りすぎるのは問題だ。

　消泡剤は一般のオイルにも入っているが，オイルの表面で膜のようなものとして働き，
泡が入るのを防ぐ。ウェットサンプ方式なら効果があるかもしれないが，ドライサンプ
方式で強烈にオイルを撹拌する状況では，かえって泡を抱え込んでしまいやすい。さら
には，その抱え込んでドロドロになったものが，オイルタンクの中の油面に膜を形成し，
なおのこと気泡を発散させにくくする。

　そういうことが起こりにくい消泡剤を，最少限度の量だけ添加するべきである。そし
て，これらと並行して，前項で述べたエアセパレーターに代表されるようなエンジン側
の機構で気液分離能力を高める努力をし，必要以上にオイル側の消泡能力に頼らないよ
うにする。

　燃料によるオイルの稀釈への配慮も重要である。レーシングエンジンは一般のものよ

り，燃料がオイルに混入する率がずっと高い。混入した燃料が溶け込んだままだと，オイルの粘度が低下してしまう。燃料によって粘度低下を起こしにくいオイルであった方がいい。同時に，一般用では80℃前後の油温で使うところを，レーシングエンジンではもっと高い温度(たとえば100℃くらい)に設定する。こうすれば，燃料を蒸発させてオイルから分離させやすい。ただし，これはオイルを高温で連続使用することになるので，それに耐えて十分な潤滑性能を継続的に維持するようなオイル性能が必要になる。

　粘度の低下がなく，熱安定性に優れ，ターボユニットのような400℃にもなる高温部があってもコーキング(スラッジのようなものの発生)が少なく，燃料稀釈や高温時も油膜を保持でき，馴染みがよく，フリクションが少なくて燃費もいい，こういう条件をレーシングエンジンに使用するオイルは，ベースオイルで可能な限り追求すべきである。

　レーシングオイルは，ベースオイルが100％化学合成油である。我々が使用したのは，粘度としては，ターボエンジンなので高い応力分散性能を持たせるため，硬めの15W50番程度だ。これに摩擦調整剤(有機モリブデン)を入れたものを基本としている。ピットから飛び出すときのように，まだオイルが十分に行きわたっていない状態での焼き付きを防止するには，有機モリブデンのような摩擦調整剤が必要だ。しかし，その他の添加剤は極力控えめにしている。薬漬けのような一般のオイルから較べれば，はるかに添加剤が少ないシンプルなオイルである。

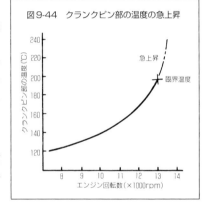

図9-44　クランクピン部の温度の急上昇

　エンジンオイルのもつ冷却作用により熱を奪い，その熱を大気に捨て，元の温度に戻る。そのためには，オイルの冷却をおろそかにすることはできない。

　エンジンオイルで潤滑している部分が臨界温度に達すると，そこから先は一気に温度が上昇する。その様子は，ちょうど熱爆発のように急上昇して金属接触を起こし，また温度が上がるといった悪循環を起こす。

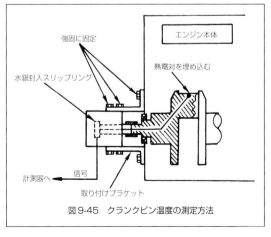

図9-45　クランクピン温度の測定方法

228

　その様子を示したのが図9-44で，これはエンジン回転数に対し，クランクピン部の温度上昇の状況を示したもので，エンジン回転数の上昇とともに，クランクピン部の温度は急激に高くなっている。200℃近くなると，さらに急上昇し，メタルの焼き付きを引き起こす。この焼き付きが発生する直前の温度を臨界温度として示した。クランクピン部の温度測定には熱電対をクランクピン部に埋め込み，クランク軸の先端からスリップリングを介して出力を取り出す（図9-45）。

　エンジンオイルの冷却作用の点からは，ブローバイによって入り込むガソリンによるエンジンオイルの稀釈を防ぐために，100～110℃程度に確保しておきたいので，臨界温度との差は80～90℃あるが，油膜切れを防止し，さらに，クランクピン部の温度を上げ過ぎないために，たっぷりとした油量を確保することが大切である。

9-5　制御系

　エンジン本体の基本的な構造・作動理論は昔から変わっていないが，そのエンジン本体から効率よくパワーを生み出すところでは，大きな技術変革要素がふたつあったと思う。ターボと電子制御である。

　ターボチャージャーそのものは別に新しいものではない。しかし，単に大出力を生むだけでなく，適切な出力を常に確実に獲得し，同時にその出力に対する燃料の消費量を少なくするという高度な内容が具現化され始めたのは，1980年代のターボF1以降だ。

　そして，この近代的なターボエンジンに必要不可欠だったのが各種の電子制御である。これは同時に，自然吸気エンジンのポテンシャルを飛躍的に高めるものとなった。

　点火時期を例に挙げてみよう。旧来の遠心ガバナー方式では，進角の度合を2段階に変化させる場合でも，下の図9-46の左側の点線のような進角特性しか得られない。ガバナーのウエイトを回転中心に引きつけるバネを2段ピッチにしても，必ずバネ定数の小さい部分から伸びるので，実線のように後半で進角度合が増す特性は出せない。メカニカル方

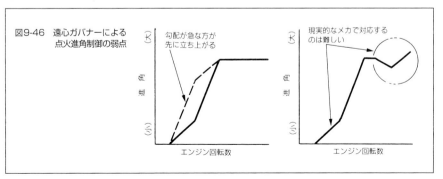

図9-46　遠心ガバナーによる
　　　　点火進角制御の弱点

勾配が急な方が
先に立ち上がる

現実的なメカで対応する
のは難しい

進角　（K）　（J）　エンジン回転数

進角　（K）　（J）　エンジン回転数

式ではこの程度の特性の細工でも対応が難しいから，右側のグラフのように一度進角させてからまた遅角させる特性は，現実的にほとんど不可能に近い。

　要求される最適点火時期は，必ずしも回転数の上昇に比例しない。さらに過給圧，吸気温度，スロットル開度によっても変わってくるので，突き詰めればエンジン回転数以外の，それらの状況ごとに進角特性を設定したマップ制御が望まれる。こうなると，とても遠心ガバナーで行える世界ではない。逆に言えば，ここまで緻密な点火時期の制御をすることにより，今まで以上の性能を引き出すことができるのだ。

　もちろんエンジン本体が，高いポテンシャルを有していなければ始まらないが，制御系に組み込むソフトウェア次第で，エンジンのハードウェアが活きてくる。制御系の使命は，ハードの持つポテンシャルを100％引き出すことである。

●制御要素と検出情報

　エンジンの運転変数の中で，制御すべきものを挙げてみると以下のようになる。
①点火時期
②空燃比（燃料供給量）
③燃料＆点火カット（減速時の燃料節約やクラッチオフ時の空吹き防止）
④過給圧
⑤吸入空気温度
⑥冷却水温度
⑦潤滑油温度
⑧スロットル開度（電制スロットル）

　これらのうち点火時期と空燃比は，状況の変化に合わせて非常に素早く設定値を変更する必要がある。ムダな燃料を使わないための③も同様に素早い応答性が必要である。1000分の1秒単位での応答性が求められるわけで，電子制御が必須となる。

　過給圧制御はメカニカル方式でも不可能ではない。しかし①〜③ほどではないものの，かなり素早い応答性が求められるし，できることなら単純に一定の値ではなく状況に応じた制御結果としたい。やはり電子制御方式とする方が有利であろう。

　⑤〜⑦は温度をほぼ一定に保つことなので，電子制御でもサーモスタット制御でも成立するだろう。ただし空気の温度については，サーモスタットでは水ほど敏感に反応しにくい。吸気の場合は，その温度域が40〜50℃と冷却水より低く，サーモスタットの機構的特性（温度によりワックス等が体積変化し弁を開閉する）では対応しにくい。そこで，VRHでは吸入空気温度も電子制御方式としている。冷却水と潤滑油の温度はサーモスタットによって制御しているが，潤滑油温度に関しては制御せず，なりゆきとすることもある。

　なお，電子制御を行う事項については，ROM（Read Only Memoryの略，読み出し専用記

憶装置）ひとつで，あるいはスイッチを切り替えるだけでその制御特性を変更できる機構とする方が有利である。⑧はトラクションコントロールやセミオートマを採用する時に必要となる。

　点火時期を遠心ガバナーで制御するとか，流体の温度をサーモスタットで制御するような方式では，状況変化によって制御機器自体が直接的に作動する。しかし，電子制御方式では，まず状況を察知するためのセンサーが必要だ。そのセンサーからの情報を基に，コンピューターで最適の制御値を算出し，改めて別経路で制御機器を作動させる。電子制御だからこそ応答が早く，機構的なトラブルが起こる確率もかなり低い。複数の部位からの情報を任意に組み合わせて制御値を定めることが容易にできるところは，電子制御ならではの利点だ。

表9-1　制御およびモニター用入力信号の例

制御およびモニター用	エンジン回転数
	クランク角度（各気筒の上死点）
	コレクター内絶対圧
	スロットル上流絶対圧（左右バンク）
	スロットル開度
	吸気温度（左右バンク）
	冷却水温度（左右バンク）
	燃料温度
モニター用	空燃比（左右バンク）
	排気温度（左右バンク）
	メインギャラリー内油圧
	メインギャラリー内油温
	燃料噴射パルス
	点火時期
	シリンダー内圧力（各気筒）
	燃料圧力
	バッテリー電圧
	タイヤやブレーキ温度などのシャシー情報

　まず電子制御の第1段階として，エンジンのどんな部位からどんな情報を収集しているか。それを一覧表にしたのが表9-1である。

　検出される情報は非常に多いが，直接的にエンジンを制御するための情報は限られたものだ。制御結果としてのエンジン運転状況をテレメーターでピットへ送る，そのモニター用のものが多い。実際にはこの表にあるもの以外にも多くの情報を検出している。たとえばインタークーラーやオイルクーラー，ラジエターの入口と出口の温度を計測して放熱量を計算したり，ターボユニットの回転数や排気圧力も計測することもあるが，それらは単に解析用である。

　ただし，その場で瞬間的にエンジン制御を行うための情報でなくても，レースでのマシンの走らせ方に関わるものも多い。なかでも燃料噴射パルス幅は，燃費計測になくてはならないものである。

　直接的にエンジンを制御するための情報のうち，エンジン回転パルスの検出方法を紹介してみよう。検出の基盤となるセンサーホイールは，タイミングギアのひとつに直接噛み合っていて，クランクシャフトの半分の速度で回転している。センサーホイールの周上には角度で1度ごとにスリットが設けられていて，このホイールを挟んで発光器と受光部がある光学方式である。これにより，クランク軸が1回転するのを待つまでもなく，1000分の1秒単位の時間でクランク軸の回転速度を算出し，あるいは回転速度の変化を算出している。

　この結果，ほとんどリアルタイムに最新情報から燃料噴射量や点火時期を定められる。また，このセンサーホイールのスリットは，1番気筒の上死点位置のところだけが幅を変

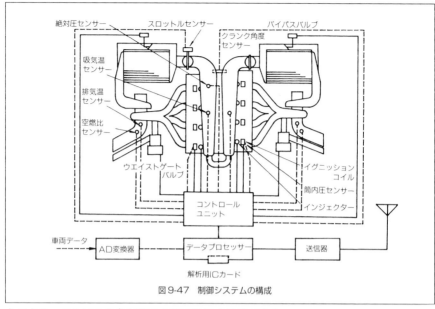

図9-47 制御システムの構成

えてあり，これにより各気筒の上死点位置を検出できる。

　エンジン回転数が7600rpmのとき，クランク軸は約1000分の8秒に1回転しており，高い精度で回転パルスを検出する必要がある。その精度を高めるため，磁気の立ち上がり遅れなどのない光学式を採用している。一方，マグネティックピックアップは信頼性の点で光学式より優れている。また，検出精度も改善されたため最近では多く使われている。

　こうした情報の検出と各部の制御を行うシステムを，VRHの場合で概念図としてまとめたのが図9-47である。イグニッションコイルは気筒ごとにひとつあり，したがってハイテンションコードやディストリビューターは存在しない。この構造により，点火プラグへの供給エネルギーを高くできるとともに，各種制御系に電波ノイズが干渉することも防げる。

　以下に，エンジン本体が持つポテンシャルを100％引き出すための制御について，各項目ごとにVRH35エンジンで行っている実態を紹介する。

●点火時期の制御

　点火時期は燃料供給量とともに，図9-48に示すようなマップ制御である。エンジン回転数をx軸に，コレクター内絶対圧をy軸にとり，双方がどういう値のときに点火時期をいくつにするかのマップをコンピューターが記憶している。

　この基本的なマップ制御に加える補正もある。たとえば，冷却水温度やコレクター内

の吸気温度が高くなるとノッキ
ングが起こりやすくなるので，
遅角するようになっている。水
温が100℃，吸気温度が55℃を超
えた場合は，もともとのマップ
上の点火時期より2度遅角した点
火時期にする，といった具合
だ。また，ブレーキング時とギ
アシフトでクラッチをきったと
きには，燃料カットと同時に点
火もカットする仕組みとなって

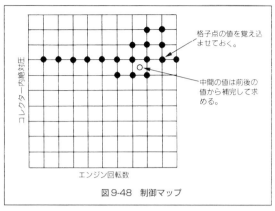

格子点の値を覚え込ませておく。

中間の値は前後の値から補完して求める。

コレクター内絶対圧

エンジン回転数

図9-48　制御マップ

いる。点火もカットするのは，スロットルバルブを閉じてもマニホールド内などに付着
した燃料が蒸発して燃焼室に吸い込まれ，ここで通常の点火が行われるとクラッチをきっ
たときに空吹かし状態になることがあるからだ。

●燃料供給量の制御

　これも点火時期と同様のマップ制御を基本とする。吸入空気密度はコレクター内の絶
対圧と温度から算出される。当然のことながら燃料を噴射するノズルの開口面積は一定
であるから，燃料供給量の調整はソレノイドバルブの開弁時間，つまり噴射パルスの幅
で制御するが，VRHでは噴射終わり時期を一定に保つ方式をとっている。噴射終了がク
ランク回転角度で吸気行程の上死点前60度となるようにしている。

　補正としては，冷却水温度が低いときには噴射パルスを広げてリッチ化する。またス
ロットル回転角度センサーからの信号により，加速初期には燃料を若干増量するが，そ
の時間は非常に短くコンマ数秒である。燃料の輸送遅れが少ない吸気系の構造であるこ
と，それにクランク回転パルスなどを微細にほとんどリアルタイムで計測していること
が，加速初期の燃料増量時間短縮を可能にし，燃料を節約している。

　減速時及びクラッチオフでスロットルも閉じているときには，燃料の供給がカットさ
れる。また過回転防止のためのリミッターとして，設定値以上のオーバーラン時にも燃
料がカットされる。

●吸気温度の制御

　吸入する空気の温度が高いと吸気密度が下がって出力が低下するが，低すぎても燃料
の気化率が低下して燃焼を悪くし燃費が悪化する。そこで吸気温度が下がると，ターボ
ユニットで圧縮された空気の一部はインタークーラーを通さずバイパスパイプを経由さ

せ，コレクター内の空気の温度が40〜50℃の適温を保つように制御している。ちなみにVRHの場合，最も燃費（BSFC）がいい吸気温度は43℃である。

コレクター内の気温が下がるとバイパスパイプに取り付けられたバルブが開く。このバ

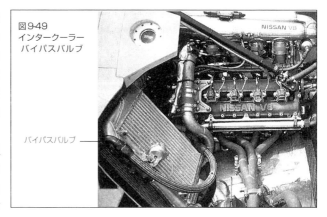

図9-49
インタークーラー
バイパスバルブ

バイパスバルブ

ルブは，スイッチング的に全開と全閉するのではなく，バリアブルに開度を調整できるようになっている。これは図9-50のようなデューティー・ソレノイドバルブとダイアフラムの組み合わせが使われている。

デューティー・ソレノイドバルブとは，パルス幅を可変とするデューティー信号の電流をソレノイドバルブの電磁コイルに流し，電磁バルブの開度をコントロールするもので，通常の電磁バルブのようにオン／オフ作動ではなく，アーマチュアは電磁力とスプリングの力がバランスした位置に定められる。デューティー信号の周波数は50Hzで一定だが，パルス幅を広くしていけば通電時間が長くなる分だけ電磁コイルがアーマチュアを多く引っ張っていることになり，バルブ開度を大きくできる。基本はデジタル信号電

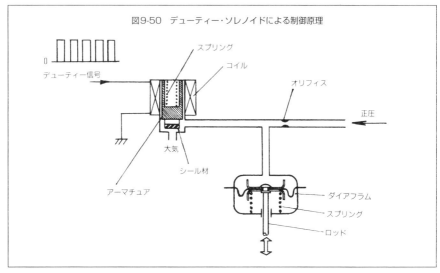

図9-50　デューティー・ソレノイドによる制御原理

スプリング

コイル

オリフィス

0

デューティー信号

正圧

大気

シール材

ダイアフラム

スプリング

アーマチュア

ロッド

流で制御し，正確にはバルブは細かい振動をしているが，制御結果はアナログ的にできる。このデューティー・ソレノイドバルブにより，ターボユニットで生まれた正圧をどの程度ダイアフラムにかけるかを制御する。そして，ダイアフラムのロッドでバイパスパイプのバルブ開度を変化させる。

　予選時には燃費は関係ないから，吸気温度をできるだけ下げて密度を上げ，馬力を出すことになる。そのため，この吸気温度調節機構はカットする。

●過給圧制御

　スロットルバルブ上流に当たるインタークーラー出口部分の圧力（絶対圧）を検出し，ここが目標圧力になるように制御している。その制御はウェイストゲートバルブを開閉して行うが，単純にスプリング力と過給圧の関係で開閉するメカニカル制御ではない。吸気温度制御に使用するのと同様のデューティー・ソレノイドバルブとダイアフラムの組み合わせを使い，ウェイストゲートバルブの開度を調整する。

　電子制御することで，出力をセーブしたりトルクをフラット化することが正確にできる。また，何種類かの過給圧マップを書き込んでおいて，これを切り替えて使えば，燃費モードや出力モードなどのパターンの違いも容易に生み出せる。

　燃費モードと出力モードの切り替えは，その都度ROMを交換するのではなく，ピットでメカニックがスイッチを操作することにより，過給圧とともに空燃比や点火時期などの制御特性もセットで変更できるようにしてある。

　各部の制御マップを記憶したROMは予選用，本戦用，雨天用など，数種類を準備しておく。主催者側から供給される燃料の質が不安定な場合には，燃料の変化に合わせてマップを変えなければならないので，それを考慮した数種類のパターンのROMも必要になってくる。開催場所によっては，レースの序盤と終盤では燃料の質が違うこともある。

　実際に我々が使用したROMは正確に言うとEP-ROMで，これは内容を書き換えられるものだ。ROMライターという装置を用意しておけば，その場の都合に合わせてプログラムを修正したり別のものに書き換えたりできる。EPはErasable and Programableの略だ。もっとも，その書き換え機能は開発の初期段階で一時期使っただけだった。むしろ，サーキットの現場でのROMの打ち換えはやらない方がいい。打ち換えをしたくなるときというのは何か問題が起きたときであり，現場で頭がカッカしているときに，膨大な要素が複雑に絡み合ったプログラムをROMライターで打ち込むのは，間違いの元である。プログラムをたった1行書き間違えただけでも，あるいはほかの要素とのバランスが少し狂っただけでも，決定的な問題を引き起こしかねない。

　現場であわてないように，想定されるあらゆる状況に対応できるよう，普段から熟考して組み上げたプログラムが書き込まれた数種類のROMを用意するとか，簡単に特性を

切り替えられるような機構としておく方が賢明である。

●冷却水温度の制御

電子制御式とすることは可能であるが，制御機構の応答速度を上げたところで水の温度は急激に変化してくれない。それほど素早い応答性は必要ないわけで，VRHではサーモスタット（ワックス式）による制御としている。

ただしサーモスタット式では，水路抵抗が増すという問題がある。サーモスタットを大きくすればよさそうだが，そうはいかない。サーモスタットはその内部に封入されたワックスなどの温度による体積変化を利用した機構なので，大きくすると応答が鈍感になる。残された方法はサーモスタットの数を増やすことである。効率を徹底追求していけば，最後には電子制御式となろう。現状のサーモスタット方式と大差ないコンパクトなものができれば，やがて電子制御式を採用することになると思う。先に述べた電子制御式のラジエーターシャッターもその例である。

●燃圧

吸気管内との圧力差を一定に保ち，インジェクターから設定どおりに燃料を噴射するためには，燃料系のラインに適切な圧力をかけておく必要がある。その燃圧は一般的な機械式の調圧器によって制御される。

●各種データの検出

ここで，直接的には制御に関係のない検出データについても少し触れておきたい。

シリンダー内圧力は，点火プラグの座部に挟み込まれたチタン酸鉛製の素子により，全気筒のシリンダー内圧力を検出している（図9-51）。ノッキングが発生すると図9-52のように，本来の圧力波形の上に高周波のノック波が乗るので，その発生を察知できる。そのノッキングの原因がテレメーター情報で推察できれば，すぐに対処することができる。

空燃比は，ターボユニット下流の排気管内に設けられたラムダセンサーにより求められる。このラムダセンサーは一種のO_2センサーであり，図9-53にみるように排気中の酸素量を検出することで，その時点での空燃比を算出できる。また，ラムダセンサーと同様の位置に設置

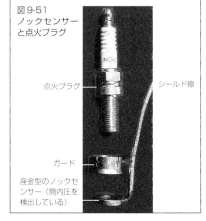

図9-51
ノックセンサー
と点火プラグ

点火プラグ　　　　　　　　　　シールド線

ガード

座金型のノックセ
ンサー（筒内圧を
検出している）

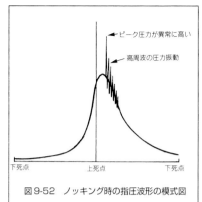

図9-52　ノッキング時の指圧波形の模式図

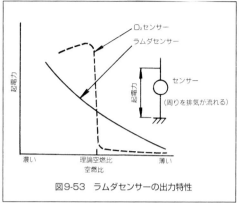

図9-53　ラムダセンサーの出力特性

された熱電対によって，排気温度を検出する。これにシリンダー内圧力の情報を加えることで，エンジンの運転状態がわかる。

　検出したシリンダー内圧力と空燃比，排気温度のデータを処理し，点火時期や空燃比をフィードバック制御することも技術的に可能であるが，あまりメリットはない。むしろ，コンピューターの計算処理を複雑にすると，処理速度が遅くなるなどの弊害が出る。レース用の制御システムは可能な限りシンプルな方がよい。そこでVRHでは，これらの検出データは純粋にモニター用として扱っている。燃圧や潤滑油温度なども検出しているが，これもモニター用である。

　各種のデータ検出とその処理，各制御を行うために，VRHのシステムでは8ビットのマイコンをふたつ備えている。そのうち，片方は各種制御に専念している。もうひとつの方は，クランクシャフトの角度変位情報の処理という膨大な仕事をこなす。その結果を制御専用のマイコンに送りつつ，クランクシャフトの角度変位ごとの各シリンダーの内圧や最大圧力を求め，他のデータとともにテレメーターで送信する仕事を担当している。

　シンプルさを最優先させる思想でも，高度にエンジンを制御するには，これだけのシステムが必要である。緻密にレースの作戦を立て，状況に応じて機敏に対策をしていかなければならない耐久レースでは，直接制御以外の情報処理も重要である。これが，結果としてその後のエンジン開発に活かされることになる。

9-6　ターボユニット

　吸入空気の密度を高める過給機のうち，排気の持つ熱エネルギーを利用する装置がターボチャージャー，正式に言えば排気タービン式過給機である（図9-54）。

　過給機には，このほか一般にスーパーチャージャーと呼ばれる機械式のものもあるが，

図9-54 排気ターボ

ユニットが小型軽量であることからターボの方が有利である。とくにレーシングエンジンでは大量に空気を吸い込むので，その空気のボリュームを賄うには，回転数の低いスーパーチャージャーでは大きく重くなりすぎる。また，予選と本戦で過給圧を変更するためには過給機の容量を変えなくてはならないが，ここで外観形状や大きさが違うのはマシンへの搭載性から好ましくない。過給圧の制御のしやすさでもターボは優れている。

　歴史的に見れば，空気密度の低い高空を飛行する航空機の世界から始まったターボ方式の過給も，今や身近なものとなった。レーシングエンジンに使用するターボユニットも，一般車のものと基本的には同じである。ただしレーシングエンジン用には，ハイレベルな過給効率やレスポンス，耐熱性，さらには小型軽量化という要求がある。もっともレース用の場合には，厳選された潤滑油を使うなど運転状況を完璧に管理できるので，限定された条件下での性能と耐久性を考慮すればいいともいえる。

　ここでは，レース用ターボユニットの特徴と極限を追求した性能向上の具体例について述べることにする。

●過給効率の向上

　レーシングエンジンではエンジン回転が低いところでのトルクは市販車のようには必要がないが，とにかく絶対的な馬力がほしい。しかし，ターボユニットを大きくするのに限度がある。タービンホイールやコンプレッサー側のインペラーの径が大きいと，回転モーメントが大きくなってレスポンスが低下する。スピン破壊の問題もある。超高速で回転するターボユニットの回転部には非常に大きな遠心力がかかるが，それによって回転部が壊れるのがスピン破壊だ。

また，スピン破壊とインペラーの振動の問題から，回転数もあまり高くできない。市販車のものと大差ない135000rpm前後に落ち着かざるを得ないのだ。

結局，ターボユニットのサイズや回転数で過給効率をかせごうとしても限度がある。インペラーのブレード形状などはシミュレーションで最適のものが求められる。

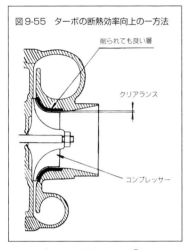

図9-55　ターボの断熱効率向上の一方法

削られても良い層

クリアランス

コンプレッサー

改良要素を限定されたなかで，より効率よく空気を圧縮するために我々がたどり着いた手段は，インペラーとコンプレッサーハウジングのクリアランスを減少させることだった。そのクリアランスが小さいほど，空気を効率よく圧縮できる。つまり，断熱効率が向上するのである。ただし，一般的な構造のままクリアランスを減少させると，インペラーの熱膨張などでブレードとハウジングが接触して，一瞬のうちに破壊されてしまう。その対策としては，図9-55のような構造が効果的である。

コンプレッサーハウジングの斜線部分に，ハウジング本体とは違う材質の層を設ける。これは「削られてもよい層」あるいは「Abradable層」というもので，最初からインペラーのブレードが接触することを前提にしている。インペラーのブレードが接触してもブレードは破壊されず，逆にこの「削られてもよい層」を削り取っていく。具体的な構造としては，まずコンプレッサーハウジングの内側に，ニッケルとアルミの合金などをプラズマ溶射してボンド皮膜を形成する。その上に，アルミとポリエステルの混合材をプラズマ溶射して，これが「削られてもよい層」になる。最近のジェットエンジンにこのような手法が見られる。

こうすることで，市販車のターボユニットでは0.5mmほどであるインペラーとコンプ

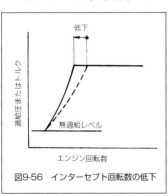

低下

過給圧またはトルク

無過給レベル

エンジン回転数

図9-56　インターセプト回転数の低下

レッサーハウジングの間のティップクリアランスを，その数分の1以下にすることができる。結果として，断熱効率は数%向上する。また，効率よく空気を圧縮するので，高回転域の特性をそのままに，インターセプトポイント回転数も低下する。これは，出力と燃費の向上にとって重要なことである。

「削られてもよい層」が削られていくのだから，いずれはクリアランスが大きくなってしまう。しかし，レース用のパーツとしては，1レースを完璧に走りきれる耐久性が保証されれば十分だ。レースが終

了したら，コンプレッサーハウジングだけ交換してまた使用できる。

　また，VRHでは図9-57のようにタービン部からの排気出口とウェイストゲートバルブからの排気出口を別々にし，排気干渉を避けている。排圧に換算すると50mmHgの低下に相当する。

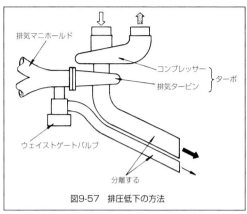

図9-57　排圧低下の方法

●レスポンスの向上と軽量化

　ターボラグは，もちろん少ない方がエンジンの戦闘力は増す。その改善策として考えられるのは以下のようなことがある。

　まず，タービンホイールをメタルからセラミックに変更する。メタルはニッケルが80%ほどを占める素材である。ニッケルの比重は8.2で，我々が使用したセラミック材の比重は3.2であり，タービンホイールの形状はメタルの場合とほぼ同じである。肉厚は若干厚くても超高速で回転する部分の質量を軽量化できるので，メタルに比較すると所定の過給圧力に達するまでの時間を4%程度短縮できる。

　一方，回転部分のフリクションを低減することでもレスポンスは向上する。タービンホイールやインペラーの軸受けを，通常のフローティングメタルからボールベアリングに変更すると，軸受け損失が大幅に低減する。フローティングメタルでは直接的な機械接触はないが，オイルの剪断抵抗があり，ボールベアリングの転がり抵抗より大きい。ボールベアリングをうまく使うことで，フローティングメタル方式に較べ約20%前後の損失を低減できる。

　これはとくに，図9-58のグラフのようなターボの回転の立ち上がりに重要な低い回転域でのフリクションを低減できるところがポイントだ。100000rpm以上の域では，逆転してボールベアリングのフリクションの方が多くなることもあるが，その差は微小であるし，この回転域ではすでに定常に近くて急激な回転上昇能力は必要ない。この結果，フローティングメタル方式と比較して応答性が約10%向上する。

　ボールベアリング方式の場合は，高速でサーキットを周回している状態からピットインして

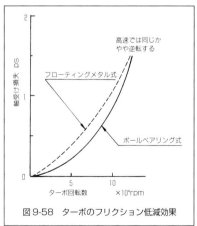

図9-58　ターボのフリクション低減効果

急にエンジンを止めても，焼き付くことがない。これも実戦では大きな意味を持つ。このようにメリットの多いボールベアリングの注意点は，良質のエンジンオイル（化学合成油）を使う必要がある，ということくらいである。

　セラミック製タービンホイールとボールベアリングを組み合わせることで，大幅な戦闘力の向上が得られる。実際に予選では，この組み合わせを使用することもある。

　ただし，セラミックのタービンホイールは強度的に100％の信頼性がないので，耐久レースの決勝ではメタルタービンホイール＋ボールベアリングの組み合わせの方が無難である。異物が侵入して高速で回転するタービンホイールに当たったとき，セラミック製では破損する確率が高い。小さな砂粒などを吸気系から吸い込んで，これが排出される可能性をさけることはできない。一方でセラミックの強度も著しく向上しており，ターボのレスポンス改善を優先して耐久レース本番でもこれを使用している。

　ターボユニットそのものの軽量化も追求する必要がある。マシン重量を軽くする効果は少ないが，排気系の強度向上のための意味が大きい。ターボユニットは排気管にぶら下がるように取り付けられるので，排気管にかかる負担は大きい。

　そこでまず，運転中の温度が低いコンプレッサーハウジングをマグネシウム製にする。これによりアルミ製のハウジングのものと比較して，左右のユニットの合計で1kgの軽量化ができる。

　高温に常時さらされるタービンハウジングの方は，使える材質は限定される。我々が使用したのはニレジストという，ニッケルが非常に多い鋳物だ。これも，こういう特殊材質の高度な鋳造技術を駆使し，形状を単純小型化して鋳造しやすいものにすることで，市販車の鋳鉄製のものなどより，はるかに薄くすることが可能である。ハウジングの肉厚を1mm薄くしたことで，ユニットふたつでそれ以前のものより1kg軽くできた。この軽量化したターボユニットをピロボール付きのステーにより軽く下から支える形で車両に搭載した。

9-7　電装系

　ここで述べる電装系は，点火系をはじめとして発電装置，スターターモーターなどで，エンジン本体からすると裏方の存在である。しかし，欠くべからざるものであることは言うまでもない。

●オルタネーター

　点火系や燃料噴射に使うエンジン制御用の電力は，かなり多い。グループCカーでは，乗用車と同じようにヘッドライトやワイパーも装備しており，メーターも電子式で，ま

た夜間走行時には，ゼッケンも光らせている。エンジンの運転状況をピットへ送るテレメーターシステムにも，それなりの電力が必要である。VRH35エンジンの電気系は12ボルトだが，合計の最大電流は2リッタークラスの乗用車の2倍近くになる。

したがって，オルタネーターも大型になり，130アンペア容量のものが装着されている。この容量から計算すると，エンジン出力のうち約3psを発電のために使っていることになるが，一定の電流を生む仕事はそのまま馬力であり，これは削減できない。

オルタネーターは右バンクの吸気カムシャフトの後端とベルトで接続されていて，カムシャフトのほぼ2倍の回転速度(クランクと同速)で回っている。オルタネーターの構造自体は普通の乗用車のものと変わらないが，軽量化するためにボディをマグネシウム製とするなど専用設計とした。

●スターターモーター

VRHは3.5リッターの8気筒で，圧縮比も乗用車のターボエンジンと同等である。それにフリクションが少ないから，出力の大きなスターターモーターは使っていない。1.4kWのリダクションギア付きである。乗用車に使われるのはだいたい1.0〜1.2kWほどだ。

ただし，界磁石とアーマチュアにはネオジウム鉄を使っている。これは希土類に属するネオジウムを混ぜた鉄で，非常に強力な磁力を発生し，電気自動車のモーターに使用されているものだ。磁力が強力な分だけ小型軽量化ができ，VRH専用に設計したものだ。

●エンジンハーネス

エンジンハーネスとは，各種電装系をつないでいる電気配線のことである。電線が切れたり接触不良を起こしただけでもエンジンがとまる可能性があり，とくに点火系や制御系のものは命綱である。

実際，ハーネス関係に起因するエンジントラブルは多い。そのほとんどは振動などによるコネクターピンと導線の接続部の剥がれ，コネクターピンにごく近いところでの断線，ピンの接合部の接触不良である。事例は少ないが，コネクター部分に水が浸入して起こるトラブルもある。とにかく急所はコネクター付近なのだ。

そこで図9-59のような，戦闘機などに使用される軍用規格のキャノンコネクターを使っている。被覆導線を束ねた上で，コネクター部分も含めて熱収縮性のチューブでガッチリと包み，トラブルの発生を可能な限り防止する対策を施している。その熱収縮性チューブは量産車に使われているものより耐熱性に優れ，固定能力も高いアメリカのレイケム製で，軍用機器に使われているものだ。エンジンまわりは高温になるため，ハーネス類はすべて150℃以上の耐熱性能を与えてある。コネクター部分は接合する凸側も凹側も高級オーディオケーブルと同様に金メッキを施し，電気抵抗を少なくするとともに腐食を

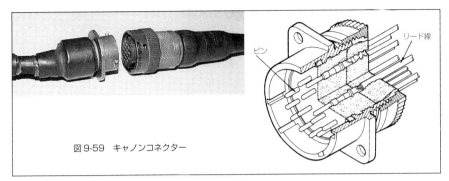

ピン

リード線

図9-59　キャノンコネクター

防止して接触不良の発生に対処している。

　ハーネスは通電抵抗を少なくするため銅が主体であり，その重量はかなり重い。エンジンに直接必要な配線で，メインハーネスにつなぐまでのエンジンサブハーネスだけでも2kgであり，マシン全体では10kgほどにもなるものだ。

●イグニッションコイル

　VRHでは図9-60のように，点火プラグ1本につきひとつのイグニッションコイルが直接取り付けられる直接点火方式を採用した。この方式ではハイテンションコードがないので電気損失がなく，コードのとりまわしなどに起因するトラブルが発生することもない。制御系などに悪影響を及ぼす電波ノイズの発生率もきわめて低い。

　直接点火方式ではハイテンションコードでの電気エネルギーの減衰がないので，その分だけイグニッションコイルの容量を節約できる。電圧が低下した状態で32ミリジュール，通常でも42ミリジュールほどだ。容量を節約できる分だけコイルはコンパクトで軽量になる。このためコイルは気筒数分の8個装備しているが，ハイテンションコードがないこともあり，点火系は捨て火式などよりも軽量となっている。

　なお，1次電流を各気筒に送るための分配も，当然ながら無接点の電子分配だ。

●点火プラグ

　点火プラグはϕ12mmサイズを使用した。さらに細いプラグを使ってバルブ配置や燃焼室形状，冷却水通路をうまく形成すれば，燃焼に有利なばかりかプラグの寿命も伸びる。自然吸気エンジンではϕ10mmでも問題がないと思うが，予選で1100馬力以上も発生するターボエンジンの場合には，熱負荷の大きさからϕ12mmが無難であろう。VRHの場合，予選も本戦も同じで，熱価は10〜10.5程度のものを使用した。

　長時間の走行でも電極の摩耗が少なくなければならないので，中心電極の先端部と側電極が白金製のプラグを使う。技術的にも成熟したイリジウムプラグも，電極を細くで

きるので魅力的だ。また耐久性とは相反するが，混合気に触れやすくして火つきをよくするため，電極部分は，図9-60の下のように突出したタイプとした。これは燃費，リーン化対応，トランジェント特性，始動性などで有利である。

電極のギャップは，広い方が放電火花が大きくて点火しやすいが，高い2次電流のエネルギーを持たせるためにイグニッションコイルを大きく重くしなければならない。

また，大きな電流が流れるので電極の摩耗も多く，火花性能の経時変化が大きくなる。電流のリークなどのトラブルが発生する確率も高い。これを避けるため，ギャップを狭めの0.5mmとした。ただし，火花が小さくても確実に混合気へ点火するには，プラグのまわりに火がつきやすい混合気を送る燃焼室形状や吸気系が必須となる。

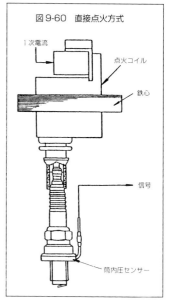

図9-60　直接点火方式

1次電流
点火コイル
鉄心
信号
筒内圧センサー

この点火プラグはVRH用にNGKと共同開発したもので，ネジ部もシリンダー内圧力を検出する座金センサーを取り付けるために通常より長い。

点火プラグの電極のギャップを大きくできれば，電流の通り道に可燃物質の分子数が多くなり，火のつく確率は大きくなる。側方電極プラグの他に，沿面プラグを用いるのもよい(図9-61)。

沿面プラグは，瞬間的に最も良い電気路に火花が飛び，その周りに混合気が十分にあり，燃え上がりが良いと考えられる。特に耐久レースにおいて，レース中に電極のギャップが増大して失火するようなことがない。これは，飛びやすいところに火花が飛び，火炎核を形成するからである。

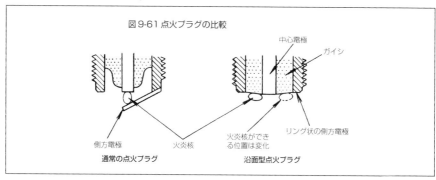

図9-61 点火プラグの比較

中心電極
ガイシ
側方電極
火炎核
通常の点火プラグ

火炎核ができる位置は変化
リング状の側方電極
沿面型点火プラグ

●強力点火システム

エンジンに外乱がなく，定常で運転されているのなら，5ミリジュールの点火エネルギーが注入されれば，混合気は十分に着火する。しかし，レース用NAエンジンのように高速で回るエンジンは，燃焼時間が実用エンジンの1/2以下と短いため，その間に確実に着火し，急速でバラツキのない燃焼が行われなければならない。したがって，高速エンジンにとって，まずは燃焼の安定化が重要になる。

単純に点火エネルギーを増すだけであれば，誘導成分を増やせばよい（46ページ図3-25参照）。これは，実用エンジンではよく採用される方法である。

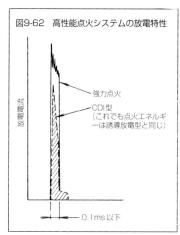

図9-62　高性能点火システムの放電特性

強力点火

CDI型
（これでも点火エネルギーは誘導放電型と同じ）

放電電流

0.1ms以下

しかし，高速エンジンではデュレーション（誘導成分の持続時間）を延ばすことの意味は小さくなる（注）。要は着実に火を点けることであり，火炎核形成と，それが燃え広がるまでの時間にバラツキがないことである。そのためにはデュレーションが短いままでの点火エネルギー増大と，これを有効に着火に結びつける点火プラグのことを一緒に考えるべきである。放電できるのであれば，プラグギャップは大きい方が有利である。しかし，点火能力の面からギャップを小さくせざるを得ないことが多い。

点火エネルギーの増大に関しては，図9-62のような容量型と誘導型の良いところの組み合わせが考えられる。

レーザーを使った点火なども考えられるが，高速エンジンであっても放電式の点火システムで十分に対応できる。コスト，鈍感さ，重量，電波障害などのマイナス面を考えると，レーザーのような特別な点火方式を考え出すより，点火エネルギーを着実に燃焼へ結び付けることが肝心である。

注）高速エンジンでは膨張行程でも火花が続くようなデュレーションは，原理的には意味はなくなるが，現実では、延ばした方が少し良くなる。

●燃料系

VRHの燃料系は基本的に図9-63のようになっている。ブランチ内との圧力差を一定に保った燃圧を確保するプレッシャーレギュレーターは，ごく一般的な機構であり，電動ポンプ類の構造にも特別なところはない。

レーシングカーならではの特徴は，強烈な前後左右Gを受けながら確実に燃料を供給するシステムだ。燃料タンクの底にバッフルプレートがあり，ここに抱え込まれた燃料はGを受けても移動しにくいようになっている。その部分のタンクの四隅に吸い込み口があ

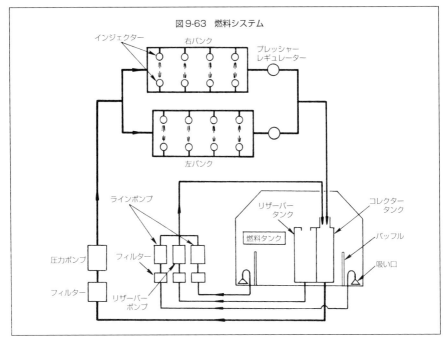

図9-63 燃料システム

インジェクター　　右バンク　　プレッシャー
レギュレーター

左バンク

ラインポンプ　　　　　　リザーバー　コレクター
タンク　　　タンク

燃料タンク

バッフル

圧力ポンプ　　フィルター　　　　　　　　　　吸い口

フィルター　　　リザーバー
ポンプ

る。ここで吸い込まれた燃料は，すべて一度コレクタータンクに導かれる。コレクター
は常に満杯状態であり，余剰分は上部からこぼれている。このコレクターの底からプレッ
シャーポンプが燃料を吸い出しているので，いくらGがかかってもインジェクターへ空気
を送ることがない。

　耐久レース用マシンでは，万が一に備えてリザーバータンクを備えている。給油時に
リザーバーは満杯となり，以後はこの燃料を使用せずに走行する。コレクター内が空に
近づくとボソボソ燃焼となり，これにドライバーが気付いてスイッチを入れるとリザー
バーポンプが作動して，一定の距離を走行できる。この非常時用の燃料供給方式は，リ
ザーバーへ常にコレクターから溢れる余剰分を給油するとか，チームによりシステムが
多少異なる。

第10章 レーシングエンジンの味付け

10-1 チューニング

　レーシングエンジンを「創る」ということは，それぞれの部品を最適な状態に仕上げ，最終的にはエンジンとしての総合的なバランスを磨き上げるところまで含まれる。バランスとはいっても，それはサーキットやレースによって，ときにはチームやドライバーによっても求められるバランスが違ってくることがある。それぞれに見合った最適なバランス状態に仕上げる必要がある。

　これは，全体レイアウトや入念な設計によって仕上げられた基本的なエンジン構成に付け加えるものだ。しかし，決して基本部分の貧弱さや不足部分を補正したり修正することではない。あくまで完璧に仕上げた基本に加える味付けである。

　丹精込めて煮込んだシチューを仕上げるために，塩加減をしたり具の調整をしたり生クリームをちょっと入れたりといったことに似ている。ほんのちょっとした味付けであるが，これでベースの良さがひきたちもし，逆に死にもする。

　この味付けには，エンジンのハードウェアに手を加える場合と，ソフトウェアである運転変数(空燃比や点火時期など)を調整する場合とがある。少々乱暴な分け方ではあるが，前者をチューニング，後者をマッチングと本書では定義することにする。

　このふたつは，一般的概念からすると両方ともチューニングといわれることもあるし，その中にはセッティングと表現されることもある。

●吸気系
　吸気ポートやブランチの内壁をグラインダーで研磨し，その表面の凸凹を小さくすることで，吸気の境界層を少なくし流動抵抗を低減する。この必要欠くべからざるチュー

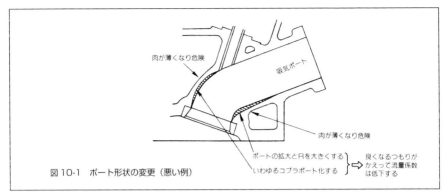

図10-1　ポート形状の変更（悪い例）

ニングも今では，職人的な手作業の部分は少なく，ほとんどは機械加工により仕上げられ
ている。

　研磨の領域を超えてポートを削り，吸気通路の断面積を拡大したり，ポートの曲がり
部のアールを変更したりする方法は量産エンジンの改造なら有効な場合もあるが，レー
シングエンジンとして計算して形状を決め機械加工したものについて，さらに図10-1のよ
うな形状変更を加えるのは間違いである。改良ではなく改悪だ。

　状況に合わせてパワー特性を変更するためには，径が異なるブランチ，あるいは径の
異なる吸気ポートのシリンダーヘッドを数種類揃えておく。これによって，慣性過給効
果が最大となる回転数を変えるのだ。大径化して高速域のトルクを上げたり，小径化し
て高速域を若干犠牲にして低速域を改善したりする。エアホーンもチューニングパーツ
で，ここでは若干の長さの調整もできる。

　なお，走行風圧(動圧，ラム圧)を使って積極的に空気を取り入れ，吸気量を増大させる
のも得策である。とくに自然吸気エンジンでは十分に活用する必要がある。

●排気系
　排気管の太さと長さ，及び集合部と集合部の間の長さがチューニングのポイントだ。
一般に図10-2の部分を長くすると低速型になる。

　ただしターボエンジンの場合，排気管の径をやたらと太くしても意味がない。ターボ
ユニットのタービンによる排気抵抗が大きいから，排気の流速が落ちてタービンホイー
ルを駆動する力が減少する。それよりも排気管の曲げ方のスムーズさや集合部の合わせ
角度を小さくする方がはるかに有効である。また，排気管を長くしすぎると，排気温度
が低下してターボユニットのタービンを回転させる力が減少してしまう。ターボエンジ
ンでは自然吸気エンジンに比較し，排気系で行える特性変更の幅は少ない。

　なお，排気管を車体に配置するところでは，マシンと大気の相対速度によって排気を

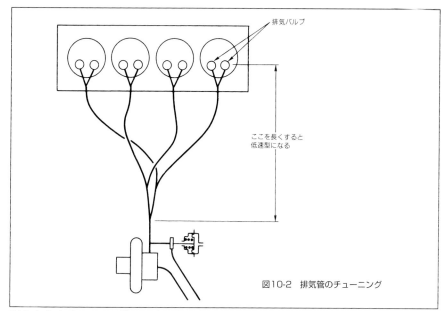

図10-2　排気管のチューニング

引き出すイジェクター効果の利用も考慮するべきであろう。

●バルブタイミング

　バルブのリフト量を減少させても何のメリットも生まないから，変更するとすれば，カムの作動角とオーバーラップである。

　カムの作動角を大きくするとトルクピークは高速側に移行し，最大出力も大きくなる。たとえば作動角67度の吸気カムを70度にすると最大出力点は7000rpmから7400rpmになる。この逆なら，最大出力は低下するが低速域のトルクが若干増大する。ただし，徹底して効率を追求したレーシングエンジンにあっては，低速型のカムにしても最大トルク値が増大することはなく，ほとんどの場合は低下するはずだ。

　一方で，吸排気バルブのオーバーラップは，一般にカムの作動角を大きくすれば増大する。また同じ作動角でも，カムシャフトのセットアングルを変更すればオーバーラップを変更することができる。オーバーラップを大きくすれば低速側は犠牲になるが，高速側の改善ができる。逆も可能だ。

　カムの作動角やオーバーラップ量の変更にシンクロさせて，吸排気系もセットで変更して同調回転を一致させ，効果を助長させるのが一般的である。

　もっとも，理論的には設計開発段階で与えた標準値(最適値)がやはりベストであるはずだ。実際，シャシーのセットアップが十分でドライバーもマシンに慣れていれば，最後

にはやはり標準値のバルブタイミングが最も速くて燃費もいいことが多い。標準値とは，要するに最も馬力の出る仕様である。ただ，バルブタイミングを高速型にしておいて吸気系は低速型にセットする手法は使うことが多い。富士スピードウェイのような高／中／低のどの領域も重要なサーキットでは，これが有効である。

●圧縮比

　十分に考察されたレーシングエンジンでは，量産エンジンを改造するときのような感覚で圧縮比を上げて馬力を向上させることはあり得ない。ただし，主催者側から提供される燃料を使用するレギュレーションの場合は，その燃料の質によって最適圧縮比が変わることがある。それに対応するために，基本的な設定値より圧縮比を高くすることもある。

　圧縮比を変えるには，シリンダーヘッド下面を研削するのが簡単だが，VRHのようにカム駆動がオールギアード方式の場合にはできない。ヘッドの燃焼室容積を調整できるように，機械加工式の燃焼室としておく必要がある。ヘッドを鋳造するとき，燃焼室部分の肉に余裕を持たせておき，これをNCマシンで機械加工して仕上げるときに削り代を少なくすれば，高めの圧縮比になる。これができるような設計にしておくのだ。

　一方，燃料によっては圧縮比を基本値よりも下げることもある。またターボエンジンの場合は，高い過給圧を設定するために圧縮比を下げることもある。

　VRHで言えば過給圧が通常の$1.2kg/cm^2$では，燃料の質にもよるが8.2〜8.5ほどの圧縮比が最良である。しかし，予選で過給圧を$1.8kg/cm^2$以上にまで上げるには，7.2〜7.6あたりまで下げなくてはならない。

　圧縮比を下げるときにも，カムがギア駆動だとヘッド下面の加工代で調節するわけにはいかない。この方法ではスキッシュエリアの形状などが狂う。やはり燃焼室を機械加工する設計としておき，その加工代で調整する。必要とあればピストンの冠面も削る。ただし，ヘッドやピストン冠部の削り方が悪いと燃焼が悪化するし，燃焼室の表面積が増えて熱の損失が増す。ここでは図10-3のように加工するべきだ。

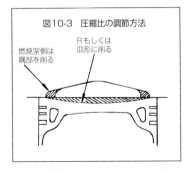

図10-3　圧縮比の調節方法

燃焼室側は隅部を削る

Rもしくは皿形に削る

　以上のような調整のほか，一般的に言えば，ターボエンジンでは圧縮比を高めにすると，加速初期の自然吸気状態（ターボが効き始める以前）での吹き上がりがよくなる。これに吸気系の細径化を加えると，さらにその効果は大きくなる。ただし私は，そのような細工は好まない。感覚的な立ち上がり加速はよくなるかもしれないが，最終的には，やはり馬力が出て燃費もいい

基本設定値の圧縮比の方が戦闘力が高いはずだ。

●ターボユニット

　予選と本戦，あるいはサーキットコースの特性に応じてターボユニットを変更することにより，エンジンの特性を変えることができる。これはターボエンジンの利点だ。

　したがってターボユニットは，予選用と本戦用の2種類を用意するのが一般的である。予選では大量の空気を吸い込んで圧縮し，吸入空気の密度を大幅に高くする。我々の場合，本戦のときよりもだいたい20%くらい多く空気を吸い込む能力を持たせた。その目的に合わせて，本戦用よりタービンホイールのサイズを上げ，あるいはA/Rの数値(図10-4参照)を増大させ，または双方の要素を併せ持つターボユニットを使用する。

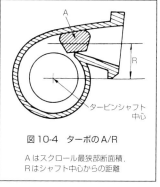

図10-4　ターボのA/R

Aはスクロール最狭部断面積，
Rはシャフト中心からの距離

　さらにVRHの場合，予選ではタービンホイールをセラミック製としてレスポンスを向上させる。セラミック製のタービンホイールは，ブレードの厚さがメタル製よりも若干厚いことに加え，過給圧も高く設定するので，排圧は本戦時よりも50～100mmHgほど上昇するが，短時間走行なので問題ない。

　予選と本戦での仕様変更のほかに，テクニカルサーキットのレースではターボユニットを小型化し，低速からのピックアップを向上させることもある。こうすると高速域は犠牲になるが，それが大きなデメリットとならないようエンジン本体でしっかりと馬力を出す努力をする必要がある。

●冷却装置

　たとえば真夏の鈴鹿サーキットと3月初旬の富士スピードウェイでは，気温に大きな差がある。こうした状況変化に対応するためには，ラジエター，オイルクーラー，そしてターボの場合はインタークーラーを含めて，冷却装置やそれに付随するボディ部分に手を加える必要がある。

　吸気温や水温，油温が上昇しすぎ

表10-1　冷却装置と各種温度のチューニング

調節温度	チューニングの方法
①吸気温度	インタークーラーのマスキングまたは導風強化、バイパスバルブセット温度変更
②冷却水温度	ラジエーターのマスキングまたは導風強化、サーモスタットセット温度変更
③エンジンオイル温度	オイルクーラーのマスキングまたは導風強化、サーモスタットセット温度変更
④燃料温度	燃料クーラーの新設や導風強化、燃料ポンプやパイプラインへの導風強化
⑤トランスミッションオイル温度	オイルクーラーのマスキングまたは導風強化
⑥エンジンルーム雰囲気温度	排気系からの輻射を遮蔽、通風改善、ラジエーター通過空気の直接車外排出

外気温によっては①、②、③、⑤はそれぞれクーラーサイズ、フィンピッチ、コア厚さなど放熱器の基本的な仕様変更が必要な場合がある。

るのは防がなければならず，必要とあれば冷却能力を増加させる。逆に過冷却になると，吸気温が下がりすぎて燃費が悪化し，オイルの燃料稀釈も進行する。ひどい場合は，これが進行してメタルの焼き付きを起こすことさえあるので，過冷却対策をする必要がある。また，要求される能力に対して余剰容量を持つ冷却装置を搭載するのは，重量面だけでなく，空気抵抗でもマイナスとなる。

　気候やサーキットの特性などに合わせて冷却装置をチューニングする要素としては，表10-1のようなものがある。また冷却装置を変更しないまでも，防風板や導風板による調節をすることもよくある。

●クラッチ

　レーシングエンジンに使われるクラッチは乾式多板方式なので，エンジンの発揮するトルクが大きい場合には，枚数を増やして許容伝達トルクを増大することが可能だ。ただ，枚数を増やすと中間部分のディスクの放熱性が悪化して耐久性が低下し，きれも悪くなる傾向にある。せいぜい4枚までであり，耐久レースでは3枚構成が妥当だろう。

　クラッチディスクの材質は，現在では一般量産車のようなレジン系のものを使用することはない。メタル（焼結合金）製かカーボン製かの選択となる。カーボンの場合はフリクションプレートもカーボン製となる。

　なお，トランスミッションやファイナルのギア比を変更することも，総合的にみればチューニングのひとつとして考えられる。近代的なレースでは，これもエンジン屋が知らん顔すべきものではない。その機構そのものの開発も，エンジンと一緒にエンジン屋が率先して考える必要がある時代が訪れているのではないだろうか。

10-2　レスポンスの改善

　レース用高速エンジンの必須の要求として，好レスポンスがある。低速で回るエンジンならば，空燃比や点火時期の制御速度は常識的なものでよい。しかし，高速エンジンの場合急激に変化するため，それに対応して点火時期や空燃比を瞬間的に適正値に合わせなければならない。そして，ドライバーの意志にそったエンジンの好レスポンスが得られないと，吹けの悪いエンジンという印象を強く与えやすい。このようにレスポンスの改善は，高速エンジンのもつ宿命のひとつである。

　点火時期や空燃比を制御するための重要なエンジン情報として，その瞬間の吸入空気量があるが，これを知るには，吸気マニホールド内の絶対圧を検出するより，その源であるスロットル開度を検出した方が反応が早くてよい。絶対圧の変化は，スロットル開度が変化した結果起こることである。したがって，より上流側でドライバーの意志をと

らえる方が急激に回転が変化する高速エンジンには適している。この制御方法を α −N 制御と称することが多い。

図10-5のように，スロットル開度とエンジン回転数とトルクの三者の間には，1対1の対応がある。図のように，エンジン回転数でスロットル開度がある値であれば，その時の吸入空気量は分かっているので，すでに記憶しているマップから，燃料噴射量や点火時期をすぐに算出することができる。α −N制御の利点は素早い応答が得られることだが，気圧変化や，気温変化の影響を受けやすいため，細かい補正をして正確な運転変数を得る演算メカニズムを必要とする。そのためには，高い制御技術力が要求される。

α −N制御におけるスロットルの動きは，可変抵抗器，ポテンシオメーターで検出すればよい。スライドバルブであれば図10-6のように直線的な動き

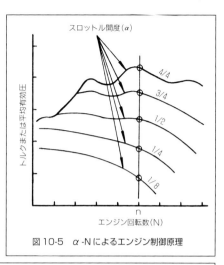

図10-5　α-Nによるエンジン制御原理

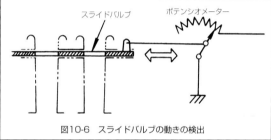

図10-6　スライドバルブの動きの検出

をとらえ，バタフライバルブであればその角度によってスロットル開度を検出する。

さらに，空燃比に対する出力の変化がなだらかな傾斜型のラムダセンサーを用いて空燃比のフイードバック制御を行えば，とくに定常時（コーナーから立ち上がってスロットル全開の状態やシフトアップ後のスロットル全開状態を含む）の空燃比を，望む値にピタリと合わせることができる（237ページ図9-53参照）。

ところで，量産車の三元触媒システムで用いられているO_2センサーは，理論空燃比のところで出力が急激に変化する。HC，CO，NOxを同時に処理する排気浄化システムでは，空燃比を理論空燃比に保たなければならない。その際O_2センサーを用いた方が，この三元点を見出しやすい。しかし，それ以外の空燃比のところでは出力変化が少なく，O_2センサーでは分解能力が低い。その点，ラムダセンサーは，広い空燃比で分解能力の高い出力を得ることができる。将来，実用エンジンがリーン化した場合，このラムダセンサーは必須となるだろう。

回転数の変化が急なNAの高速エンジンでは，エンジン制御はプリセットを基準とし，

後はフィードバック，あるいは予測を入れたフィードフォワード的な制御が功を奏する。

点火時期については，良い燃焼室さえ作れば，高速になるほどガス流動が盛んになり，エンジン回転数が高くなるにつれてMBTがどんどん進むようなこともない。例えば，7000rpm以上のエンジン回転数では，ほとんど固定進角的になって制御しやすい。また，高速では市販のハイオクタンガソリンを用いてもノッキングを起こさず，MBTに点火時期をセットできるはずである。

吸気管長については，前にも述べたようにせいぜい25mm程度を動かせばよいので，エンジン油圧や，空圧(バキューム)，電気モーターなどを原動力として，電磁弁で長さ調節の制御をすればよい。回転数の変化が急激なNAエンジンでは，負荷がかかっているときは(つまりトルクが必要なときには)高速エンジンといえども回転の上がり方がノーロード(空吹かし)に比べ遅いので，可変吸気管長の変化は，この程度の制御で間に合うのである。

10-3　マッチング

点火時期や空燃比といったエンジンの運転変数を最適値にするのがマッチング作業である。その目的からすればOptimizationと呼ぶ方が正しいかもしれない。ハードウェアが有するポテンシャルを100％引き出す運転変数の最適値を探り当てれば，それをコンピューターにインプットするとか，その値を維持できる制御装置を組み込めばいいわけで，重要なのは最適値の正確な設定である。もちろん，各運転変数は状況によって変化し，互いの運転変数は影響し合い流動的である。

ターボエンジンでは，この運転変数に過給圧という要素が加わる。それだけ複雑になるが，コントロールできる要素が増える分だけ，自然吸気エンジンでは困難なバランス状態をつくり出しやすいともいえる。とくに馬力を出しながら燃費を良くするにはターボエンジンの方が有利で，このあたりがマッチングのポイントである。

マッチング作業は，そのほとんどをエンジンダイナモメーター上で行う。ここではエンジンが主人公であり，そのポテンシャルをフルに引き出さなければならないからだ。車載状態では不確定要素が非常に多く，運転結果が何に起因しているのかが不明瞭である。エンジンにとって完璧な状態で最適なマッチングをしておけば，実際の走行で不具合が発生しても対処しやすい。ダイナモ上なら，運転変数を次々に変更しながら，詳細なデータを正確に採取できる。サーキットを走ってその場でマッチングを変更していくのは，初歩的なエンジン開発の手法だ。ダイナモ上でのテストが実走行を正確にシミュレートしていれば，ここで設定したものをサーキットに持ち込んでもうまくいくはずである。

●過給圧／空燃比／点火時期

マッチング作業の中でも中心となるのが，これらの運転変数の設定である。これらは互いに深く影響し合っていて，結局は総合的に考えなければならないが，まずは過給圧の設定から述べることにする。

1）過給圧

図10-7のように，過給圧を上げればそれに比例して発生トルクは増大するが，燃費（馬力あたりの燃料消費量であるBSFC）は低下する。一見，同じエンジンで過給圧を上げれば燃費が向上すると思いやすいが，実際には反対だ。過給圧が高くなるほどノッキングが発生しやすくなり，それを回避する対策を施さなければならないからだ。具体的にはまず点火時期を遅らせ，燃焼室の冷却を促進するのに空燃比を濃くセットし，さらにターボを効かすので排圧上昇も加わり，燃費にとって不利な条件が増えていく。

結局，許される燃費率と「必達トルク」を定めておけば，双方の条件を満たす過給圧の範囲は自ずと定まるわけだ。必達トルクとは，エンジン開発時に「最低でもこれだけのトルク値は必ず達成しなければならない」という意味のボーダーラインである。決して実現し得る最大値という意味ではなく，この値以下は許されないのである。

そうして割り出される過給圧の範囲の広さは，そのエンジンが基本的に有している耐ノッキング性能次第だ。ノッキングを起こしやすいエンジンほど範囲は狭くなる。ほとんどピンポイントのようなマッチング範囲しかない場合には，運がよければゴールできるにしても，まともに勝負すればガス欠でリタイアする確率が高くなる。実際のレースでは，予定以上に燃料を食わせて走らなければならない場面に遭遇するのが普通だからである。

ノッキングを起こしにくいエンジンであれば，過給圧を上げても燃費の悪化率を低く抑えることができる。それだけ過給圧の範囲を広くでき，様々な状況に対応しやすくなる。これはマッチング技術の問題ではなく，根本的な燃焼室形状で決まる能力だ。

ノッキングを起こしにくいエンジンであれば空燃費を薄くし，過給圧を高くできる。たとえば，空燃比を理論混合比よりもはるかに薄い15.5以上にセットする。そして，単に薄い混合比では出力が低下するが，それを補うか，もしくはそれ以上の出力を生み出せるところまで過給圧を上げるという考え方だ。

最もパワーの出る混合気のガソリンに対す

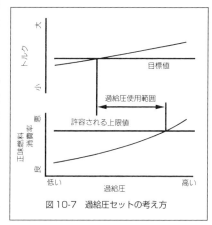

図10-7 過給圧セットの考え方

る空気の質量比，つまり出力空燃比は，ハイオクタンガソリンで言えば12.5〜13あたりだ。多くのエンジンはこのあたりを使用するか，あるいはノッキングを避けるためにもっと濃い空燃比にする。ガソリンが過不足なく燃焼するための空気との比率である理論空燃比は14.7だが，以前はこれでノッキングを起こさず失火もさせずきちんと燃焼させるのは困難だと言われていた。現在の三元触媒を使用する一般市販車では，市街地走行など低回転低負荷の状態ならば理論空燃比としているが，高回転高負荷時にはもっと濃くしている。しかし，極限を追求するレーシングエンジンでは，最高出力を常時絞り出すような状況で，理論空燃比を採用する例がターボFIのころから現れ始めた。我々はさらに薄い16を超える空燃比を実現した。こういうエンジンなら，状況が許す場合には，空燃比をもっと濃くして強大な出力を発揮することが容易にできる。

これは燃費規制というレギュレーションから生まれ，またターボエンジンの利点を活かしたものかもしれない。しかしその根底にあるものは，供給したガソリンを最後の一滴まできちんと燃やす燃焼室の追求がある。燃費規制があるなしにかかわらず，また自然吸気エンジンであろうとも，この思想と技術は活きるものだ。

2) 空燃比

出力については，一般に考えられる空燃比であれば，濃い方が大きくなる。濃空燃比なら燃やし得る燃料が多いという意味に加え，点火時期を進められるからである。

図10-8を見ながら考えてみたい。図の中の等トルク線からは，一定のトルクを発生するのに必要な空燃比と過給圧の関係がわかる。空燃比が薄くなるほど，過給圧を高くしなければ同じトルクは得られない。必達トルク線より大きい領域(図ではその線の右側)に位置する空燃比と過給圧からマッチング作業を行うことになる。

次に排気温度だが，これは空燃比が薄いほど高温になると言われる。ただし，それは理論空燃比までのことで，それを超えて薄くなると排気温度は再度低下する。余剰空気が排気の温度を下げてしまうからである。つまり，理論空燃比で最高温度となるのだ。これは過給圧でも左右され，高過給にするほど排気温度は高くなる。その排気温度の許される

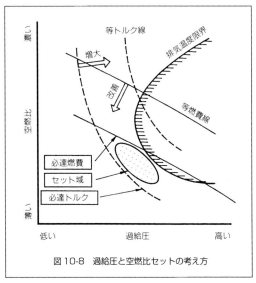

図10-8　過給圧と空燃比セットの考え方

256

限界値は，エンジン本体や排気系の耐熱性能から決まる。それを表したのが図の中の排気温度限界線で，これの外(図では左側)に位置する空燃比と過給圧しかマッチングには使えない。

　燃費は空燃比が薄いほど，また先に述べたように過給圧が低いほどよくなる。この関係を一定のBSFC値で表したのが等燃費線である。図で言えば，そのうち必達燃費の線の下側に位置する領域の空燃比と過給圧でマッチング作業を行うことになる。ここでもトルクと同様に，達成すべき最低限の燃費の値である。

　以上3つの条件を満たす空燃比と過給圧の範囲は定まってしまう。各グラフ線に囲まれたところでしかマッチングの設定はできない。このマッチング領域が広いほど，実戦での戦闘力が高いエンジンとなる。短時間で素早く燃焼し，かつノッキングを起こしにくい燃焼室をもっているかどうかにかかってくる。そうなっていれば，空燃比と過給圧の条件が同じでも，より高いトルクを発生できる。必達トルク値が同じなら，その等トルク線を図の左下方に移せることになる。

　また等燃費線の方は，過給圧を上げても燃費が低下しないので，右下がりの傾斜を少なくできる。同時に，同一の過給圧と空燃比ならもっと良好な燃費となるので，必達燃費が同じなら等燃費線を上方に移せる。

　これに排気系の改善を加えれば，さらにマッチング領域が広がる。つまり排気バルブやそのバルブシートの耐熱性を上げ，あるいはその冷却性能を向上させる。また排気管やターボユニットの耐熱性を高くする。こうして，排気温度限界を図の右側へ縮小していくことができるのだ。

　ちなみにVRH35の開発では，必達トルク値が80kg・m，排気温度限界は1100℃とした。そして必達燃費は280g/kW・h(206g/ps・h)である。参考までに一般市販車のBSFCを示せば，機種と運転状況によって様々だが，最高出力時の値は310〜370g/kW・h(230〜270g/ps・h)くらいであろう。

　ハードの基本性能が高いほどマッチング領域は広がるので，空燃比と過給圧を制御するコンピューターに様々な仕様のROMをセットできる。マッチング領域の中央にするか，トルク重視か燃費重視か，そのときの状況とレース作戦などにより，いろいろな手法を選べる。基本的に燃費の悪いエンジンにはできないほどのパワーを出し，それでもガス欠することなくゴールまで走りきれることがねらいである。逆に必要とあればVRHでは，258g/kW・h(190g/ps・h)以下の燃費でレースを闘うこともできた。

3)点火時期

　点火時期は排気温度とノッキング，出力，そして燃費に影響を与える。実際には点火時期だけではなく，過給圧と空燃比が絡むのだが，まずは過給圧を一定として考えてみよう。その関係を示したのが図10-9である。

排気温度については，点火時期を
遅らせるほど高くなる。混合気が
燃焼しないうちに排出され，排気
系で燃えることになるからだ。同
時に空燃比が薄くなるほど排気温
度は高くなり，理論空燃比を超え
たところから多少下がる。したがっ
て，限界値を定めれば，その排気温
度限界線は図のようになり，これよ
り左側の域の点火時期と空燃比の
組み合わせは使えない。

　ノッキングは，点火時期をある
程度以上に進めると起こり，常識
的には空燃比が薄いほど起こりや

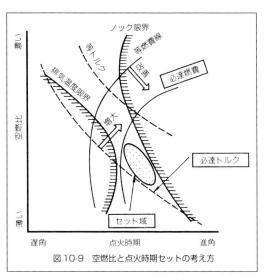

図10-9　空燃比と点火時期セットの考え方

すい。ノッキングにも程度があるが，その限界値を設定する必要がある。その値を機械
的な破損を招くギリギリ手前にするのは危険であり，若干の余裕を持たせたところに設
定する。我々はギリギリより2度手前の値としていた。それが図のノック限界線になり，
これより右側の領域は使えない。ノック限界線と排気温度限界線に挟まれた領域の点火
時期と空燃比がマッチングに使えることになる。

　出力（トルク）は一般的に点火時期を進めるほど，空燃比を濃くするほど増大する。一定
のトルクにおける点火時期と空燃比の関係を示したのが等トルク線で，図で言えば必達
トルク値の等トルク線より上の領域の点火時期と空燃比の組み合わせを使うことになる。

　燃費は点火時期を進めるほど，空燃比は薄くするほど良くなるので，等燃費線は図の
ようになり，必達の等燃費線より右側の領域が使える。

　以上4つの条件を満たす領域は，これで定まってしまう。図の網点部分がそれだ。これ
もハードウェアが決まってしまえば，自動的に定まるものである。ノック限界値はとも
かくも，他の要素はハードの工夫で改善でき，マッチング領域を広げることが可能だ。
ノッキングしにくい燃焼室のエンジンで排気系の耐熱性も高ければ，点火時期を思いき
り進角させて，なおかつ薄い空燃比と高い過給圧の組み合わせを用い，燃費を向上させ
ながら目標トルクを達成できる。そこで燃費を一定に保つなら，より強大なトルクを発
揮できるわけだ。

●吸気温度／冷却水温度／潤滑油温度

　これらの運転変数が出力と燃費に影響することについては，すでに触れてきている。

ここではその影響具合を再確認しつつ，最適値を求める考え方を述べることにする。

1)吸気温度

　吸気温度が下がるほど吸入空気の密度は上がり，出力が増大する。予選ではこの考え方だけでよく，実際にインタークーラーを目いっぱい効かせる。気温によっても変わるが，35℃前後になる。出力面だけで言えば吸気温度はとにかく低い方が有利で，さらに下げるためインタークーラーに水などを噴射するチームもあるほどだ。

　ここに燃費という問題が絡むと話は違ってくる。吸気温度の高い方が供給された燃料が気化しやすく，燃費は向上するので，実際のレースではあまり低くしたくない。ところが，ある程度以上に吸気温度が上がると，燃費は再び悪化し始める。ノッキングが起きやすくなり，それを避けるために点火時期を遅らせるからで，排気温度も上昇する。

　図10-10は，吸気温度に対する出力（トルク）及び燃費の関係を示したものである。この図で言えば，必達トルク値のラインと交差するポイントから左側の吸気温度を選定することになる。そのとき，より燃費のいい吸気温度を選べるように，あるいは選択の幅を広げるようにするには，発生トルクのグラフを上に平行移動することだ。つまり，限られた燃料を完璧に燃焼させて，絶対的なトルクをかせげる燃焼室を持つエンジンとすることである。また，低い吸気温度でも十分に燃料を気化させられる吸気系の設定であれば，燃費グラフの左側がもっと下に膨らむ。こうしたハードウェアが決まってしまえば，あとは必達燃費値から自動的に設定すべき吸気温度が決まる。

　VRH35エンジンの場合，出力と燃費をともに最も高いレベルで達成できるのは43℃あたりである。ここから吸気温度が40～50℃となるように設定した。インタークーラーのバイパスバルブの開き具合を調整して，このように吸気温度を制御できるのも，ターボエンジンのメリットのひとつである。

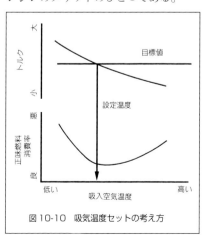

図10-10　吸気温度セットの考え方

2)冷却水温度

　吸気温度と同様に，低いほど吸気の充填効率が上がりノッキングも起きにくいので出力は向上するが，燃費が悪化しオイルの燃料希釈も進む。逆に高すぎるのも燃費を悪化させる（図10-11参照）。VRHではレース中の燃費を最優先とし，このエンジンで燃費が最良となる80～90℃の間に収まるようなサーモスタットをセットしている。もちろん，シリンダーとピストンのクリアランスなどがそこで最適となるように設計する。

　ただし，エンジンのハードウェアとしては

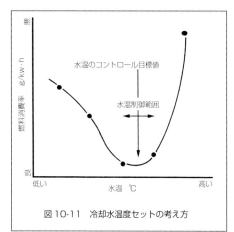

図10-11　冷却水温度セットの考え方

110℃で運転しても耐えられるものにしておかないと，ラジエターにタイヤのカスが詰まるなど不確定要素の多い耐久レースを闘い抜くことはできない。また，水温が少々高くなっても吹きこぼれないように，ラジエターのフィラーキャップ開弁圧は3.0kg/cm²と高くしてある。一般車の開弁圧は0.9kg/cm²ほどである。

高水温でもノックしにくい燃焼室を持つエンジンなら，少々水温が上がりすぎても点火時期を遅らせる度合が少なくて済み，それだけ燃費の悪化を少なくできる。くどいようだが，燃焼室はエンジンの決め手である。

ところでシリンダーヘッド側は放熱量が多いけれども，アンチノック性の面からは低い温度に保ちたい。ブロック側は逆に，ピストンとシリンダーライナーのフリクション低減や燃料の気化促進から高めにしたい。ヘッドの燃焼室面の温度が極端に低いと燃焼速度が落ちてしまうが，理想的には200～230℃くらいにしたいところだ。ライナーの下方は100℃以下になるときもあるが，理想的には130℃以上に保ちたい。とはいえ，こんな理想値に近づけることは，同じ冷却水がヘッドとブロックを循環している現状の方式では難しい。

温度制御の理想を追求すれば，沸騰冷却方式が浮かんでくるが，とりあえず普通の流水冷却でヘッドとブロックを前述の図9-28（217ページ）のように別系統にする方法が考えられる。こうすれば，絶対性能が向上するとともにマッチング領域も広がることは確実だ。ほかの部分での性能機能を徹底追求した後は，冷却方式に手をつけることになろう。

3）潤滑油温度

レーシングエンジンでは潤滑油温度を高く設定する。混入したガソリンを気化しやすくして燃料希釈を防止するためである。また，油温が高い方が外気との温度差が大きくなり，小さなオイルクーラーで一定の放熱量を維持できる利点もある。

油温は，エンジンが高回転高負荷で回転しているときのベアリングメタルやクランクピン，ジャーナルなどが危険温度に達しない範囲で高めに設定する。ベアリングメタルなどの各部分に熱電対を取り付けてその温度を計測し，油温との関係を見る。あくまで運転状態での温度が問題なので，クランクピンなどの場合は目的の箇所に熱電対を埋め込み，そこからの電流をスリップリングで取り出して測定する（229ページ図9-45参照）。

高めの設定温度での連続使用を可能にする必要があり，何らかの原因で設定値を少々超えても，エンジン本体側に焼き付きなどを起こさないだけのオイル性能であることが

必要である。たとえば，温度が上昇してオイル粘度が低下しても一定の油圧を保てるだけのオイルプレッシャーポンプ容量を確保しておく。メタルクリアランスをうまく設計すると，油温が上昇してクリアランスが減少しても潤滑油の流速が適度に増して冷却機能を上げ，クランクシャフトのジャーナルやピンの温度変化を少なくすることも可能だ。

VRHでは油温が90〜100℃になるようにオイルクーラーなどを設定し，115℃くらいまで上昇しても連続運転に耐えるようにしていた。

4) 各温度の相互影響

たとえば長時間のピットインによるタイムロスを取り戻すために過給圧を上げて走ると，水温だけでなく，油温も上昇する。また，インタークーラーに目詰まりが発生すると吸気温度が上昇し，それが原因となって水温や油温を高めることになる。互いの温度は密接に関係し合っているが，その中でも制御しやすく全体への影響も大きいのが水温である。まずは，これを適切な温度範囲に収めることである。ターボエンジンでは吸気温度も同様に制御することが可能である。油温については，サーモスタットを組み入れて制御する場合もあるが，これは水温を適切な値に保つだけでも間接的にかなり制御できる。

●エンジン回転数

エンジンの持っている特性を無視して回転数を上げることは，まったく意味がない。しかし，サーキットの特性などに合わせて，多少とも最高回転数や使用回転レンジの設定を変更することがある。ここではそれらの設定方法を述べるが，同時にエンジン回転数というものの意味も改めて確認してみたい。

1) 最高回転数

最高回転数は発生馬力が最大になる回転数で，機械的な作動限界からくる回転上限値ではない。

エンジンの仕事率が最大になるのが最高回転数で，以後は低下する。ドライバーとしては「もっと引っ張った方が速い」という感覚に陥りやすいが，最高出力発生点に達したところでシフトアップすべきである。それが最も効率が良くなるようにエンジンのトルク特性を整え，トランスミッションのギア比を選定する。

エンジン特性の調整やギア比の設定されたものでも，現場で多少の修正を加えることもなくはない。その修正のベースとなるのはエンジンダイナモメーター上でのシミュレーションとその結果によるマッチング仕様である。「ギア比は現場にいってから考える」などという姿勢では，現代のレースで勝つことは不可能である。

ただし，常に最高回転数でシフトアップできるとは限らない。たとえばル・マンでは，ミュルサンヌのコーナーを2速ギアでうまく立ち上がるようにすると，ユーノディエール

のストレートに設けられたふたつのシケインは2速では回転が上がりすぎ，3速だと下がりすぎる。ギア段数を5速から6速に増やしたとしても，程度の差こそあれ，これは避けられない。

そんな状況では，最高回転数でシフトアップしたときより低い回転下限から加速を開始することになる。そのために，低い回転域からの加速をよくする必要がある。

逆に最高回転数以上まで引っ張ることもある。前記のシケインを2速で曲がる場合，あるいはコーナー直前でシフトアップして，すぐにシフトダウンする場合など，コースレイアウトとギア比の関係から回さざるを得ない場面がある。

さらに，追い越しなどで通常よりも引っ張りたくなる状況もある。ドライバーのミスもあるので，最高回転数を超えても機械的には許容できるようにする必要がある。こうした過回転域を，最高回転数の15〜20%増までは許容するようにエンジンを設計すべきである。

ポテンシャルとして最も馬力を出し得る最高回転数は，そのエンジンの基本設計段階で決まるが，サーキットに合わせて多少の変更をすることがある。最高回転数を下げて最高出力を低下させることによって，低中速トルクを増した方が有利なサーキットもあるからだ。バルブタイミングや吸排気系，ターボの大きさなどでこれを変更する。たとえばル・マンでは最高出力を優先させて高い回転数に設定し，鈴鹿サーキットでは多少低くする。また予選と本戦で，ときにはドライバーによっても変更をすることがある。

図10-12は90年に使用したVRH35Zエンジンの全開出力特性である。決勝レース用の最も馬力の出る仕様で，過給圧1.2kg/cm²において最高出力は840ps/7600rpm，最大トルクは85kg・m/6500rpmだ。燃費は最大トルク発生点付近で最良の186g/ps・hになり，最も低下する域でも200g/ps・h以下とその差を7%程度に収めている。この図はスロットル全開状態でのも

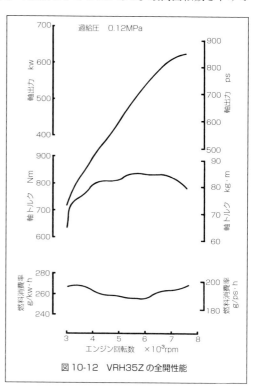

図10-12　VRH35Zの全開性能

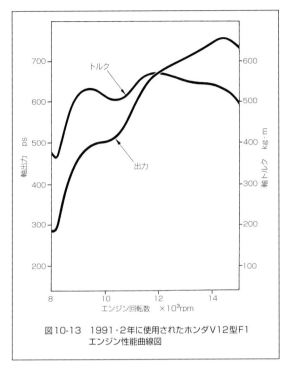

図10-13　1991・2年に使用されたホンダV12型F1
エンジン性能曲線図

のを示しているが，ル・マンで言えば1ラップのうち全開状態は50％である。

2) 使用回転レンジ

　サーキットのレイアウトやギア比の選定，あるいはドライバーの特性にもよるが，使用回転レンジは4000rpmくらいに設定しておけばいいだろう。回転レンジというのは最高回転数に対する比率の問題であるから，15000rpm以上も回る自然吸気エンジンでは同じ回転数の幅でもその意味が違ってくるが，VRHの場合ではこのくらいで十分だ。最高回転数を7600rpmとすればその50％以上に相当する回転レンジであり，レーシングエンジンとしてはかなり広い部類である。

　使用回転レンジを決めるには，まずシミュレーションにより対象とするサーキットで最もエンジン回転が下がる場所を探る。そして，そこでの回転数と最高回転数の幅が4000rpmほどになるよう，双方の回転数を定めていく。

　たとえば最高回転数を7600rpmとして，これを基準に考えれば回転数の下限は3600rpmになる。しかし，ギア比を工夫しても3000rpmまで落ちてしまう場合には，そこまで使えるように低速域の特性を改善するか，あるいは最高回転数を下げることになる。どちらが有利か，その中間的な仕様も含めてシミュレーションを行う。

　多くの場合，エンジン回転数が最も下がるのはヘアピンコーナーやシケインであり，その回転域を使う時間はわずかであるから，最高回転数はなるべく下げずに低回転域を改善する方向となる。やはり常用する回転域のトルクを大きくしないと，最終的な速さにはつながらない。

　使用最低回転数はターボが効き出す手前となるのが普通だ。ただし，その自然吸気状態から十分な立ち上がり加速が可能で，かつターボがすぐに効き出さなければならない。そういう条件を満たす最低回転数を設定する必要がある。

低速域の改善策のうち，まず自然吸気状態での加速性能はバルブのオーバーラップを小さく，吸気管を細く，あるいは圧縮比を高くするといった手法で向上させることができる。しかし，ここで最高出力を大きく低下させては総合力が低下する。

　ターボが効き始めるインターセプトポイント（たとえば3200rpm）を下げるには，ターボユニットのタービンホイール径を小さくするとよいが，これでは高速側に払う犠牲が大きい。また，タービンホイールをセラミック製としたり，ホイール軸受けをボールベアリング式とすれば，ピックアップが良くなるために低速域が改善されたようにドライバーに感じさせることはできるが，これは本質的な改善にはならない。ピックアップが良くなるのはインターセプトポイント以降で，それより低い回転域の特性は変わらないからだ。本質的な改善はターボユニットの効率をすべてのエンジン回転域で向上させることであり，コンプレッサーハウジングの内側に，前述した「削られてもよい層」を設けることはこれに相当する。

3）通常使用以外の回転状況設定

　レーシングエンジンの通常使用とは，サーキットのコース上でライバルと闘いながら走行している状態である。ただし，その通常使用以外もまったく無視するわけにはいかない。たとえば，大きなアクシデントなどが起こってペースカーが入ったときだ。耐久レースでは起こり得る事態である。追い越しが禁止されペースカーに従っても問題なく走れ，さらにはその間に燃料を節約してその後の展開を有利にできるような配慮をすべきである。

　ペースカーが入ったときの走行では，エンジン回転は設定された使用レンジの下限からせいぜい中速までで，スロットル開度も非常に小さいからターボもほとんど効いていない。ペースカーはほぼ全開で走っているが，レーシングマシンとしては極端な低回転と低負荷の連続となる。もっとも，吸気の密度が自然吸気エンジンと同じになり負荷が少なくなっただけと考えれば，決して特殊な条件ではない。空燃比と点火時期をその走行に見合ったものとすればいいのだ。負荷の少ない状態が一定以上の時間にわたって続くと，コンピューターがそれを判断してマッチングモードを自動的に切り替えるプログラミングにするのだ。

　また，通常走行では使用しないものにアイドリング回転がある。ピットでの待機時など，アイドリングで回す状態の場合でも，一般市販車のように発電性能を考慮する必要はない。とにかくエンジン回転を維持できればいいのであるが，あまり回転数が低いと油圧の確保が困難になる。動弁系のカムやリフターも，こじられる形となるので摩耗の点から不利だ。逆にアイドリング回転が高すぎると，スタートでの1速ギアとかバックギアが入りにくくなる。

　これらを考慮してアイドリング回転数を定める。一般のグループCカーでは2200rpmく

らいであり，FIなどは3000rpmくらいである。

●ノッキング限界とマッチング

　真の急速燃焼エンジンは結局のところノッキングに強く，マッチング幅を広げる大きな要素になる。VRH35エンジンの場合，マスバーント(クランク角に対する燃焼質量割合)は上死点後40度で97.4％で，供給された燃料のほとんどがここで燃え終えている(43ページ図3-22参照)。いくらノッキングに強いエンジンでも，ノッキング限界が存在する。そのノッキングにも程度があり，許容できるレベルと絶対に回避しなければならないものがある。シリンダー内圧の波形から算出できるノックボリュームにより，そのレベルは，図10-14のように①ノーマル②トレースノック③ライトノック④ヘビーノックの4つに分けられる。

　①はまったくノッキングを起こさない状態で，これはもちろんベストだ。②はわずかにノッキングの兆候がある状態だが，機械的には十分に許容できるもので，これを恐れていては出力も燃費も高い次元に引き上げることができない。③は，そろそろ機械的な危険域になるが，極限まで性能を追求するには，時々起こるくらいなら問題はない。乗用車の感覚でわかりやすく言えば，アクセルを踏み込んだときなどにカリカリッという音が時々する程度である。どの程度のライトノックを許容するかはノウハウであり，またエンジンによってその値は変わる。そして④のヘビーノックとなると，これは一切起こしてはならない。なお，③のライトと④のヘビーの中間にミディアムノックを加える

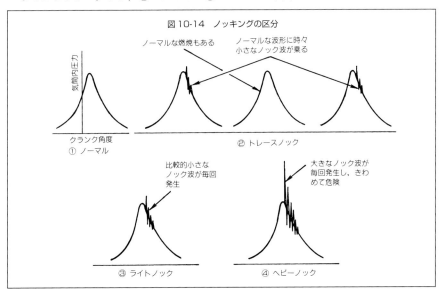

図 10-14　ノッキングの区分

ノーマルな燃焼もある

ノーマルな波形に時々小さなノック波が乗る

気筒内圧力

クランク角度
① ノーマル

② トレースノック

比較的小さなノック波が毎回発生

③ ライトノック

大きなノック波が毎回発生し，きわめて危険

④ ヘビーノック

こともあるが，これはあくまでも表現の仕方のひとつであり，④と同様に起こしてはならないレベルである。

　ノーマルかトレースノックを基本とし，たまにライトノックが発生する。そんな状況になるように，各種運転変数のマッチングをしていく。一定レベルのライトノックを起こす手前ギリギリのポイントを正確に突き止めることが，究極の出力と燃費を獲得するためには重要だ。点火時期は余裕を持たせてギリギリより2度遅らせると先に記したが，正確な判断ができないことには曖昧な余裕しか与えられない。レーシングエンジンではギリギリの余裕を追求する。ノッキングの音を耳で聞きながら点火時期を調整していくようでは，マージンをとりすぎてツメがアマくなる。

　この作業は，様々な運転状況における実際のシリンダー内圧力を計測しながら科学的に行うべきである。点火プラグの座金センサーにより，運転中のシリンダー内圧力が検出でき，そこに現れるノック波形から正確なノッキング状態を知ることができる。この方法で点火時期や過給圧，空燃比の限界値を突き止めれば，各パターンでの最適マッチングが定められるとともに，マッチング幅を広げられる。

　このようなマッチングを施し燃料を有効に燃焼させると，排気管内面が真っ白になる。燃料を未燃焼のまま排出しないので，灰分だけが残って付着した結果である。ここが茶色とか，ましてや黒色などのものは，まだ十分にマッチングしていない証拠である。

　燃料をこれだけ有効に使う努力をしているのに，減速やギアチェンジでのクラッチオフ時のように，出力をまったく必要としない場面で燃料をタレ流しにするわけにはいかない。VRHではそんな状況をコンピューターが感知し，燃料と点火のカットを行う。走行中のマシンの減速時に排気管から火を吹く光景を見かけることがあるが，それはムダな燃料を使っている結果である。些細なことだと思うかもしれないが，火を吹かないようにすれば，同じ走行状態で使用燃料を1.5%ほど節約できる。1周4.47kmの富士スピードウェイで開催される500kmレースで言えば，1周半以上の走行分に相当する燃料が節約できる。その燃料を速さに振り向けられるわけだ。

　ただし，この燃料と点火のカットはエンジンに大きな負担をかけ，また次の再加速でリカバーするときのショックを大きくする，という問題を内包している。双方がカットされた状態でエンジンが回転すると，シリンダー内は非常にクリーンな状態となり，また燃焼が起こらないのでシリンダー内の温度も下がる。通常の運転では考えられないほど，燃焼にとって都合のいい状態になっているわけだ。リカバー時にここへ通常の燃料供給され点火されると，極端に高い燃焼圧力が生まれ，ガスが高温になる。これがピストンなどに機械的な衝撃を与えるし，ノッキングが起こりやすいのでエンジンが傷む。またドライバビリティもよくない。

　これに対応するには，ピストンの形状や材質を強度の高いものにしたり，オイル

ジェットによるクーリングで急激な温度変化が起こらないようにするとよい。ただし根本的対策ではなく，ドライバビリティ悪化の対策にはならない。そこで，VRHではリカバー時に，点火をいきなり通常状態に戻さず，適度に間引きながら通常状態へと回復させていくプログラムにしている。一般車で速度リミッターが効くときの逆の作用と考えればいい。

　なお，燃料と点火のカットと同じようなシリンダー内の状況が，ミスファイアを起こしたときにも発生する。エンジンにムダ飯を食わせた次の瞬間にはエンジンを傷めているわけだ。これは，ミスファイアが起こってから制御系でフォローすべきものではない。最初からミスファイアが起こらないようにハードウェアを設計し，制御系を煮つめるべきだ。ミスファイアが発生すれば，ドライバーの証言や観察していて聞く音のほかに，車載されているICカードに記憶されているデータからも確認できる。一発でもミスファイアの発生が確認されれば，排気管から火を吹いたときと同様に，スタッフ全員で原因追求を行う価値のあることである。

　こうした細部にわたる追求，さらに少しでも性能を向上させようとする情熱が，理論と経験知をベースにして，レーシングエンジンを一歩ずつ神様のつくったエンジンへと近づかせていくことになるのだ。

索　引

おわりに

　本書で例として多く取り上げた3.5ℓ、V8のツインターボエンジンVRH35を搭載したニッサンR91CPは当時、人気の高かった全日本スポーツプロトタイプカー耐久選手権レース（JSPC）で1990年から3年連続してチャンピオンシップを獲得し、1992年のデイトナ24時間レースでも5つの記録を樹立して優勝した。その帰りの飛行機の中で、私の小さな技術思想を若者たちに伝承しようと思い日産退社を決意、大学教授に転身し、その後、民間ベンチャー企業でエンジンの開発を続けている。

　そこで実感したのは、高出力、低燃費、軽量化、整備性を極限まで追求したレーシングエンジンは熱機関が具備すべき条件をすべて高いレベルでバランスさせた究極のパワープラントだ、ということである。レーシングエンジンで得たノウハウを本格的な発電機用のガスエンジンに適用して、三元触媒による超低排エミッションを実現するために理論空燃比で運転して、通常は34％程度と言われている熱効率を42％以上に改善できた。さらに、キーテクノロジーとなる急速燃焼を突き詰めれば、食物の残滓や汚泥などから発生するバイオガソリンをシリンダー中で燃焼させることも可能になるだろう。粗悪ガスを発電のエネルギーとして活用することも夢ではない。

　エンジンはニーズに応じて形を変えながら永遠に続く。これが私の信念である。

　最後になりましたが、本書を完成させるにあたり、適切な助言と校正をしていただいたグランプリ出版編集部の武川明氏、常にご支援下さったスタッフの皆様に深甚な謝意を表します。また、グランプリ出版の創始者で元社長・尾崎桂治氏のご指導により上梓することができた拙著『レーシングエンジンの徹底研究』と『レース用NAエンジン』を一本にまとめた『新版　レーシングエンジンの徹底研究』が本書の原本であることを記し、心からお礼申し上げます。

著者紹介

林 義正　工学博士
はやし　よしまさ

1939年3月東京都生まれ。九州大学工学部航空工学科卒業。1962年日産自動車㈱入社。中央研究所（当時）で高性能エンジンの研究、排気清浄化技術の開発、騒音振動低減技術の開発などを経て、スポーツエンジン開発室長、スポーツ車両開発センター長を歴任。日産のレース活動を率い、全日本スポーツプロトカー耐久レース3年連続選手権獲得。米国IMSA-GTPレース4連続選手権獲得、第30回デイトナ24時間耐久レースで数々の記録を樹立して日本車として初優勝。1994年2月に退社。同年4月に東海大学工学部動力機械工学科教授に就任、総合科学技術研究所教授を歴任。2008年、学生チームとしてル・マンに世界初出場。2012年退官と同時に㈱ワイ・ジー・ケー最高技術顧問。主な受賞歴にSpirit of Le Mans Trophy、科学技術庁長官賞、日本機械学会賞、自動車技術会賞などがある。著書に『ル・マン24時間』、『大車林　自動車情報事典』（監修と執筆、㈱三栄書房）、『世界最高のレーシングカーをつくる』（光文社新書）『レース用NAエンジン』、『乗用車用ガソリンエンジン入門』、『エンジンチューニングを科学する』、『林教授に訊く「クルマの肝」』、『自動車工学の基礎理論』（共にグランプリ出版）などがある。

	レーシングエンジンの徹底研究	
著　者	林　義正	
発行者	山田国光	
発行所	**株式会社グランプリ出版**	
	〒101-0051　東京都千代田区神田神保町1-32	
	電話 03-3295-0005㈹　FAX 03-3291-4418	
印刷・製本	モリモト印刷株式会社